北京理工大学“双一流”建设精品出版工程

Mathematical Foundation of Digital Design

数字化设计的数学基础

丁晓宇　刘少丽　夏焕雄　熊　辉 ◎ 编著

北京理工大学出版社
BEIJING INSTITUTE OF TECHNOLOGY PRESS

图书在版编目(CIP)数据

数字化设计的数学基础 / 丁晓宇等编著 . -- 北京 :
北京理工大学出版社, 2024.1
ISBN 978-7-5763-3529-3

Ⅰ.①数… Ⅱ.①丁… Ⅲ.①数学-应用-数字技术
Ⅳ.①O1②TP3

中国国家版本馆 CIP 数据核字(2024)第 042098 号

责任编辑：孟祥雪　　**文案编辑**：孟祥雪
责任校对：周瑞红　　**责任印制**：李志强

出版发行 / 北京理工大学出版社有限责任公司
社　　址 / 北京市丰台区四合庄路 6 号
邮　　编 / 100070
电　　话 / (010) 68944439 (学术售后服务热线)
网　　址 / http://www.bitpress.com.cn

版 印 次 / 2024 年 1 月第 1 版第 1 次印刷
印　　刷 / 保定市中画美凯印刷有限公司
开　　本 / 710 mm×1000 mm　1/16
印　　张 / 13.5
字　　数 / 225 千字
定　　价 / 49.00 元

前言

PREFACE

计算机辅助设计与制造类软件（包括CAD、CAE和CAM类软件）是现代机械工程领域的核心技术，所有从事机械工程专业工作的技术人员都应该对该类技术有比较深刻的理解。国内所有设有机械工程专业的高校都会开设计算机辅助设计与制造相关的课程。北京理工大学于2017年开展了计算机辅助设计与制造类课程的教学改革，取消了原有的“计算机辅助设计与制造”课程，新设了“数字化设计与制造”课程，作为机械工程专业的本科核心课程。该课程的目的是帮助学生掌握CAD、CAE和CAM技术的基本概念及相关工业软件的基本数学原理，形成全面而又深入的知识体系。该课程经过多年教学实践，形成了独特的教学内容。在理论教学方面，该课程主要讲授CAD的数学原理（各种曲线和曲面的方程）、有限元方法的数学原理（静力学层面）、优化方法的数学原理，以及CAM编程基础；在编程培训方面，该课程引导学生开展CAD几何建模的底层编程练习；在软件操作培训方面，该课程培训学生使用常用的相关工业软件。经过理论、编程和软件操作的系统训练，学生可以打下CAD、CAE和CAM技术的坚实理论基础。

本教材的内容源于北京理工大学“数字化设计与制造”课程的教学内容，是四位教师（丁晓宇、刘少丽、夏焕雄和熊辉）经过多年教学实践沉淀而成。本书聚焦在常用CAD、CAE软件背后的数学原理，期望读者不仅仅只是会用相关软件，而是了解掌握软件背后的数学原理，达到“知其然也知其所以然”的目的。因此，本书可以作为计算机辅助设计与制造类课程的本科或研究生教材，也可以作为该领域的技术参考书籍使用。全书共包括4章，其中第一章是对数字化设计技术的概述，第二、三、四章分别介绍了几何建模方法、有限元方法和设计优化方法的数学基础。第一章和第二章由丁晓宇执笔，第三章由夏焕雄执笔，第四章的4.1、4.2和4.3节由刘少丽执笔，4.4节由熊辉执笔，最后由丁晓宇负责全书的合稿工作。

“数字化设计与制造”课程在建设过程中先后得到了北京理工大学多个教改项目的支持，在此表示感谢！

本书的出版得到了北京理工大学“十四五规划教材”专项计划的资助；北京理工大学出版社侯亿丰和宋肖两位编辑为本书的出版做了许多细致的、卓有成效的工作，在此一并表示感谢！

受能力所限，作者对很多问题的理解和认知可能是肤浅或片面的，错误和不妥难以避免，欢迎广大读者批评和指正。

编著者

目 录
CONTENTS

第一章
引　　言

1.1　数字化设计技术概述

产品设计是人类为了满足生活或生产的需要而进行的创造性劳动。我们日常所见的各种工业产品，如飞机、汽车和手机等，都是先经历了设计环节，才进入制造环节，并得到最终产品的。产品设计的目的是基于各种设计信息、数据和资料获得完整的设计文档，包括零件图、装配图、物料单、检验要求等，这些设计文档将用于指导后续的制造过程。从一个产品的全生命周期成本的角度分析，通常一个工业产品在设计阶段投入的成本比例较小，但是它却决定了产品全生命周期的大部分成本。图 1.1 所示为产品全生命周期与成本的关系。因此，设计工作对于一个产品能否成功通常会起到决定性的作用。

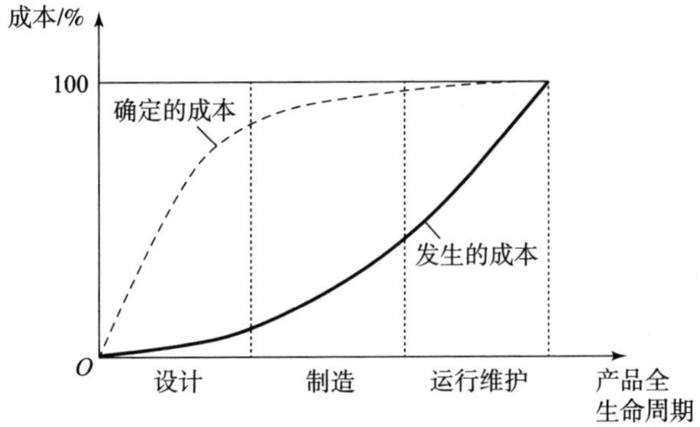

图 1.1　产品全生命周期与成本的关系

在计算机技术出现之前，各种工业产品的设计主要基于工人经验、手工计算和手工绘图来完成，以这种方式开展设计工作的效率通常比较低，在面临复杂的分析和计算时往往束手无策，只能开展实物试验，这会进一步导致设计工作的成本增加，而且也难以对设计方案进行充分的优化。20 世纪 50 年代以后，随着计算机技术的发展，计算机逐渐被用于产品设计工作，尤其是

90 年代以后，计算机硬件处理速度的提升以及互联网技术的普及，使计算机软件在产品设计领域的应用越来越广泛，这些软件工具可以帮助工程师完成二维绘图、三维建模、力学校核、多物理场分析、产品优化、设计文档的生成等工作，大大提高了设计工作的效率和质量，以这些软件工具为核心形成了产品数字化设计技术（e－Design）群。如今，数字化设计技术已经被广泛用于各种工业产品的设计中。

关于数字化设计的概念并没有统一的定义，不同学者从不同角度对此概念的内涵进行过描述，这里采用参考文献［1］给出定义：数字化设计就是指以新产品设计为目标，以计算机软硬件技术为基础，以产品数字化信息为载体，支持产品建模、分析、性能预测、优化和设计文档生成的相关技术。典型的产品数字化设计流程如图 1.2 所示。首先是数字化建模环节，这一环节主要依托计算机辅助设计（Computer Aided Design，CAD）类软件完成，常见的软件有 AutoCAD、Inventor、Unigraphics、CATIA、Pro/Engineer、SolidWorks 等，该环节的主要工作是构建产品的几何模型，对产品的几何信息进行描述。仿真分析环节会基于数字化建模环节提供的几何信息，同时借助材料力学、流体力学、传热学、声学、电磁学、电化学等多学科的理论知识，对产品的功能和性能进行全面的分析。该环节主要是基于计算机辅助工程（Computer Aided Engineering，CAE）类软件完成，CAE 类软件有很多，其中基于有限元方法（Finite Element Method，FEM）的软件应用最为广泛，常见的软件有 ANSYS、ABAQUS、COMSOL 等。近些年，CAD 和 CAE 类软件的界限越来越模糊，主流的 CAD 软件大都集成了部分 CAE 的功能，但它们的 CAE 功能不如专门的 CAE 软件强大。在评价优化环节，设计人员会基于仿真分析的结果对设计方案所产生的功能和性能进行评价，并对最初的设计方案进行调整，而调整则需要科学的策略，这就涉及优化问题，这是一类复杂的数学问题，其目的是用更少的仿真分析得到优化的设计方案。对于优化问题可以借用专门的数学软件如 Matlab 完成，另外，主流的 CAD 软件大都同时集成了 CAE 和优化功能，可以把数字化建模、仿真分析和评价优化在同一个软件平台下完成。在确定了优化的设计方案之后，CAD 系统还可以进一步输出数字化的设计文档用于指导后续的制造过程，如零件图和装配图。

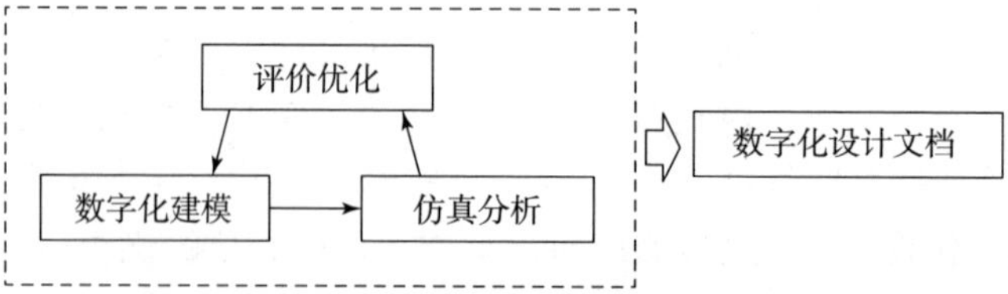

图 1.2　典型的产品数字化设计流程

从上述讨论可以看出，数字化设计技术是个很宽泛的概念，所有用于支撑产品设计的数字化技术都属于数字化设计技术的范畴。这里有必要梳理一下数字化设计（e - Design）与计算机辅助设计（CAD）两个概念之间的关系。这两个概念都是机械工程领域，尤其是机械设计领域常用的概念。如果从广义的角度理解，所有使用计算机来辅助开展产品设计的技术都属于计算机辅助设计技术，这个概念适用于图 1.2 中的所有技术环节，因为这些技术环节都是基于计算机完成的，因此从广义的角度理解，计算机辅助设计与数字化设计两个概念没有实质区别。一些计算机辅助设计与制造（CAD/CAM）领域的书籍也正是基于这种对计算机辅助设计概念的广义理解展开论述的[2~4]，这类书籍一般并不引入数字化设计的概念。这种理解并没有错，但会带来一个问题：如何界定 CAD 与 CAE 的关系？如果基于这种对计算机辅助设计的广义理解，CAE 就属于 CAD 的一个环节了，因此 CAE 软件也属于 CAD 软件的范畴，这与工程领域的习惯性认知是不一致的。工程领域习惯上只把 CAD 软件理解成几何建模的软件，主要功能是二维绘图和三维建模，这是对计算机辅助设计的狭义理解，按照这种理解，CAD 软件主要处理几何信息，而 CAE 软件则主要是基于几何信息开展各种物理量的分析，二者是并列关系。本书采用对计算机辅助设计的狭义理解方式，不再泛化其概念的范畴，按照这种理解方式，计算机辅助设计技术是组成数字化设计技术的一部分。

1.2 数字化设计技术的应用案例

本节我们给出一个数字化设计技术的应用案例，来帮助读者更深刻地理解数字化设计技术的作用。我们的任务是完成一种防松螺纹的设计。螺纹连接是应用最广泛的机械连接形式，普通的螺纹连接采用三角形螺纹牙型，如图 1.3 所示。工程经验表明，传统的螺纹连接在振动工况下可能出现松动，威胁产品的可靠性，为了解决这个问题，工程人员可以采用具有更好防松效果的螺纹连接结构。图 1.4 所示是具有台阶螺纹的螺母和螺栓组成的连接结构[5]，试验研究表明台阶螺纹比三角形螺纹具有更强的防松效果。我们的设计任务是对台阶螺纹的台阶角度（台阶面母线与螺纹轴线之间的夹角）进行优化，目标是在满足承载能力要求的前提下，尽可能提升防松性能，最终得到完整的台阶螺纹设计方案。

为了使问题简化，我们假设材料属性、摩擦系数、螺栓及螺母的尺寸（如公称直径、螺距、螺母厚度等）都已确定，仅以台阶角度作为唯一设计变

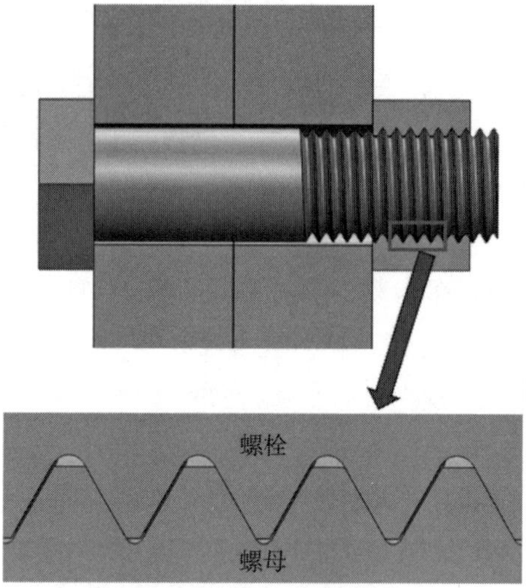

图 1.3　普通螺纹连接

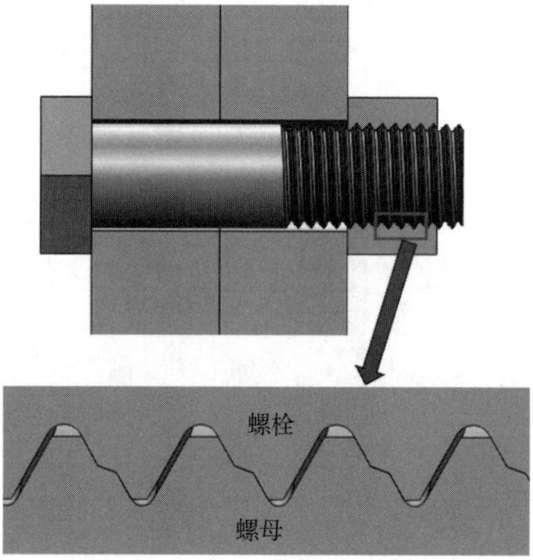

图 1.4　台阶螺纹连接（20 度台阶角）

量。这种情况下，我们可以先建立不同台阶角度的台阶螺纹连接和普通螺纹连接的三维几何模型，这一步操作在 CAD 软件中完成。图 1.5 展示了不同台阶角度的台阶螺纹连接的三维几何模型的螺纹局部，普通螺纹连接和台阶螺纹连接的完整三维几何模型见图 1.3 和图 1.4。

在得到几何模型后，我们可以用 CAE 软件分析不同螺纹连接的防松性

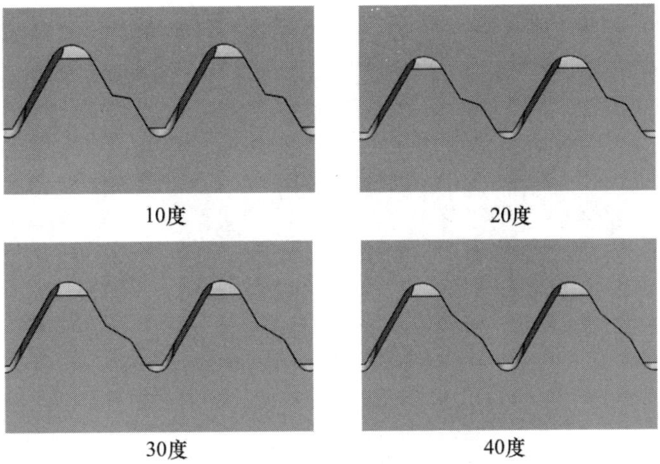

图 1.5 不同台阶角度的台阶螺纹连接的几何模型（局部）

能。图 1.6 所示为通过有限元软件在几何模型的基础上得到的普通螺纹连接的有限元网格模型，有限元仿真分析就是基于这样的网格模型进行的。具体地，我们可以通过有限元软件分析螺纹连接的拧紧过程，以及在振动工况下的预紧力衰退过程。前者可以得到螺纹牙在拧紧后的应力分布情况（见图 1.7，公称直径为 10 mm，材料为 45#钢，预紧力为 10 kN），帮助我们评价螺纹牙的承载能力是否满足设计要求；而后者则可以得到螺纹连接的预紧力衰退情况，帮助我们评价螺纹牙的防松效果，不同台阶角度的台阶螺纹连接及普通螺纹连接的预紧力衰退情况对比如图 1.8 所示。

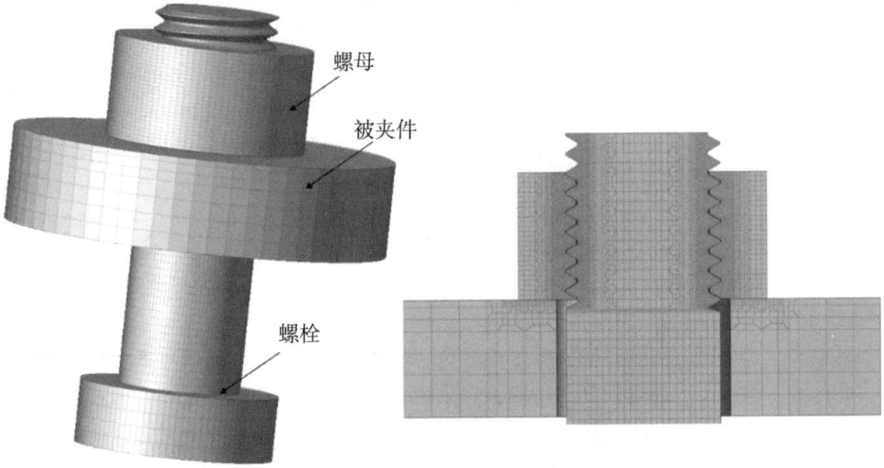

图 1.6 螺纹连接的有限元网格模型（以普通螺纹连接为例）

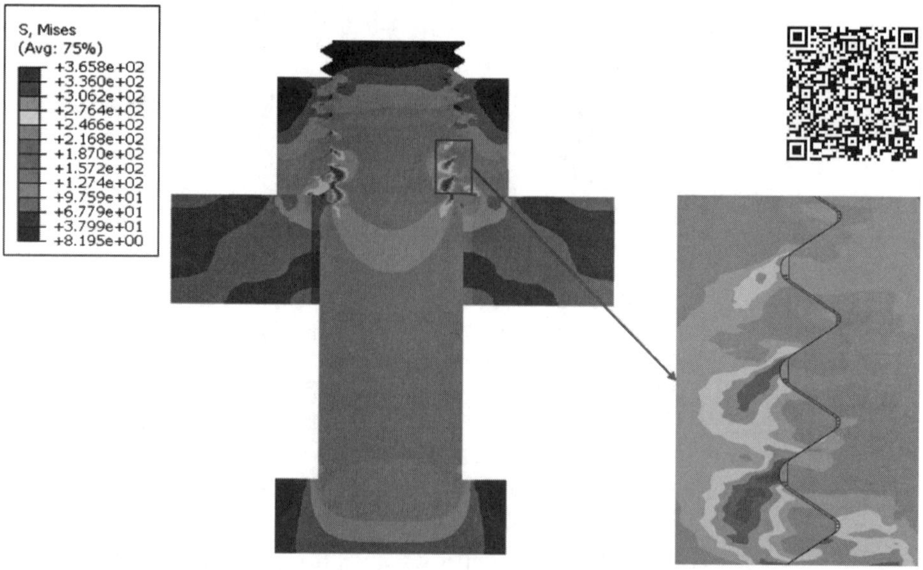

(a)

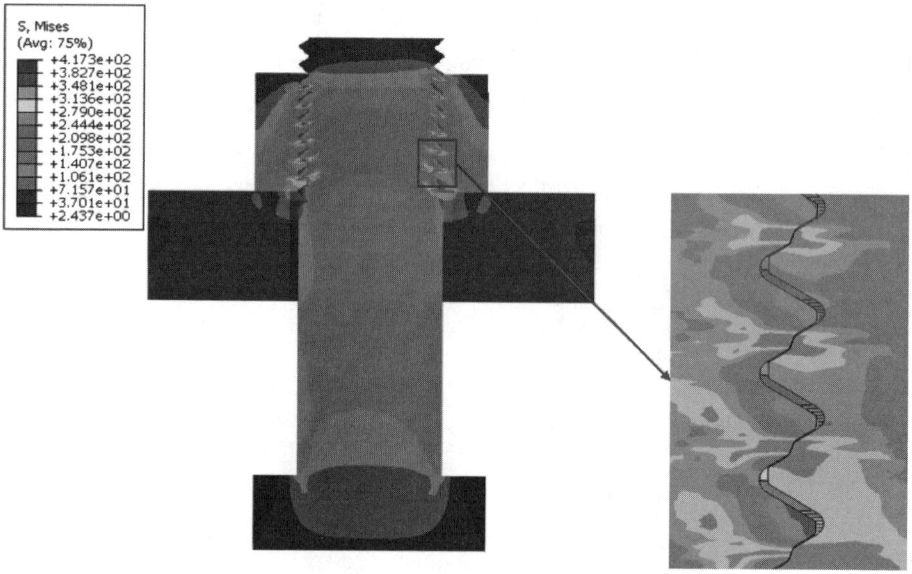

(b)

图 1.7　普通螺纹连接与台阶螺纹连接的米泽斯应力分布对比

（感谢广东史特牢紧扣系统有限公司提供本图）

（a）普通螺纹连接；（b）台阶螺纹连接（20 度台阶角）

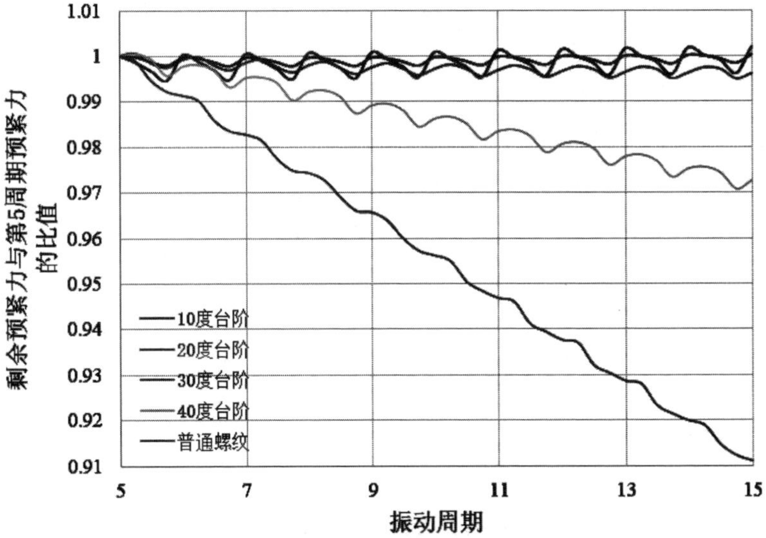

图 1.8 普通螺纹连接与台阶螺纹连接的预紧力衰退情况对比
（感谢广东史特牢紧扣系统有限公司提供本图）

最后，基于有限元仿真分析的结果，我们可以对不同台阶角度的台阶螺纹连接的承载能力和防松性能进行评价，得到优化的台阶螺纹设计方案，并给出设计图纸。仿真工作证明：在相同的振动工况下，台阶螺纹连接比普通螺纹连接预紧力衰退的更慢，因此防松性能更好，而且台阶角度越小防松性能越好。另外，通过进一步对承载能力和加工可行性的分析，可以证明 20 度台阶角度相比于图 1.5 中的其他角度综合表现更好。这里应当指出，由于上述设计过程只针对有限的台阶角度进行分析，它们当中筛选出的最好方案未必是最优方案，因为最优方案可能根本不在这 4 种方案之中。为了寻找到最优方案，我们可以引入一个代理模型，即基于已知的 4 种或更多种方案的结果拟合出台阶角度对防松性能和承载能力的影响规律表达式，同时引入加工可行性作为约束条件，进而通过寻找代理模型的极值点确定最优方案，这便是一个典型的优化设计过程。还应当指出，对于实际的工程设计问题，由于变量众多，约束复杂，我们很难寻找到绝对最优的方案，通常只能利用数字化设计技术在有限的研发周期和研发成本的约束下寻找一个相对优化的方案来满足工程的需求。

1.3 本书的知识架构

本书不试图对数字化设计（或计算机辅助设计）的方方面面都进行介绍，

因为这样导致的一个结果就是在有限的篇幅内只能进行概念性的介绍，无法在数学层面上对数字化设计类软件的工作原理展开论述。实际上，无论是数字化建模，还是仿真分析和优化，背后都有复杂的数学知识体系支撑这些工作，这是本书的侧重点。关于数字化设计（或计算机辅助设计）的概念性知识体系，读者可以参考该领域的其他教材[1~4]。

本书将对几何建模（第二章）、有限元方法（第三章）和设计优化方法（第四章）的基本数学知识进行讲解，这三部分知识分别对应了图 1.2 中数字化设计流程的三个重要环节，是支撑现在 CAD 和 CAE 软件工具的重要数学基础，掌握这些数学知识可以帮助读者更深刻地理解相关软件背后的工作原理以及产品数字化设计的工作流程。本书是对现有的数字化设计（或计算机辅助设计）类教材的有益补充。

参考文献

[1] 苏春．数字化设计与制造［M］．北京：机械工业出版社，2019.

[2] Kunwoo Lee. Principles of CAD/CAM/CAE Systems ［M］. Boston：Addison Wesley，1999.

[3] 宁汝新，赵汝嘉．CAD/CAM 技术［M］.2 版．北京：机械工业出版社，2005.

[4] 乔立红，郑联语．计算机辅助设计与制造［M］．北京：机械工业出版社，2014.

[5] 丁晓宇，张铁亮．防松螺纹连接结构、防松螺纹连接件、螺纹件及螺纹结构．中国专利，ZL2020207103546.

第二章

几何建模

2.1 几何建模技术概述

几何建模是 CAD 系统的核心功能，其作用是在设计阶段对产品的几何信息和拓扑信息进行描述与表达。CAD 系统的几何建模技术目前经历了线框建模（Wireframe Modeling）、表面建模（Surface Modeling）、实体建模（Solid Modeling）和特征建模（Feature - based Modeling）4 个主要发展阶段。线框建模技术出现于 20 世纪 60 年代，1963 年美国麻省理工学院建立的世界上第一套 CAD 系统便是基于线框建模技术。线框模型是通过实体的特征曲线（通常是轮廓曲线）和点来表达实体，例如机械加工中广泛使用的零件二维图纸其实就是线框模型，至今所有的 CAD 系统依然都保留了线框建模的功能。由于线框模型仅包含线和点的信息，因此它基本上只能用于生成零部件的机械图纸，很难支撑后续 CAE 阶段的仿真分析任务。表面建模和实体建模技术分别出现于 20 世纪 60 年代和 70 年代。表面模型同时包含了实体的面、线以及点的信息，它可以很逼真地表达物理实体的几何形状，但它依然只是一个由面围成的“空壳”，而不是真正的实体。如果把一个基于表面模型表达的零件沿某截面剖开，我们会发现里面是“空心”的。实体模型是在表面模型的基础上进一步包含了对实体内部空间的数学描述，基于该数学描述可以判断三维空间任意一点是在实体内部还是在实体外部。如果把一个基于实体模型表达的零件沿某截面剖开，CAD 系统可以自动判断截面上处于实体内部的区域，进而生成一个填补“空心”的表面，所以设计人员看到的零件内部是“实心”的。特征建模是一种更高级的实体建模，它出现于 20 世纪 80 年代，也经历了长时间阶段，目前特征建模技术已经发展成为特征参数化建模（Feature - based Parametric Modeling）技术，这是当今的主流 CAD 系统都采用的建模技术，它使得 CAD 构建实体的过程更加方便和高效。

目前大部分 CAD/CAM 类的教科书对上述各种几何建模技术的概念都有

详细的介绍，本章对此不再赘述，感兴趣的读者可以查阅参考文献［1～4］。本章的重点是介绍上述各种几何建模技术背后的数学原理，包括参数化曲线、参数化曲面、曲线的拼接、曲面的拼接以及几何变换的数学知识。本章内容适合已经有 CAD 软件（如 Solidworks、Unigraphics、CATIA、Pro/Engineer 等）使用经验的读者，系统学习本章知识可以帮助读者进一步明白 CAD 软件背后的工作原理，提升读者对 CAD 软件建模功能的理解水平，也为读者从事 CAD 系统开发及数字化设计相关研究工作打下必要的理论基础。

2.2 参数化曲线

2.2.1 参数化曲线的基本概念

对于曲线的概念我们并不陌生，从小学开始就学习过许多曲线，如直线、抛物线、圆、椭圆、双曲线等，我们所知晓的许多函数都可以表达成一条曲线，如三角函数、幂函数、指数函数、多项式函数等。在二维空间内，曲线可以用下述方程表示：

$$f(x,y) = 0,(x,y) \in \Omega \tag{2.1}$$

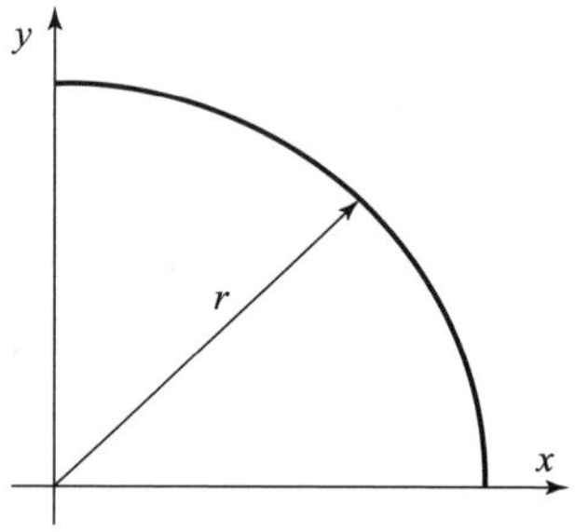

图 2.1 一段圆弧曲线

例如，图 2.1 中的圆弧曲线方程为

$$x^2 + y^2 - r^2 = 0,x \in [0,1],y \in [0,1] \tag{2.2}$$

在三维空间内，曲线可以用下述方程组表示：

$$\begin{cases} f_1(x,y,z) = 0 \\ f_2(x,y,z) = 0 \end{cases}, (x,y,z) \in \Omega \tag{2.3}$$

其中，方程 $f_1(x,y,z) = 0$ 和 $f_2(x,y,z) = 0$ 表示三维空间内的两个曲面，式（2.3）表示两个曲面相交形成的曲线。三维空间内，除了一些特殊情况，一般不能用单一的方程 $f(x,y,z) = 0$ 表达一条曲线。

那么 CAD 系统是否主要基于式（2.1）和式（2.3）的方程形式支撑曲线的几何设计呢？答案是否定的。从设计角度而言，使用这两种方程形式表达曲线存在一些明显的缺点，例如：

（1）曲线形式有无穷多种，相应的方程形式也有无穷多种，CAD 系统无法预设太多的方程形式，而且无论预设多少方程，对灵活多变的设计任务而言都显得不够用。

（2）式（2.1）和式（2.3）的方程参数和曲线形状之间的关系通常是不直观的，也就是说当我们想按照设计意图构造特定形状的曲线时，不知道该如何调整方程参数来实现这一点。

(3) 当我们进行复杂的几何造型设计时，经常需要把多段曲线连接起来构造成复杂的分段曲线，此时确保曲线间的光滑连续非常重要，而曲线间的连续性与式(2.1)和式(2.3)的方程参数之间的关系是不直观的，这给分段曲线的构造带来很大不便。

(4) 当我们想对任意曲线进行几何变换时，如围绕某个点进行旋转，其旋转后的目标曲线方程通常并不是显而易见的，尤其是在三维空间内，对式(2.3)表达的曲线进行几何变换通常是非常麻烦的。

实际上，CAD 系统主要是基于参数化曲线（Parametric Curve）支撑曲线的几何设计，参数化曲线的方程也称为曲线的参数化表达。我们先以图 2.1 所示的二维空间内的圆弧曲线为例，理解一下参数化曲线的概念，该圆弧曲线的一种参数化表达是

$$\begin{cases} x(\theta) = r\cos\theta \\ y(\theta) = r\sin\theta \end{cases}, \theta \in \left[0, \frac{\pi}{2}\right] \tag{2.4}$$

式中，θ 是参数。当 θ 从 0 到$\frac{\pi}{2}$逐渐变化时，以 $[x(\theta), y(\theta)]$ 为坐标的点将以圆弧曲线为路径从圆弧一端（点 [1, 0]）移动到另一端（点 [0, 1]），θ 值与圆弧曲线上的点坐标一一映射。

一条曲线的参数化表达可以不是唯一的，例如上述圆弧曲线的另一种参数表达是

$$\begin{cases} x(u) = \dfrac{2u}{1 + u^2} \\ y(u) = \dfrac{1 - u^2}{1 + u^2} \end{cases}, u \in [0,1] \tag{2.5}$$

该参数化表达是一个多项式与另一多项式相除的形式，因此它是一种有理函数（Rational Function）。CAD 系统主要是基于一些多项式函数或有理函数构造的参数化曲线方程支撑曲线的几何设计，较少使用如式(2.4)所示的三角函数。

一般地，二维空间内曲线 $p(u)$ 的参数化表达为如下形式：

$$p(u) = [p_x(u), p_y(u)], u \in [0,1] \tag{2.6}$$

式中，u 是参数，$p_x(u)$ 是曲线上点的 x 坐标，$p_y(u)$ 是曲线上点的 y 坐标，$p_x(u)$ 和 $p_y(u)$ 都是关于 u 的函数。

从上述圆弧曲线的例子可以看出，二维空间内曲线的非参数化表达（式(2.1)）与参数化表达（式(2.6)）的本质区别在于：非参数化表达是通过一个方程直接建立曲线上每一点的 x 坐标与 y 坐标之间的映射关系，而参数

化表达则是通过两个函数，分别建立每一点的 x 坐标与 u 的映射关系，以及 y 坐标与 u 的映射关系，从而间接形成了每一点的 x 坐标与 y 坐标之间的映射关系。二维空间内曲线非参数化表达与参数化表达各自的坐标映射关系如图 2.2 所示。

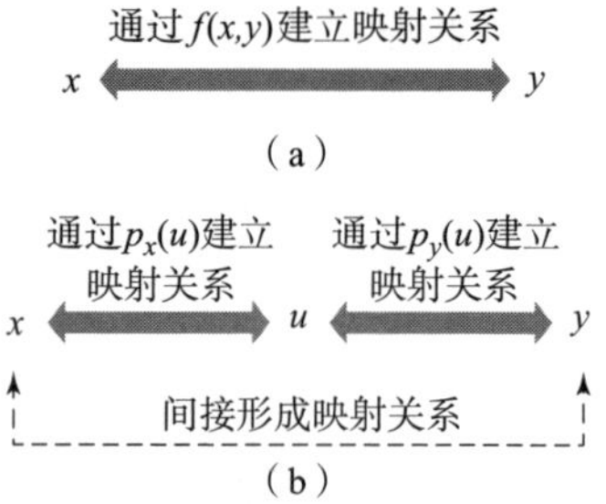

图 2.2　二维空间内曲线的 x 坐标与 y 坐标的映射关系

（a）非参数化表达；（b）参数化表达

一般地，三维空间内曲线 $p(u)$ 的参数化表达为如下形式：

$$p(u) = [p_x(u), p_y(u), p_z(u)],\ u \in [0,1] \tag{2.7}$$

式中，u 是参数，$p_x(u)$ 是曲线上点的 x 坐标，$p_y(u)$ 是曲线上点的 y 坐标，$p_z(u)$ 是曲线上点的 z 坐标，$p_x(u)$、$p_y(u)$ 和 $p_z(u)$ 都是关于 u 的函数。

式（2.6）和式（2.7）描述了曲线 $p(u)$ 上点坐标与 u 值的一一映射关系，其中 $u=0$ 对应曲线的起点，$u=1$ 对应曲线的终点。图 2.3 展示了三维空间内曲线 $p(u)$ 上点坐标与 u 的映射关系。

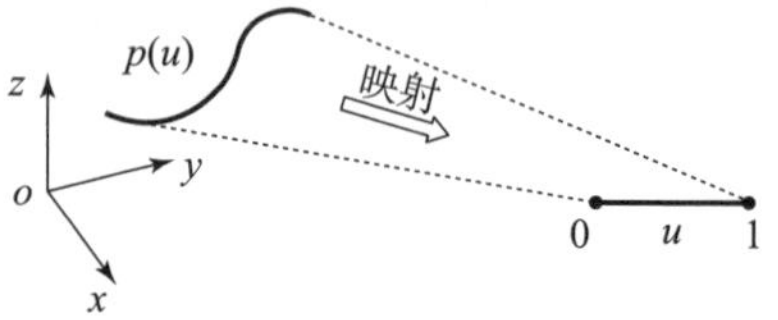

图 2.3　$p(u)$ 与 u 的映射关系

参数化曲线有许多优点，例如：

（1）通过有限的几种参数化曲线方程就可以构造出非常丰富的曲线造型，满足各种设计任务的需要。

（2）通过改变控制点坐标可以方便地调整参数化曲线的形状。

（3）通过调整端点切向量或控制点坐标可以方便地控制分段曲线间的连续性。

（4）通过控制点坐标的几何变换可以方便地实现曲线的几何变换。

可以看出，参数曲线的上述优点克服了前述式（2.1）和式（2.3）的缺点，因此参数化曲线比较适合作为设计工具。从 2.2.2 节至 2.2.7 节，我们将介绍多种参数化曲线方程，帮助读者逐步理解参数化曲线上述优点的数学原理。

这里应当指出，本书介绍的各种参数化曲线方程通常都是用来定义一段有限长度的曲线，因为参数 u 一般是定义在一个有限的范围的。为了表述方便，本书不再刻意区分“曲线”与“曲线段”以及“直线”与“直线段”的概念，在本书中它们都是表述一段有限长度的曲线或直线。而且，我们把式（2.1）和式（2.3）称为非参数化曲线方程，从而在表述上方便与参数化曲线方程进行区分。另外，本书将面向三维空间介绍各种参数化曲线方程，它们对应的二维空间内的参数化曲线方程可以方便地得到，本书不再一一赘述。

2.2.2　直线

直线是一次曲线，所谓的一次曲线，是指 $p_x(u)$、$p_y(u)$ 和 $p_z(u)$ 均为关于 u 的一次多项式，因此一次曲线的参数化方程的统一形式是

$$\boldsymbol{p}(u)=\begin{bmatrix}p_x(u)\\p_y(u)\\p_z(u)\end{bmatrix}^{\mathrm{T}}=\begin{bmatrix}a_xu+b_x\\a_yu+b_y\\a_zu+b_z\end{bmatrix}^{\mathrm{T}},u\in[0,1] \tag{2.8}$$

式中，a_x、a_y、a_z、b_x、b_y 和 b_z 是待定系数。

我们可以直接给定上述系数的值，从而确定一条直线，但我们一般不这么做，因为这些系数的几何意义不直观。一种更方便的做法是：给定直线起点和终点的坐标，从而求解出上述系数的值。为此，我们把式（2.8）改写为向量形式：

$$\boldsymbol{p}(u)=\boldsymbol{a}u+\boldsymbol{b},u\in[0,1] \tag{2.9}$$

式中，$\boldsymbol{a}=[a_x,a_y,a_z]$，$\boldsymbol{b}=[b_x,b_y,b_z]$。

如果假设曲线的起点坐标（对应 $u=0$）是 $\boldsymbol{p}_0$，终点坐标（对应 $u=1$）是 $\boldsymbol{p}_1$，其中，$\boldsymbol{p}_0=[p_{0x},p_{0y},p_{0z}]$，$\boldsymbol{p}_1=[p_{1x},p_{1y},p_{1z}]$，则把 $u=0$ 和 $u=1$ 分别代入式（2.9）可以得到关于 $\boldsymbol{a}$ 和 $\boldsymbol{b}$ 的两个方程：

$$\begin{cases}\boldsymbol{p}(0)=\boldsymbol{p}_0=\boldsymbol{b}\\\boldsymbol{p}(1)=\boldsymbol{p}_1=\boldsymbol{a}+\boldsymbol{b}\end{cases} \tag{2.10}$$

从而求解出：$\boldsymbol{a}=\boldsymbol{p}_1-\boldsymbol{p}_0$，$\boldsymbol{b}=\boldsymbol{p}_0$。也就是说，我们用直线的起点和终点坐标表达了 $\boldsymbol{a}$ 和 $\boldsymbol{b}$。我们把求解出的 $\boldsymbol{a}$ 和 $\boldsymbol{b}$ 的表达式代入式（2.9），可以得到

$$\boldsymbol{p}(u)=(1-u)\boldsymbol{p}_0+u\boldsymbol{p}_1,u\in[0,1] \tag{2.11}$$

式（2.11）是由起点和终点坐标定义的直线的参数化方程，其中 $u=0$ 对应直线的起点，$u=1$ 对应直线的终点，如图 2.4 所示。$(1-u)$ 和 u 是式（2.11）的基函数（又称为调和函数），也是起点和终点坐标的权重系数。式（2.11）也可以理解为：直线上任意一点的坐标等于直线起点坐标 $\boldsymbol{p}_0$ 与直线终点坐标 $\boldsymbol{p}_1$ 分别乘以各自权重系数后的和。

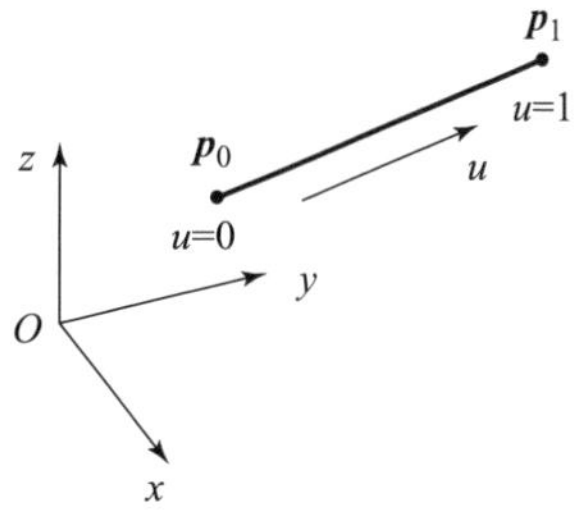

图 2.4　直线的约束条件

式（2.11）可以进一步改写为矩阵形式：

$$p(u)=[1-u\quad u]\begin{bmatrix}p_0\\p_1\end{bmatrix}=[u\quad 1]\begin{bmatrix}-1&1\\1&0\end{bmatrix}\begin{bmatrix}p_0\\p_1\end{bmatrix},u\in[0,1]\tag{2.12}$$

2.2.3 二次曲线

所谓的二次曲线（Quadradic Curve），是指 $p_x(u)$、$p_y(u)$ 和 $p_z(u)$ 均为关于 u 的二次多项式，因此二次曲线的参数化方程的统一形式是

$$p(u)=\begin{bmatrix}p_x(u)\\p_y(u)\\p_z(u)\end{bmatrix}^{\mathrm{T}}=\begin{bmatrix}a_xu^2+b_xu+c_x\\a_yu^2+b_yu+c_y\\a_zu^2+b_zu+c_z\end{bmatrix}^{\mathrm{T}},u\in[0,1]\tag{2.13}$$

式中，a_x、a_y、a_z、b_x、b_y、b_z、c_x、c_y 和 c_z 是待定系数。

我们可以直接给定上述系数的值，从而确定一条二次曲线，但一般不这么做，因为这些系数的几何意义不直观。我们可以基于一些具有直观几何意义的约束条件求解上述系数的值，从而确定一条二次曲线。为此，我们把式（2.13）改写为向量形式：

$$\boldsymbol{p}(u)=\boldsymbol{a}u^2+\boldsymbol{b}u+\boldsymbol{c},u\in[0,1]\tag{2.14}$$

式中，$\boldsymbol{a}=[a_x,a_y,a_z]$，$\boldsymbol{b}=[b_x,b_y,b_z]$，$\boldsymbol{c}=[c_x,c_y,c_z]$。

我们可以通过不同形式的约束条件求解 $\boldsymbol{a}$、$\boldsymbol{b}$ 和 $\boldsymbol{c}$。这里，以曲线上三个点坐标作为约束条件，即已知曲线上 $u=0$ 处（起点）的坐标是 $\boldsymbol{p}_0$，$u=\frac{1}{2}$ 处的坐标是 $\boldsymbol{p}_1$，$u=1$ 处（终点）的坐标是 $\boldsymbol{p}_2$，其中，$\boldsymbol{p}_0=[p_{0x},p_{0y},p_{0z}]$，$\boldsymbol{p}_1=[p_{1x},p_{1y},p_{1z}]$，$\boldsymbol{p}_2=[p_{2x},p_{2y},p_{2z}]$。基于上述约束条件，把 $u=0$，$u=\frac{1}{2}$ 和 $u=1$ 分别代入式（2.14）可以得到关于 $\boldsymbol{a}$、$\boldsymbol{b}$ 和 $\boldsymbol{c}$ 的三个方程：

$$\begin{cases}\boldsymbol{p}(0)=\boldsymbol{p}_0=\boldsymbol{c}\\\boldsymbol{p}\left(\frac{1}{2}\right)=\boldsymbol{p}_1=\frac{1}{4}\boldsymbol{a}+\frac{1}{2}\boldsymbol{b}+\boldsymbol{c}\\\boldsymbol{p}(1)=\boldsymbol{p}_2=\boldsymbol{a}+\boldsymbol{b}+\boldsymbol{c}\end{cases}\tag{2.15}$$

从而求解出：$\boldsymbol{a}=2\boldsymbol{p}_0-4\boldsymbol{p}_1+2\boldsymbol{p}_2$，$\boldsymbol{b}=-3\boldsymbol{p}_0+4\boldsymbol{p}_1-\boldsymbol{p}_2$，$\boldsymbol{c}=\boldsymbol{p}_0$，也就是说，我们用已知的三个点坐标表达了 $\boldsymbol{a}$、$\boldsymbol{b}$ 和 $\boldsymbol{c}$。我们把求解出的 $\boldsymbol{a}$、$\boldsymbol{b}$ 和 $\boldsymbol{c}$ 的表达式代入式（2.14），可以得到

$$\begin{aligned}\boldsymbol{p}(u)&=(2u^2-3u+1)\boldsymbol{p}_0+(-4u^2+4u)\boldsymbol{p}_1+(2u^2-u)\boldsymbol{p}_2\\&=Q_0(u)\boldsymbol{p}_0+Q_1(u)\boldsymbol{p}_1+Q_2(u)\boldsymbol{p}_2,u\in[0,1]\end{aligned}\tag{2.16}$$

式（2.16）是上述三点约束下二次曲线的参数化方程，该曲线是二次样条曲线（Quadratic Spline Curve），其约束条件如图 2.5 所示。所谓“样条”，

最初是指富有弹性的细木条、金属条或塑料条，在应用 CAD 技术以前，航空、船舶和汽车制造业中普遍采用样条手工绘制曲线。具体操作时，设计人员通常先通过压铁迫使样条通过给定的点（见图 2.6），此时样条发生弹性弯曲，形成曲线，而后沿样条绘制曲线，称为样条曲线。随着 CAD 技术的发展，样条曲线的定义被数学化，在商业 CAD 系统中，通过给定点的插值曲线被称为样条曲线。后文我们还会介绍三次样条曲线和 B 样条曲线。

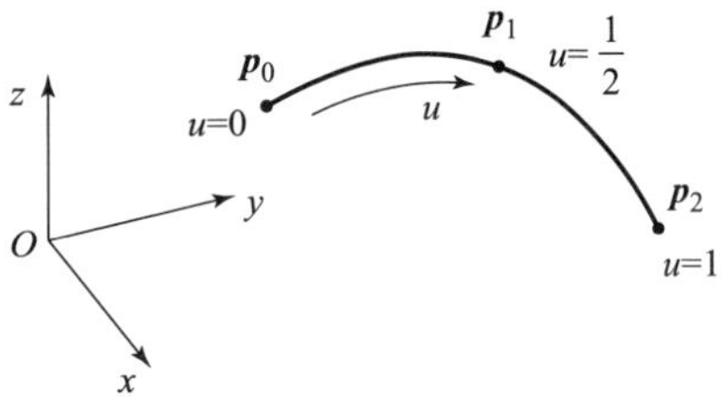

图 2.5　二次样条曲线约束条件

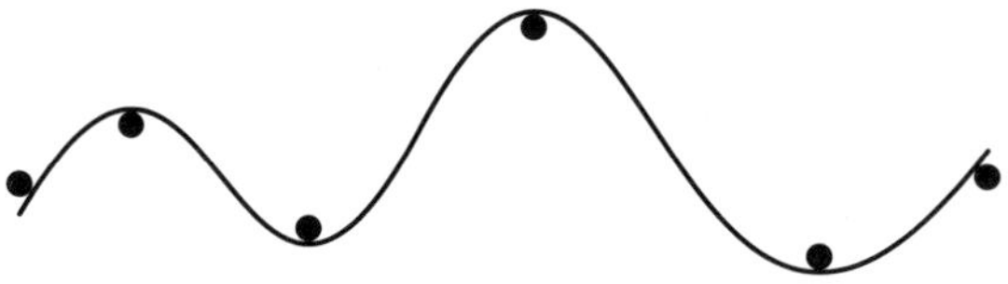

图 2.6　物理样条示意图

式（2.16）中 $Q_0(u)$、$Q_1(u)$ 和 $Q_2(u)$ 是二次样条曲线的基函数，它们分别是三个点坐标 $\boldsymbol{p}_0$、$\boldsymbol{p}_1$ 和 $\boldsymbol{p}_2$ 的权重系数，如图 2.7 所示。式（2.16）所定义的二次样条曲线上任意一点的坐标都是已知的三个点坐标 $\boldsymbol{p}_0$、$\boldsymbol{p}_1$ 和 $\boldsymbol{p}_2$ 分别乘以各自权重系数后的和。

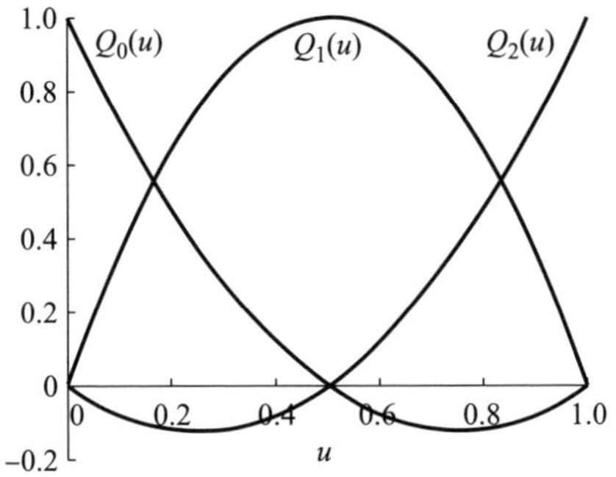

图 2.7　二次样条曲线的基函数

式（2.16）可以进一步改写为矩阵形式：

$$\boldsymbol{p}(u) = [2u^2 - 3u + 1, \quad -4u^2 + 4u, \quad 2u^2 - u]\begin{bmatrix}\boldsymbol{p}_0 \\ \boldsymbol{p}_1 \\ \boldsymbol{p}_2\end{bmatrix}$$

$$= [u^2 \quad u \quad 1]\begin{bmatrix} 2 & -4 & 2 \\ -3 & 4 & -1 \\ 1 & 0 & 0 \end{bmatrix}\begin{bmatrix} \boldsymbol{p}_0 \\ \boldsymbol{p}_1 \\ \boldsymbol{p}_2 \end{bmatrix}, u \in [0,1] \qquad (2.17)$$

我们知道，非参数化曲线方程 $y = ax^2 + bx + c$ 也表达二次曲线，那么式（2.13）表达的二次曲线与 $y = ax^2 + bx + c$ 表达的二次曲线有什么关联呢？下面我们通过一个例题解释这个问题。

例题 2.1 已知三个点坐标：$\boldsymbol{p}_0 = [0,0]$，$\boldsymbol{p}_1 = [1,1]$ 和 $\boldsymbol{p}_2 = [2,-2]$，求以 $\boldsymbol{p}_0$ 为起点、$\boldsymbol{p}_2$ 为终点，并且在 $u = \frac{1}{2}$ 时过点 $\boldsymbol{p}_1$ 的二次样条曲线的参数化方程，并画出该曲线。另外，如果把 $\boldsymbol{p}_0$ 坐标改为［1，0］，点 $\boldsymbol{p}_1$ 和 $\boldsymbol{p}_2$ 坐标不变，求变化后的二次样条曲线的参数化方程，并画出该曲线。

解：当 $\boldsymbol{p}_0 = [0,0]$ 时，把 $\boldsymbol{p}_0$、$\boldsymbol{p}_1$ 和 $\boldsymbol{p}_2$ 的坐标值代入式（2.17）得到二次样条曲线方程为：

$$\boldsymbol{p}(u) = [2u^2 - 3u + 1, \quad -4u^2 + 4u, \quad 2u^2 - u]\begin{bmatrix} 0 & 0 \\ 1 & 1 \\ 2 & -2 \end{bmatrix}$$

$$= [2u, \quad -8u^2 + 6u], u \in [0,1] \qquad (2.18)$$

该二次样条曲线如图 2.8 所示。

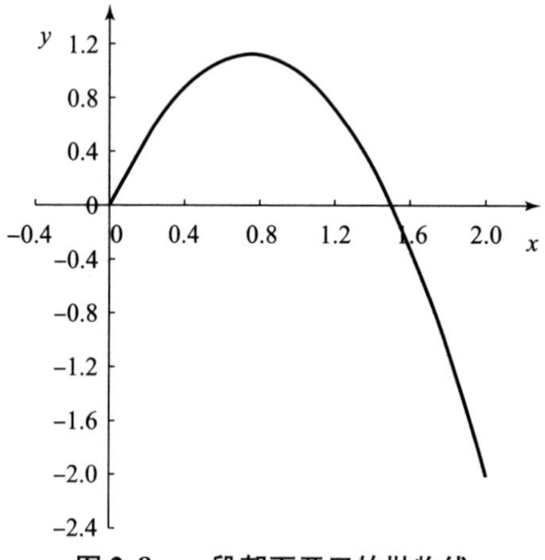

图 2.8　一段朝下开口的抛物线

当 $\boldsymbol{p}_0 = [1,0]$ 时，把 $\boldsymbol{p}_0$、$\boldsymbol{p}_1$ 和 $\boldsymbol{p}_2$ 的坐标值代入式（2.17）得到变化后的二次样条曲线方程为：

$$p(u) = [2u^2 - 3u + 1,\quad -4u^2 + 4u,\quad 2u^2 - u]\begin{bmatrix}1 & 0\\1 & 1\\2 & -2\end{bmatrix}$$

$$= [2u^2 - u + 1,\quad -8u^2 + 6u], u \in [0,1] \tag{2.19}$$

变化后的二次样条曲线如图 2.9 所示。

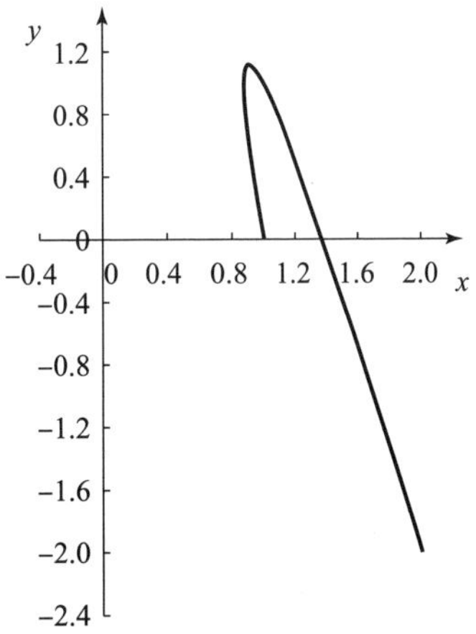

图 2.9 一段斜向开口的抛物线

在式（2.18）中，x 坐标和 y 坐标分别为 $2u$ 和 $-8u^2+6u$，y 坐标刚好是 x 坐标的二次多项式，因此该曲线可以通过非参数化方程 $y=ax^2+bx+c$ 表达。具体地，该曲线的非参数化方程是 $y=-2x^2+3x, x\in[0,2]$，它是一段朝下开口的抛物线。而在式（2.19）中，x 坐标和 y 坐标分别为 $2u^2-u+1$ 和 $-8u^2+6u$，y 坐标不再是 x 坐标的二次多项式，因此该曲线不能写成非参数化方程 $y=ax^2+bx+c$ 的形式。实际上，该曲线是一段斜向下开口的抛物线，如图 2.9 所示。通过例题 2.1 可以看出，非参数化曲线方程 $y=ax^2+bx+c$ 只是参数化曲线方程式（2.13）的一种特殊情况，式（2.13）可以用于表达任意朝向的抛物线，而 $y=ax^2+bx+c$ 只能表达开口向上或向下的抛物线。

2.2.4 三次曲线

所谓的三次曲线（Cubic Curve），是指 $p_x(u)$、$p_y(u)$ 和 $p_z(u)$ 均为关于 u 的三次多项式，因此三次曲线的参数化方程的统一形式是

$$\boldsymbol{p}(u) = \begin{bmatrix}p_x(u)\\p_y(u)\\p_z(u)\end{bmatrix}^{\mathrm{T}} = \begin{bmatrix}a_xu^3+b_xu^2+c_xu+d_x\\a_yu^3+b_yu^2+c_yu+d_y\\a_zu^3+b_zu^2+c_zu+d_z\end{bmatrix}^{\mathrm{T}}, u\in[0,1] \tag{2.20}$$

式中，a_x、a_y、a_z、b_x、b_y、b_z、c_x、c_y、c_z、d_x、d_y 和 d_z 是待定系数。

我们可以通过一些约束条件求解上述系数的值，从而确定一条三次曲线。为此，把式（2.20）改写为向量形式：

$$\boldsymbol{p}(u) = \boldsymbol{a}u^3 + \boldsymbol{b}u^2 + \boldsymbol{c}u + \boldsymbol{d}, u\in[0,1] \tag{2.21}$$

式中，$\boldsymbol{a}=[a_x,a_y,a_z]$，$\boldsymbol{b}=[b_x,b_y,b_z]$，$\boldsymbol{c}=[c_x,c_y,c_z]$，$\boldsymbol{d}=[d_x,d_y,d_z]$。

首先以曲线上 4 个点坐标作为约束条件，即已知曲线上 $u=0$ 处（起点）的坐标是 $\boldsymbol{p}_0$，$u=\frac{1}{3}$ 处的坐标是 $\boldsymbol{p}_1$，$u=\frac{2}{3}$ 处的坐标是 $\boldsymbol{p}_2$，$u=1$ 处（终点）的

坐标是 $\boldsymbol{p}_3$，其中，$\boldsymbol{p}_0=[p_{0x},p_{0y},p_{0z}]$，$\boldsymbol{p}_1=[p_{1x},p_{1y},p_{1z}]$，$\boldsymbol{p}_2=[p_{2x},p_{2y},p_{2z}]$，$\boldsymbol{p}_3=[p_{3x},p_{3y},p_{3z}]$。基于上述约束条件，我们把 $u=0$，$u=\frac{1}{3}$，$u=\frac{2}{3}$ 和 $u=1$ 分别代入式（2.21）可以得到关于 $\boldsymbol{a}$、$\boldsymbol{b}$、$\boldsymbol{c}$ 和 $\boldsymbol{d}$ 的 4 个方程：

$$\begin{cases}\boldsymbol{p}(0)=\boldsymbol{p}_0=\boldsymbol{d}\\ \boldsymbol{p}\left(\frac{1}{3}\right)=\boldsymbol{p}_1=\frac{1}{27}\boldsymbol{a}+\frac{1}{9}\boldsymbol{b}+\frac{1}{3}\boldsymbol{c}+\boldsymbol{d}\\ \boldsymbol{p}\left(\frac{2}{3}\right)=\boldsymbol{p}_2=\frac{8}{27}\boldsymbol{a}+\frac{4}{9}\boldsymbol{b}+\frac{2}{3}\boldsymbol{c}+\boldsymbol{d}\\ \boldsymbol{p}(1)=\boldsymbol{p}_3=\boldsymbol{a}+\boldsymbol{b}+\boldsymbol{c}+\boldsymbol{d}\end{cases} \tag{2.22}$$

从而求解出：$\boldsymbol{a}=-\frac{9}{2}\boldsymbol{p}_0+\frac{27}{2}\boldsymbol{p}_1-\frac{27}{2}\boldsymbol{p}_2+\frac{9}{2}\boldsymbol{p}_3$，$\boldsymbol{b}=9\boldsymbol{p}_0-\frac{45}{2}\boldsymbol{p}_1+18\boldsymbol{p}_2-\frac{9}{2}\boldsymbol{p}_3$，$\boldsymbol{c}=-\frac{11}{2}\boldsymbol{p}_0+9\boldsymbol{p}_1-\frac{9}{2}\boldsymbol{p}_2+\boldsymbol{p}_3$，$\boldsymbol{d}=\boldsymbol{p}_3$。也就是说，我们用已知的 4 个点坐标表达了 $\boldsymbol{a}$、$\boldsymbol{b}$、$\boldsymbol{c}$ 和 $\boldsymbol{d}$。我们把求解出的 $\boldsymbol{a}$、$\boldsymbol{b}$、$\boldsymbol{c}$ 和 $\boldsymbol{d}$ 的表达式代入式（2.21），可以得到

$$\begin{aligned}\boldsymbol{p}(u)&=\left(-\frac{9}{2}u^3+9u^2-\frac{11}{2}u+1\right)\boldsymbol{p}_0+\left(\frac{27}{2}u^3-\frac{45}{2}u^2+9u\right)\boldsymbol{p}_1+\\&\quad\left(-\frac{27}{2}u^3+18u^2-\frac{9}{2}u\right)\boldsymbol{p}_2+\left(\frac{9}{2}u^3-\frac{9}{2}u^2+u\right)\boldsymbol{p}_3\\&=C_0^s(u)\boldsymbol{p}_0+C_1^s(u)\boldsymbol{p}_1+C_2^s(u)\boldsymbol{p}_2+C_3^s(u)\boldsymbol{p}_3,u\in[0,1]\end{aligned} \tag{2.23}$$

式（2.23）是上述四点约束下的三次曲线的参数化方程，该曲线是三次样条曲线（Cubic Spline Curve），其约束条件如图 2.10 所示。

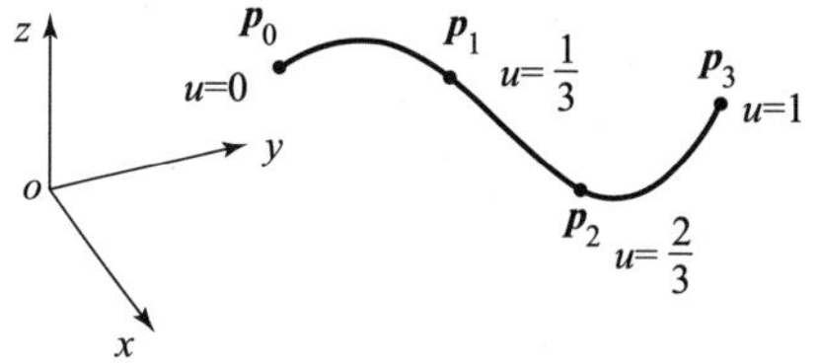

图 2.10　三次样条曲线约束条件

式（2.23）中 $C_0^s(u)$、$C_1^s(u)$、$C_2^s(u)$ 和 $C_3^s(u)$ 是三次样条曲线的基函数，它们分别是 4 个点坐标 $\boldsymbol{p}_0$、$\boldsymbol{p}_1$、$\boldsymbol{p}_2$ 和 $\boldsymbol{p}_3$ 的权重系数，如图 2.11 所示。式（2.23）所定义的三次样条曲线上任意一点的坐标都是已知的 4 个点坐标 $\boldsymbol{p}_0$、$\boldsymbol{p}_1$、$\boldsymbol{p}_2$ 和 $\boldsymbol{p}_3$ 分别乘以各自权重系数后的和。

式（2.23）可以进一步改写为矩阵形式：

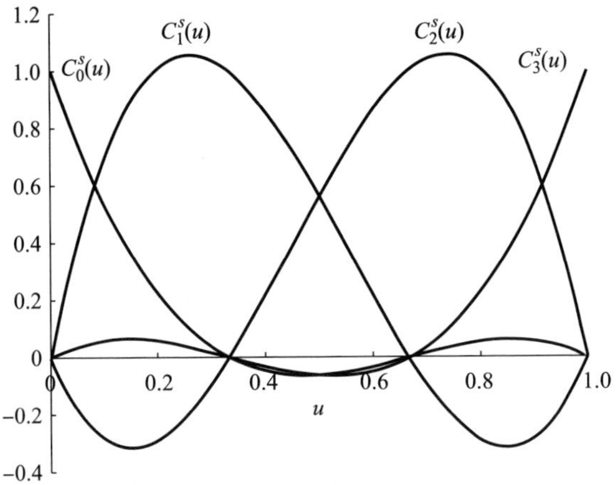

图 2.11　三次样条曲线的基函数

$$\boldsymbol{p}(u)=[C_0^s(u),\quad C_1^s(u),\quad C_2^s(u),\quad C_3^s(u)]\begin{bmatrix}\boldsymbol{p}_0\\\boldsymbol{p}_1\\\boldsymbol{p}_2\\\boldsymbol{p}_3\end{bmatrix}$$

$$=[u^3\quad u^2\quad u\quad 1]\begin{bmatrix}-\frac{9}{2} & \frac{27}{2} & -\frac{27}{2} & \frac{9}{2}\\ 9 & -\frac{45}{2} & 18 & -\frac{9}{2}\\ -\frac{11}{2} & 9 & -\frac{9}{2} & 1\\ 1 & 0 & 0 & 0\end{bmatrix}\begin{bmatrix}\boldsymbol{p}_0\\\boldsymbol{p}_1\\\boldsymbol{p}_2\\\boldsymbol{p}_3\end{bmatrix},u\in[0,1]$$

(2.24)

例题 2.2　已知 4 个点坐标：$\boldsymbol{p}_0=[0,0]$，$\boldsymbol{p}_1=[1,1]$，$\boldsymbol{p}_2=[2,0]$ 和 $\boldsymbol{p}_3=[4,2]$，求以 $\boldsymbol{p}_0$ 为起点，$\boldsymbol{p}_3$ 为终点，并且在 $u=\frac{1}{3}$ 和 $u=\frac{2}{3}$ 时分别过点 $\boldsymbol{p}_1$ 和点 $\boldsymbol{p}_2$ 的三次样条曲线的参数化方程，并画出该曲线。

解：把 $\boldsymbol{p}_0$、$\boldsymbol{p}_1$、$\boldsymbol{p}_2$ 和 $\boldsymbol{p}_3$ 的坐标值代入式（2.24）得到三次样条曲线方程为

$$\boldsymbol{p}(u)=[C_0^s(u),\quad C_1^s(u),\quad C_2^s(u),\quad C_3^s(u)]\begin{bmatrix}0 & 0\\1 & 1\\2 & 0\\4 & 2\end{bmatrix}$$

$$=\left[\frac{9}{2}u^3-\frac{9}{2}u^2+4u,\quad \frac{45}{2}u^3-\frac{63}{2}u^2+11u\right],u\in[0,1]$$

该三次样条曲线如图 2.12 所示。

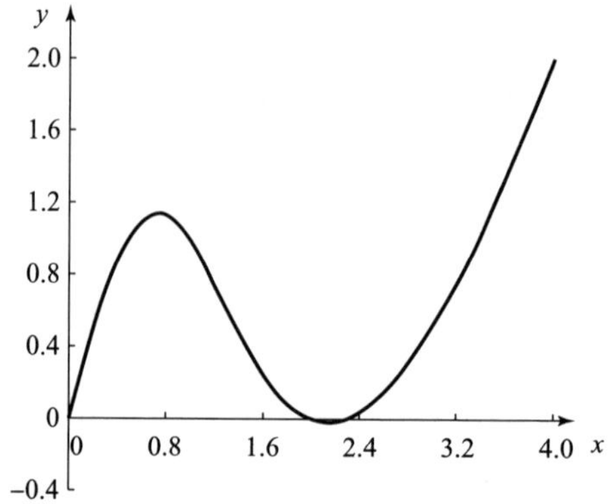

图 2.12　三次样条曲线案例

我们可以通过不同形式的约束条件求解式（2.20）中的待定系数，上述 4 个点坐标只是其中一种形式的约束条件。接下来以曲线上两个点坐标和两个切向量为约束条件求解式（2.20）中的待定系数，具体条件如下：已知曲线的起点（对应 $u=0$）坐标 $\boldsymbol{p}_0$，起点切向量 $\boldsymbol{g}_0$，终点（对应 $u=1$）坐标 $\boldsymbol{p}_1$ 和终点切向量 $\boldsymbol{g}_1$，其中，$\boldsymbol{p}_0=[p_{0x},p_{0y},p_{0z}]$，$\boldsymbol{p}_1=[p_{1x},p_{1y},p_{1z}]$，$\boldsymbol{g}_0=[g_{0x},g_{0y},g_{0z}]$，$\boldsymbol{g}_1=[g_{1x},g_{1y},g_{1z}]$。

曲线切向量（Tangent Vector）的定义是

$$\boldsymbol{g}(u)=\frac{\mathrm{d}\boldsymbol{p}(u)}{\mathrm{d}u}=\left[\frac{\mathrm{d}p_x(u)}{\mathrm{d}u},\frac{\mathrm{d}p_y(u)}{\mathrm{d}u},\frac{\mathrm{d}p_z(u)}{\mathrm{d}u}\right],\ u\in[0,1] \tag{2.25}$$

对于式（2.21）定义的三次曲线，其切向量的表达式为

$$\boldsymbol{g}(u)=\frac{\mathrm{d}\boldsymbol{p}(u)}{\mathrm{d}u}=3\boldsymbol{a}u^2+2\boldsymbol{b}u+\boldsymbol{c},\ u\in[0,1] \tag{2.26}$$

基于上述约束条件，把 $u=0$ 和 $u=1$ 分别代入式（2.21）和式（2.26），可以得到关于 $\boldsymbol{a}$、$\boldsymbol{b}$、$\boldsymbol{c}$ 和 $\boldsymbol{d}$ 的 4 个方程：

$$\begin{cases}\boldsymbol{p}(0)=\boldsymbol{p}_0=\boldsymbol{d}\\ \boldsymbol{p}(1)=\boldsymbol{p}_1=\boldsymbol{a}+\boldsymbol{b}+\boldsymbol{c}+\boldsymbol{d}\\ \boldsymbol{g}(0)=\boldsymbol{g}_0=\boldsymbol{c}\\ \boldsymbol{g}(1)=\boldsymbol{g}_1=3\boldsymbol{a}+2\boldsymbol{b}+\boldsymbol{c}\end{cases} \tag{2.27}$$

从而求解出：$\boldsymbol{a}=2\boldsymbol{p}_0-2\boldsymbol{p}_1+\boldsymbol{g}_0+\boldsymbol{g}_1$，$\boldsymbol{b}=-3\boldsymbol{p}_0+3\boldsymbol{p}_1-2\boldsymbol{g}_0-\boldsymbol{g}_1$，$\boldsymbol{c}=\boldsymbol{g}_0$，$\boldsymbol{d}=\boldsymbol{p}_0$，也就是说，我们用已知的 $\boldsymbol{p}_0$、$\boldsymbol{p}_1$、$\boldsymbol{g}_0$ 和 $\boldsymbol{g}_1$ 4 个约束条件表达了 $\boldsymbol{a}$、$\boldsymbol{b}$、$\boldsymbol{c}$ 和 $\boldsymbol{d}$。我们把求解出的 $\boldsymbol{a}$、$\boldsymbol{b}$、$\boldsymbol{c}$ 和 $\boldsymbol{d}$ 的表达式代入式（2.21），可以得到

$$\boldsymbol{p}(u)=(2u^3-3u^2+1)\boldsymbol{p}_0+(-2u^3+3u^2)\boldsymbol{p}_1+$$

$$(u^3-2u^2+u)\boldsymbol{g}_0+(u^3-u^2)\boldsymbol{g}_1$$
$$=C_0^h(u)\boldsymbol{p}_0+C_1^h(u)\boldsymbol{p}_1+C_2^h(u)\boldsymbol{g}_0+C_3^h(u)\boldsymbol{g}_1,u\in[0,1] \quad (2.28)$$

式（2.28）是上述两点和两个切向量约束下的三次曲线的参数化方程，该曲线被称为埃尔米特曲线（Hermit Curve），其约束条件如图 2.13 所示。应当注意，切向量 $\boldsymbol{g}_0$ 和 $\boldsymbol{g}_1$ 的方向分别指示了埃尔米特曲线在起点和终点处的切线方向，我们可以通过调整 $\boldsymbol{g}_0$ 和 $\boldsymbol{g}_1$ 来控制曲线的形状。如果令两段埃尔米特曲线的一个端点重合，而且在该端点处的切向量相同，可以使得这两段埃尔米特曲线实现光滑连续，这对于确保分段曲线的连续性而言是非常方便的，详见第 2.2.8 节讨论。

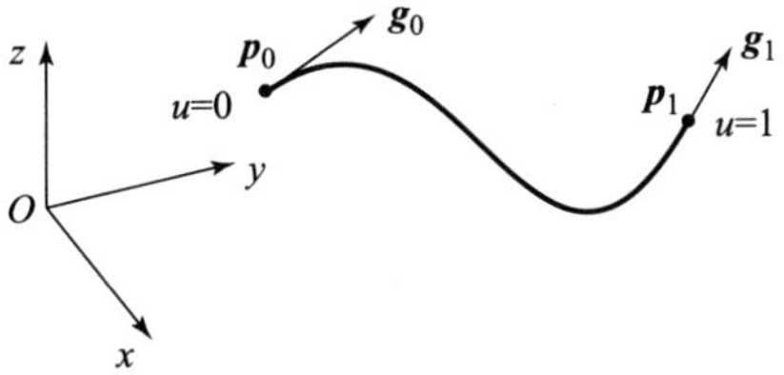

图 2.13　埃尔米特曲线约束条件

式（2.28）中 $C_0^h(u)$、$C_1^h(u)$、$C_2^h(u)$ 和 $C_3^h(u)$ 是埃尔米特曲线的基函数，如图 2.14 所示。

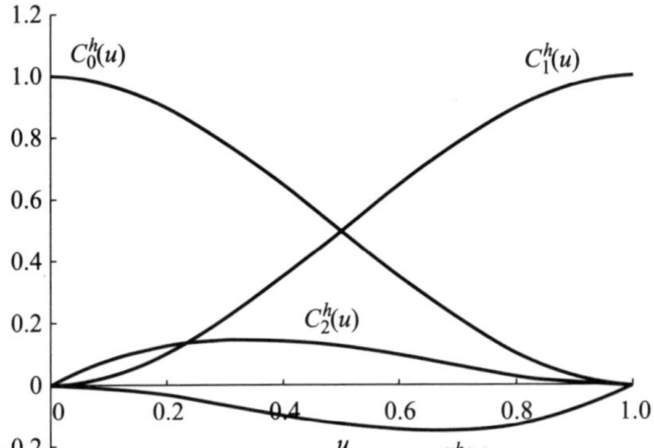

图 2.14　埃尔米特曲线的基函数

式（2.28）可以进一步改写为矩阵形式：

$$\boldsymbol{p}(u)=[C_0^h(u),\ C_1^h(u),\ C_2^h(u),\ C_3^h(u)]\begin{bmatrix}\boldsymbol{p}_0\\ \boldsymbol{p}_1\\ \boldsymbol{g}_0\\ \boldsymbol{g}_1\end{bmatrix}$$

$$= \begin{bmatrix} u^3 & u^2 & u & 1 \end{bmatrix} \begin{bmatrix} 2 & -2 & 1 & 1 \\ -3 & 3 & -2 & -1 \\ 0 & 0 & 1 & 0 \\ 1 & 0 & 0 & 0 \end{bmatrix} \begin{bmatrix} \boldsymbol{p}_0 \\ \boldsymbol{p}_1 \\ \boldsymbol{g}_0 \\ \boldsymbol{g}_1 \end{bmatrix}, u \in [0,1] \tag{2.29}$$

例题 2.3 已知 $\boldsymbol{p}_0 = [0,0]$，$\boldsymbol{p}_1 = [2,2]$，$\boldsymbol{g}_0 = [1,0]$ 和 $\boldsymbol{g}_1 = [2,0]$，求以 $\boldsymbol{p}_0$ 和 $\boldsymbol{p}_1$ 分别为起点和终点坐标，$\boldsymbol{g}_0$ 和 $\boldsymbol{g}_1$ 分别为起点和终点切向量的埃尔米特曲线方程。另外，把 $\boldsymbol{g}_0$ 变为 $[2,\ 0]$，其他约束保持不变，求变化后的埃尔米特曲线方程。进一步地，把 $\boldsymbol{g}_1$ 变为 $[-2,\ 0]$，其他约束保持不变，求变化后的埃尔米特曲线方程。在图上画出上述三段埃尔米特曲线。

解：把 $\boldsymbol{p}_0 = [0,0]$，$\boldsymbol{p}_1 = [2,2]$，$\boldsymbol{g}_0 = [1,0]$ 和 $\boldsymbol{g}_1 = [2,0]$ 代入式（2.29）得到埃尔米特曲线（图 2.15 中曲线 1）方程为

$$\boldsymbol{p}(u) = [C_0^h(u),\quad C_1^h(u),\quad C_2^h(u),\quad C_3^h(u)] \begin{bmatrix} 0 & 0 \\ 2 & 2 \\ 1 & 0 \\ 2 & 0 \end{bmatrix}$$

$$= [-u^3 + 2u^2 + u,\quad -4u^3 + 6u^2], u \in [0,1]$$

把 $\boldsymbol{g}_0$ 变为 $[2,\ 0]$，其他约束保持不变，变化后的埃尔米特曲线（图 2.15 中曲线 2）方程为

$$\boldsymbol{p}(u) = [C_0^h(u),\quad C_1^h(u),\quad C_2^h(u),\quad C_3^h(u)] \begin{bmatrix} 0 & 0 \\ 2 & 2 \\ 2 & 0 \\ 2 & 0 \end{bmatrix}$$

$$= [2u,\quad -4u^3 + 6u^2], u \in [0,1]$$

把 $\boldsymbol{g}_1$ 变为 $[-2,\ 0]$，其他约束保持不变，变化后的埃尔米特曲线（图 2.15 中曲线 3）方程为

$$\boldsymbol{p}(u) = [C_0^h(u),\quad C_1^h(u),\quad C_2^h(u),\quad C_3^h(u)] \begin{bmatrix} 0 & 0 \\ 2 & 2 \\ 1 & 0 \\ -2 & 0 \end{bmatrix}$$

$$= [-5u^3 + 6u^2 + u,\quad -4u^3 + 6u^2], u \in [0,1]$$

上述三段埃尔米特曲线如图 2.15 所示。

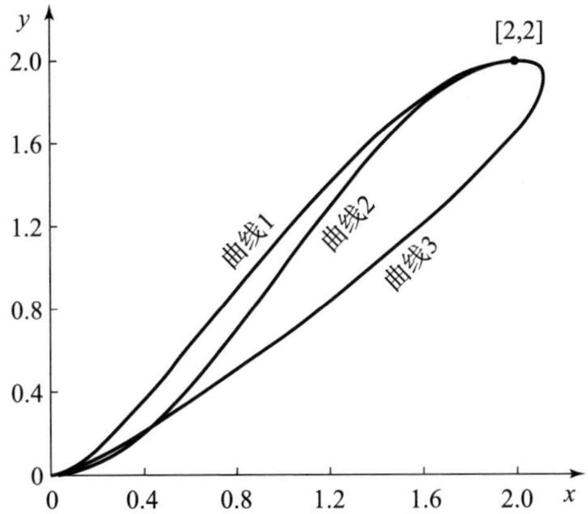

图 2.15 切向量对埃尔米特曲线形状的影响

2.2.5 贝塞尔曲线

贝塞尔曲线（Bézier Curve）是由法国雷诺汽车公司的工程师 Bézier 于 1962 年提出的一类参数化曲线，由于它有许多优良的性质，在 CAD 领域得到广泛应用。n 次贝塞尔曲线的方程是

$$\boldsymbol{p}(u) = \sum_{i=0}^{n} B_{i,n}(u)\boldsymbol{p}_i,\ u \in [0,1] \tag{2.30}$$

式中，$\boldsymbol{p}_i = [p_{ix}, p_{iy}, p_{iz}]$ 是贝塞尔曲线的第 i 个控制点的坐标，n 次贝塞尔曲线的控制点有 $n+1$ 个，$B_{i,n}(u)$ 是 n 次贝塞尔曲线的基函数，或称伯恩斯坦多项式（Bernstein Polynomial），它是控制点坐标 $\boldsymbol{p}_i$ 的权重系数。贝塞尔曲线上任意一点的坐标都是控制点坐标分别乘以各自权重系数后的和。代入具体的控制点坐标后，式（2.30）可以最终转化为式（2.7）的形式。

伯恩斯坦多项式是一类特殊的关于 u 的 n 次多项式，具体表达式是

$$B_{i,n}(u) = \frac{n!}{i!(n-i)!}u^i(1-u)^{n-i} \tag{2.31}$$

当 $n = 1$ 时，基于式（2.31）可得一次贝塞尔曲线的基函数为：$B_{0,1}(u) = (1-u)$，$B_{1,1}(u) = u$；然后基于式（2.30）可得一次贝塞尔曲线方程为：$\boldsymbol{p}(u) = (1-u)\boldsymbol{p}_0 + u\boldsymbol{p}_1, u \in [0,1]$。显然，这与式（2.11）相同，表示一段直线。

当 $n = 2$ 时，基于式（2.31）可得二次贝塞尔曲线的基函数为：$B_{0,2}(u) = (1-u)^2$，$B_{1,2}(u) = 2u(1-u)$，$B_{2,2}(u) = u^2$，如图 2.16 所示。

然后，基于式（2.30）可得二次贝塞尔曲线方程为

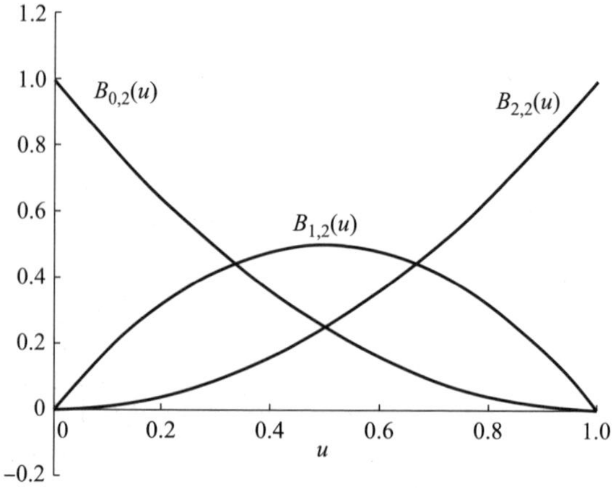

图 2. 16　二次贝赛尔曲线的基函数

$$\begin{aligned} \boldsymbol{p}(u) &= B_{0,2}(u)\boldsymbol{p}_0 + B_{1,2}(u)\boldsymbol{p}_1 + B_{2,2}(u)\boldsymbol{p}_2 \\ &= (1-u)^2\boldsymbol{p}_0 + 2u(1-u)\boldsymbol{p}_1 + u^2\boldsymbol{p}_2, u \in [0,1] \end{aligned} \tag{2.32}$$

式（2. 32）可以进一步改写为矩阵形式：

$$\begin{aligned} \boldsymbol{p}(u) &= [B_{0,2}(u),\quad B_{1,2}(u),\quad B_{2,2}(u)]\begin{bmatrix}\boldsymbol{p}_0\\ \boldsymbol{p}_1\\ \boldsymbol{p}_2\end{bmatrix} \\ &= [u^2\quad u\quad 1]\begin{bmatrix}1 & -2 & 1\\ -2 & 2 & 0\\ 1 & 0 & 0\end{bmatrix}\begin{bmatrix}\boldsymbol{p}_0\\ \boldsymbol{p}_1\\ \boldsymbol{p}_2\end{bmatrix}, u \in [0,1] \end{aligned} \tag{2.33}$$

当 $n = 3$ 时，基于式（2. 31）可得三次贝塞尔曲线的基函数为：$B_{0,3}(u) = (1-u)^3$, $B_{1,3}(u) = 3u(1-u)^2$, $B_{2,3} = 3u^2(1-u)$ 和 $B_{3,3}(u) = u^3$，如图 2. 17 所示。

然后，基于式（2. 30）可得三次贝塞尔曲线方程为

$$\begin{aligned} \boldsymbol{p}(u) &= B_{0,3}(u)\boldsymbol{p}_0 + B_{1,3}(u)\boldsymbol{p}_1 + B_{2,3}(u)\boldsymbol{p}_2 + B_{3,3}\boldsymbol{p}_3 \\ &= (1-u)^3\boldsymbol{p}_0 + 3u(1-u)^2\boldsymbol{p}_1 + 3u^2(1-u)\boldsymbol{p}_2 + u^3\boldsymbol{p}_3, u \in [0,1] \end{aligned} \tag{2.34}$$

式（2. 34）可以进一步改写为矩阵形式：

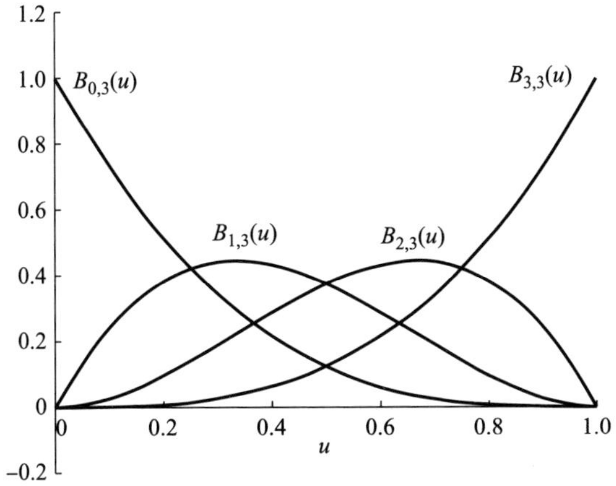

图 2.17　三次贝塞尔曲线的基函数

$$\boldsymbol{p}(u)=\begin{bmatrix}B_{0,3}(u) & B_{1,3}(u) & B_{2,3}(u) & B_{3,3}(u)\end{bmatrix}\begin{bmatrix}\boldsymbol{p}_0\\ \boldsymbol{p}_1\\ \boldsymbol{p}_2\\ \boldsymbol{p}_3\end{bmatrix}$$
$$=\begin{bmatrix}u^3 & u^2 & u & 1\end{bmatrix}\begin{bmatrix}-1 & 3 & -3 & 1\\ 3 & -6 & 3 & 0\\ -3 & 3 & 0 & 0\\ 1 & 0 & 0 & 0\end{bmatrix}\begin{bmatrix}\boldsymbol{p}_0\\ \boldsymbol{p}_1\\ \boldsymbol{p}_2\\ \boldsymbol{p}_3\end{bmatrix},u\in[0,1] \tag{2.35}$$

观察一次、二次及三次贝塞尔曲线方程可以看出，当 $n=1$ 时，$\boldsymbol{p}(0)=\boldsymbol{p}_0$，$\boldsymbol{p}(1)=\boldsymbol{p}_1$；当 $n=2$ 时，$\boldsymbol{p}(0)=\boldsymbol{p}_0$，$\boldsymbol{p}(1)=\boldsymbol{p}_2$；当 $n=3$ 时，$\boldsymbol{p}(0)=\boldsymbol{p}_0$，$\boldsymbol{p}(1)=\boldsymbol{p}_3$。由于 $u=0$ 对应曲线的起点，$u=1$ 对应曲线的终点，因此，对于一次贝塞尔曲线，$\boldsymbol{p}_0$ 是起点坐标，$\boldsymbol{p}_1$ 是终点坐标；对于二次贝塞尔曲线，$\boldsymbol{p}_0$ 是起点坐标，$\boldsymbol{p}_2$ 是终点坐标；对于三次贝塞尔曲线，$\boldsymbol{p}_0$ 是起点坐标，$\boldsymbol{p}_3$ 是终点坐标。这一性质也可以从图 2.16 和图 2.17 看出，对于二次贝塞尔曲线，在 $u=0$ 处，只有 $\boldsymbol{p}_0$ 的权重系数为 1，其他控制点坐标的权重系数均为 0，因此起点坐标即 $\boldsymbol{p}_0$；在 $u=1$ 处，只有 $\boldsymbol{p}_2$ 的权重系数为 1，其他控制点的权重系数均为 0，因此终点坐标即 $\boldsymbol{p}_2$；对于三次贝塞尔曲线，在 $u=0$ 处，只有 $\boldsymbol{p}_0$ 的权重系数为 1，其他控制点坐标的权重系数均为 0，因此起点坐标即 $\boldsymbol{p}_0$；在 $u=1$ 处，只有 $\boldsymbol{p}_3$ 的权重系数为 1，其他控制点的权重系数均为 0，因此终点坐标即 $\boldsymbol{p}_3$。从数学上不难证明，对于 n 次贝塞尔曲线，$\boldsymbol{p}_0$ 是起点坐标，$\boldsymbol{p}_n$ 是终点坐标，我

们把这个证明留给读者（习题2.3）。

把式（2.32）和式（2.34）分别代入式（2.25）中，可以得到二次和三次贝塞尔曲线的切向量表达式分别为式（2.36）和式（2.37）：

$$\boldsymbol{g}(u) = (2u - 2)\boldsymbol{p}_0 + (2 - 4u)\boldsymbol{p}_1 + 2u\boldsymbol{p}_2, u \in [0,1] \tag{2.36}$$

$$\begin{aligned}\boldsymbol{g}(u) = & -3(1 - u)^2\boldsymbol{p}_0 + (3 - 12u + 9u^2)\boldsymbol{p}_1 + \\ & (6u - 9u^2)\boldsymbol{p}_2 + 3u^2\boldsymbol{p}_3, u \in [0,1]\end{aligned} \tag{2.37}$$

因此，对于二次贝塞尔曲线，在起点 $\boldsymbol{p}_0$ 处的切向量为 $\boldsymbol{g}(0) = 2(\boldsymbol{p}_1 - \boldsymbol{p}_0)$，在终点 $\boldsymbol{p}_1$ 处的切向量为 $\boldsymbol{g}(1) = 2(\boldsymbol{p}_2 - \boldsymbol{p}_1)$，也就是说，二次贝塞尔曲线在起点处与 $\boldsymbol{p}_1$ 和 $\boldsymbol{p}_0$ 之间的线段相切，在终点处与 $\boldsymbol{p}_2$ 和 $\boldsymbol{p}_1$ 之间的线段相切。对于三次贝塞尔曲线，在起点 $\boldsymbol{p}_0$ 处的切向量为 $\boldsymbol{g}(0) = 3(\boldsymbol{p}_1 - \boldsymbol{p}_0)$，在终点 $\boldsymbol{p}_1$ 处的切向量为 $\boldsymbol{g}(1) = 3(\boldsymbol{p}_3 - \boldsymbol{p}_2)$，也就是说，三次贝塞尔曲线在起点处与 $\boldsymbol{p}_1$ 和 $\boldsymbol{p}_0$ 之间的线段相切，在终点处与 $\boldsymbol{p}_3$ 和 $\boldsymbol{p}_2$ 之间的线段相切。从数学上不难证明，n 次贝塞尔曲线在起点处与 $\boldsymbol{p}_1$ 和 $\boldsymbol{p}_0$ 之间的线段相切，在终点处与 $\boldsymbol{p}_n$ 和 $\boldsymbol{p}_{n-1}$ 之间的线段相切，我们把这个证明留给读者（习题2.4）。

另外，观察一次、二次和三次贝塞尔曲线的基函数不难看出以下关系：

$$B_{0,1}(u) + B_{1,1}(u) = 1$$

$$B_{0,2}(u) + B_{1,2}(u) + B_{2,2}(u) = 1$$

$$B_{0,3}(u) + B_{1,3}(u) + B_{2,3}(u) + B_{3,3}(u) = 1$$

而且，一次、二次和三次贝塞尔曲线的所有基函数在 $u \in [0,1]$ 范围内都是非负的。从数学上可以证明，对于 n 次贝塞尔曲线，其所有基函数之和为1，且所有基函数均非负，即

$$\begin{cases}\sum_{i=0}^{n} B_{i,n}(u) = 1 \\ 0 \leqslant B_{i,n}(u) \leqslant 1, u \in [0,1]\end{cases} \tag{2.38}$$

由于基函数满足式（2.38），$\sum_{i=0}^{n} B_{i,n}(u)\boldsymbol{p}_i$ 便符合向量的凸组合（Convex Combination）的定义①。因此，以式（2.30）定义的 $\boldsymbol{p}(u)$ 是所有控制点坐标的凸组合，它必然落在控制点形成的凸包内②，对于二维空间内的一组点，其凸包是包含所有点的最小凸多边形；对于三维空间内的一组点，其凸包是包含所有点的最小凸多面体。

① 对于一组向量（这里是指控制点坐标）的线性组合，当所有向量的系数均非负，且所有系数之和为1时，该线性组合称为向量的凸组合。

② 一组向量的所有凸组合形成的集合称为这组向量的凸包。

下面通过一个例题解释贝塞尔曲线的上述性质。

例题 2.4 已知三个控制点坐标：$\boldsymbol{p}_0=[0,0]$，$\boldsymbol{p}_1=[1,3]$ 和 $\boldsymbol{p}_2=[2,-2]$，求二次贝塞尔曲线方程，并画出该曲线。

解：当 $\boldsymbol{p}_1=[1,3]$ 时，把三个控制点坐标值代入式（2.33）得到二次贝塞尔曲线方程为

$$\boldsymbol{p}(u)=[(1-u)^2,\quad 2u(1-u)\quad u^2]\begin{bmatrix}0 & 0\\ 1 & 3\\ 2 & -2\end{bmatrix}$$

$$=[2u,\quad -8u^2+6u],u\in[0,1]$$

该二次贝塞尔曲线如图 2.18 所示。

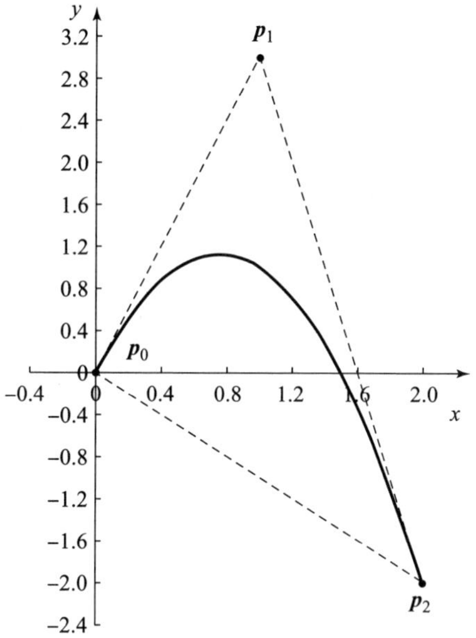

图 2.18 二次贝塞尔曲线案例

从图 2.18 可以看出，例题 2.4 中的二次贝塞尔曲线落在以三个控制点为顶点的三角形内，该三角形即三个控制点形成的凸包，它是包含三个控制点的最小凸多边形。该曲线的起点坐标是 $\boldsymbol{p}_0$，终点坐标是 $\boldsymbol{p}_2$，而且该曲线在起点处与 $\boldsymbol{p}_1$ 和 $\boldsymbol{p}_0$ 之间的线段相切，在终点处与 $\boldsymbol{p}_2$ 和 $\boldsymbol{p}_1$ 之间的线段相切。另外，图 2.18 中的二次贝塞尔曲线与图 2.8 中的二次样条曲线完全相同，这说明同一条曲线可以用不同的方程形式来表达。这是因为，虽然二次贝塞尔曲线（式（2.33））和二次样条曲线（式（2.17））的方程形式并不相同，但它们都表示 u 的二次多项式，在特定的控制点作用下，两个方程得到的二次多项

式有可能完全相同。

下面通过另一个例题进一步理解贝塞尔曲线的特点。

例题 2.5 基于下列控制点坐标，求出对应的三次贝塞尔曲线方程，并画出这些曲线：

曲线 1：$\boldsymbol{p}_0 = [0,0], \boldsymbol{p}_1 = [1,2], \boldsymbol{p}_2 = [2,-1], \boldsymbol{p}_3 = [2,2]$；

曲线 2：$\boldsymbol{p}_0 = [0,0], \boldsymbol{p}_1 = [1,2], \boldsymbol{p}_2 = [2,2], \boldsymbol{p}_3 = [2,-1]$；

曲线 3：$\boldsymbol{p}_0 = [0,0], \boldsymbol{p}_1 = [1,2], \boldsymbol{p}_2 = [2,-2], \boldsymbol{p}_3 = [2,2]$。

解：基于式（2.35）和曲线 1 的控制点坐标可得曲线 1 的方程为

$$\boldsymbol{p}(u) = [(1-u)^3 \quad 3u(1-u)^2 \quad 3u^2(1-u) \quad u^3]\begin{bmatrix}0 & 0\\1 & 2\\2 & -1\\2 & 2\end{bmatrix}$$

$$= [3u - u^3, \quad 6u - 15u^2 + 11u^3], u \in [0,1]$$

基于式（2.35）和曲线 2 的控制点坐标可得曲线 2 的方程为

$$\boldsymbol{p}(u) = [(1-u)^3 \quad 3u(1-u)^2 \quad 3u^2(1-u) \quad u^3]\begin{bmatrix}0 & 0\\1 & 2\\2 & 2\\2 & -1\end{bmatrix}$$

$$= [3u - u^3, \quad 6u - 6u^2 - u^3], u \in [0,1]$$

基于式（2.35）和曲线 3 的控制点坐标可得曲线 3 的方程为

$$\boldsymbol{p}(u) = [(1-u)^3 \quad 3u(1-u)^2 \quad 3u^2(1-u) \quad u^3]\begin{bmatrix}0 & 0\\1 & 2\\2 & -2\\2 & 2\end{bmatrix}$$

$$= [3u - u^3, \quad 6u - 18u^2 + 14u^3], u \in [0,1]$$

曲线 1 至曲线 3 的形状如图 2.19 和图 2.20 所示。

从图 2.19 可以看出，例题 2.5 中的曲线 1 落在以 4 个控制点为顶点的四边形内，该四边形即 4 个控制点形成的凸包，它是包含 4 个控制点的最小凸多边形。曲线 1 的起点坐标是 $\boldsymbol{p}_0$，终点坐标是 $\boldsymbol{p}_3$，而且该曲线在起点处与 $\boldsymbol{p}_1$ 和 $\boldsymbol{p}_0$ 之间的线段相切，在终点处与 $\boldsymbol{p}_3$ 和 $\boldsymbol{p}_2$ 之间的线段相切，这些符合前述讨论的贝塞尔曲线的性质。

对比例题 2.5 中曲线 1 和曲线 2 的控制点坐标可以看出，曲线 1 和曲线 2 均使用了［0，0］、［1，2］、［2，－1］、［2，2］4 个坐标点作为控制点，但是二者是基于这 4 个坐标点不同次序的排列而形成各自的控制点序列。具体

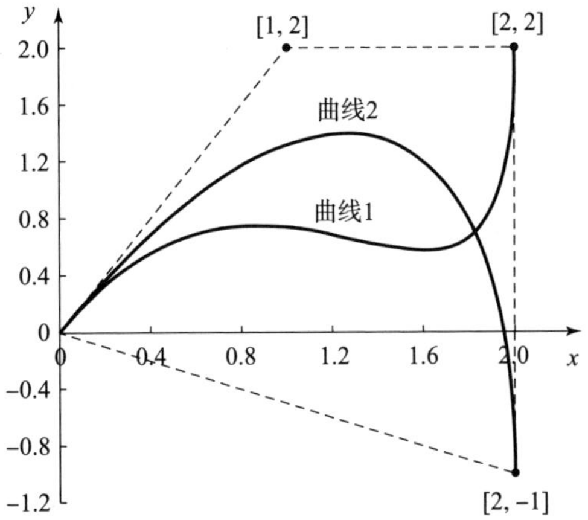

图 2.19　控制点顺序对贝塞尔曲线形状的影响

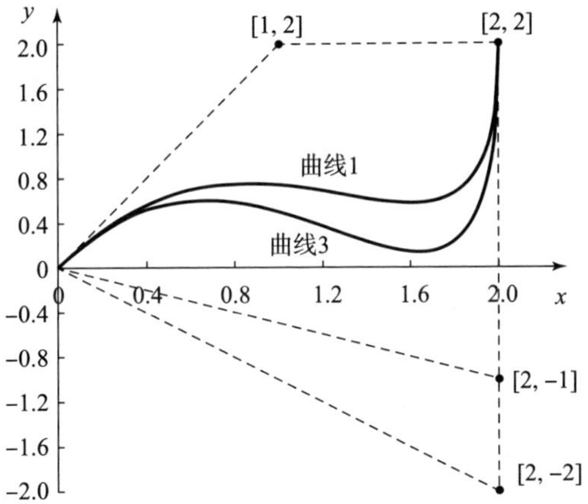

图 2.20　控制点坐标对贝塞尔曲线形状的全局控制效果

地，曲线 1 和曲线 2 的控制点序列中的后两个控制点的坐标刚好相反。在这种情况下，曲线 1 和曲线 2 的控制点形成的凸包完全相同，如图 2.19 所示，两条曲线也都在该凸包内，但是两条曲线的形状并不相同。这说明，当一组坐标点以不同次序排列形成不同的控制点序列时，它们形成的凸包相同，对应的贝塞尔曲线虽然都在该凸包内，形状却不相同。

对比例题 2.5 中曲线 1 和曲线 3 的控制点坐标可以看出，二者的第三个控制点坐标 $\boldsymbol{p}_2$ 不相同，另外三个控制点坐标完全相同。从图 2.20 可以看出，两条曲线形状仅在起点和终点处重合，其他区域都不相同。这说明，一个控制点坐标的改变可对贝塞尔曲线全局的形状产生影响。这一性质可以基于图 2.17 进行解释：所有的伯恩斯坦基函数除了在起点或终点处可能为 0，其他区域均不为零，由于伯恩斯坦基函数是其所对应的控制点坐标的权重系数，因此所有的控制点坐标的影响都是全局的（除了起点或终点可能不被影响），这一特性被称为全局控制特性。全局控制特性对于设计工作通常是不利的，因为设计者经常需要调整曲线局部区域的形状，而保持其他区域不变。另外，从图 2.20 还可以看出，控制点对曲线有“拉力”作用，当 $\boldsymbol{p}_2$ 从［2，－1］移动到［2，－2］时曲线也朝着控制点的移动方向产生变形。

从例题 2.5 可以看出，控制点坐标决定了贝塞尔曲线的形状，通过修改控制点坐标，可以构造出与图 2.12 所示的三次样条曲线或者图 2.15 所示的埃尔米特曲线完全相同的三次贝塞尔曲线，我们把这个问题留给读者（习题 2.6 和习题 2.7）。

例题 2.6 基于下列控制点坐标，求出对应的贝塞尔曲线的方程，并画出这些曲线：

曲线 1：$\boldsymbol{p}_0 = [0,0], \boldsymbol{p}_1 = [1,2], \boldsymbol{p}_2 = [2,2]$；

曲线 2：$\boldsymbol{p}_0 = [0,0], \boldsymbol{p}_1 = [1,2], \boldsymbol{p}_2 = [1,2], \boldsymbol{p}_3 = [2,2]$。

解：基于式（2.33）和曲线 1 的控制点坐标可得曲线 1 的方程为

$$\begin{aligned}\boldsymbol{p}(u) &= [(1-u)^2 \quad 2u(1-u) \quad u^2]\begin{bmatrix}0 & 0\\ 1 & 2\\ 2 & 2\end{bmatrix}\\ &= [2u, \quad 4u - 2u^2], u \in [0,1]\end{aligned}$$

基于式（2.35）和曲线 2 的控制点坐标可得曲线 2 的方程为

$$\begin{aligned}\boldsymbol{p}(u) &= [(1-u)^3 \quad 3u(1-u)^2 \quad 3u^2(1-u) \quad u^3]\begin{bmatrix}0 & 0\\ 1 & 2\\ 1 & 2\\ 2 & 2\end{bmatrix}\\ &= [3u - 3u^2 + 2u^3, \quad 6u - 6u^2 + 2u^3], u \in [0,1]\end{aligned}$$

曲线 1 和曲线 2 的形状如图 2.21 所示。

例题 2.6 中曲线 1 有三个控制点，因此它是二次贝塞尔曲线，曲线 2 有 4 个控制点，因此它是三次贝塞尔曲线。但是曲线 2 的第二个控制点坐标与第三个控制点坐标重合（都是［1，2］），在这种情况下，曲线 2 的凸包与曲线 1 的凸包相同，都是［0，0］、［1，2］和［2，2］三个点为顶点的三角形。从图 2.21 可以看出，在同一个位置重复设置多个控制点可以对曲线产生“拉力”作用，使得曲线朝向该位置产生变形。在该例题中，如果在［1，2］位置设置更多控制点，将产生更高次的贝塞尔曲线，所得曲线将更加靠近［1，2］位置，但仍在图 2.21 所示的三角形内。我们把这一问题的证明留给读者

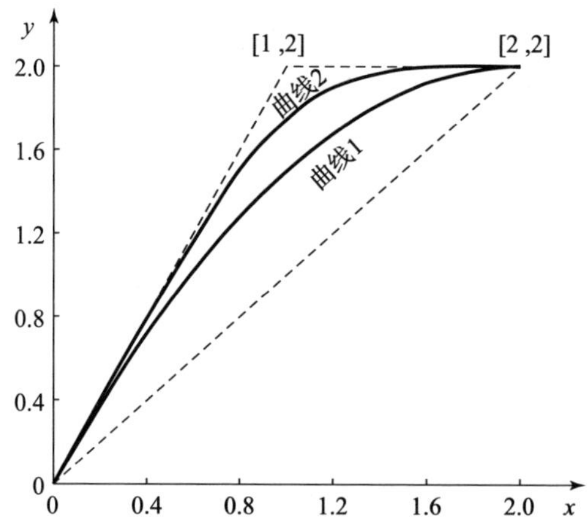

图 2.21　重复控制点对贝塞尔曲线形状的影响

（习题 2.8）。

例题 2.7　已知控制点坐标 $\boldsymbol{p}_0=[0,0]$，$\boldsymbol{p}_1=[1,2]$，$\boldsymbol{p}_2=[2,-1]$，$\boldsymbol{p}_3=[0,0]$，求对应的贝塞尔曲线的方程，并画出该曲线。

解：基于式（2.35）和控制点坐标可得曲线的方程为

$$\boldsymbol{p}(u)=\left[(1-u)^3 \quad 3u(1-u)^2 \quad 3u^2(1-u) \quad u^3\right]\begin{bmatrix}0 & 0\\ 1 & 2\\ 2 & -1\\ 0 & 0\end{bmatrix}$$

$$=\left[3u-3u^3,\quad 6u-15u^2+9u^3\right],u\in[0,1]$$

该曲线形状如图 2.22 所示。

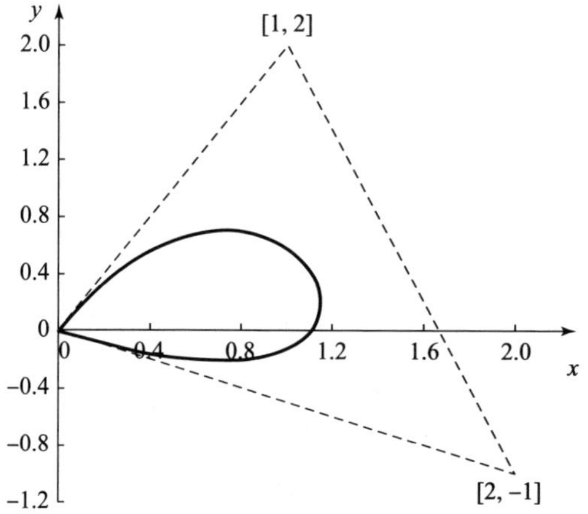

图 2.22　闭合贝塞尔曲线形状

例题2.7中的曲线有4个控制点，因此它是三次贝塞尔曲线。但是该曲线的第四个控制点坐标与第一个控制点坐标重合（都是［0，0］），在这种情况下，曲线的起点与终点重合，都在［0，0］处。另外，该曲线的凸包是［0，0］、［1，2］和［2，－1］三个点为顶点的三角形。从该例题可以看出，通过把第一控制点与最后一个控制点设置在相同位置，可以形成一条闭合的贝塞尔曲线。

2.2.6 非均匀B样条曲线

非均匀B样条曲线（Nonuniform B－spline Curve）是另一类在CAD领域得到广泛应用的参数化曲线，它可以限制每一个控制点的控制范围，使其具有局部控制特性，因此比前述贝塞尔曲线更加灵活。k 次非均匀B样条曲线的方程是

$$\boldsymbol{p}(u) = \sum_{i=0}^{n} N_{i,k}(u)\boldsymbol{p}_i, u \in [0,(n+1)-k] \tag{2.39}$$

式中，$\boldsymbol{p}_i = [p_{ix}, p_{iy}, p_{iz}]$ 是非均匀B样条曲线的第 i 个控制点坐标，控制点总数是 $n+1$。非均匀B样条曲线的次数与控制点个数是相互独立的，$n+1$ 个控制点对应的非均匀B样条曲线的次数 k 可以取［$0,n$］范围内的任意整数，这一点与贝塞尔曲线不同，贝塞尔曲线的次数与控制点个数是关联的，$n+1$ 个控制点对应的贝塞尔曲线只能是 n 次的。另外，非均匀B样条曲线的参数 u 的范围不再是$[0,1]$，而是$[0,(n+1)-k]$，这一点与前述的所有参数化曲线都不相同。

$N_{i,k}(u)$ 是 k 次非均匀B样条曲线的基函数，它是控制点坐标 $\boldsymbol{p}_i$ 的权重系数。非均匀B样条曲线上任意一点的坐标都是控制点坐标分别乘以各自权重系数后的和。代入具体的控制点坐标后，式（2.39）可以最终转化为式（2.7）的形式。

$N_{i,k}(u)$ 是一类特殊的关于 u 的 k 次多项式，具体表达式是

$$N_{i,k}(u) = \frac{(u-t_i)N_{i,k-1}(u)}{t_{i+k}-t_i} + \frac{(t_{i+k+1}-u)N_{i+1,k-1}(u)}{t_{i+k+1}-t_{i+1}} \tag{2.40}$$

其中，当某项分母为0时，该项计算结果被定义为0。

式（2.40）表达了一种递归关系，它意味着要想得到 $N_{i,k}(u)$，必须先得到 $N_{i,k-1}$ 和 $N_{i+1,k-1}$。同样地，要想基于式（2.40）得到 $N_{i,k-1}$，必须先得到 $N_{i,k-2}$ 和 $N_{i+1,k-2}$，而要得到 $N_{i+1,k-1}$，则必须先得到 $N_{i+1,k-2}$ 和 $N_{i+2,k-2}$，如此递归下去，直到第二个下标减小为0，此时 $N_{i,0}$ 由下式定义：

$$N_{i,0}(u) = \begin{cases} 1, t_i \leqslant u \leqslant t_{i+1} \\ 0, \text{其他} \end{cases} \tag{2.41}$$

其中，t_i 是设置在 u 的定义域 $[0,(n+1)-k]$ 内的节点，共有 $n+k+2$ 个，把 u 的定义域分割成了一些分段，t_i 的定义如下：

$$t_i = \begin{cases} 0, 0 \leqslant i < k+1 \\ i-k, k+1 \leqslant i \leqslant n \\ n-k+1, n < i \leqslant n+k+1 \end{cases} \tag{2.42}$$

下面通过一个关于二次非均匀 B 样条曲线的例题解释一下式（2.39）~式（2.42）的计算过程，以及非均匀 B 样条曲线的特点。

例题 2.8 已知二次非均匀 B 样条曲线共有 6 个控制点，坐标分别为 $\boldsymbol{p}_0=[0,0]$，$\boldsymbol{p}_1=[1,1]$，$\boldsymbol{p}_2=[2,1]$，$\boldsymbol{p}_3=[3,-1]$，$\boldsymbol{p}_4=[5,-1]$，$\boldsymbol{p}_5=[6,2]$，求该曲线方程，并画出该曲线；然后把 $\boldsymbol{p}_4$ 坐标改为 $[5,\ -2]$，保持其他控制点坐标不变，求调整后的曲线方程，并画出调整后的曲线。

解：首先基于曲线控制点个数和次数可知：$n=5$，$k=2$；又根据式（2.39）中 u 的范围表达式可得 $u \in [0,4]$。

然后基于式（2.42）可得所有节点 t_i 的值：$t_0=t_1=t_2=0$，$t_3=1$，$t_4=2$，$t_5=3$，$t_6=t_7=t_8=4$。这里应该注意，t_0、t_1 和 t_2 是重复节点，t_6、t_7 和 t_8 也是重复节点。

在得到所有 t_i 的情况下，便可以利用式（2.41）求出所有的 $N_{i,0}(u)$，结果如下：

$$N_{0,0}(u) = N_{1,0}(u) = \begin{cases} 1, u=0 \\ 0, \text{其他} \end{cases}$$

$$N_{2,0}(u) = \begin{cases} 1, 0 \leqslant u \leqslant 1 \\ 0, \text{其他} \end{cases}$$

$$N_{3,0}(u) = \begin{cases} 1, 1 \leqslant u \leqslant 2 \\ 0, \text{其他} \end{cases}$$

$$N_{4,0}(u) = \begin{cases} 1, 2 \leqslant u \leqslant 3 \\ 0, \text{其他} \end{cases}$$

$$N_{5,0}(u) = \begin{cases} 1, 3 \leqslant u \leqslant 4 \\ 0, \text{其他} \end{cases}$$

$$N_{6,0}(u) = N_{7,0}(u) = \begin{cases} 1, u=4 \\ 0, \text{其他} \end{cases}$$

在得到所有 $N_{i,0}(u)$ 的情况下，便可以利用式（2.40）求出所有的 $N_{i,1}(u)$，结果如下：

$$N_{0,1}(u) = \frac{(u-t_0)N_{0,0}(u)}{t_1-t_0} + \frac{(t_2-u)N_{1,0}(u)}{t_2-t_1} = 0+0=0$$

$$N_{1,1}(u)=\frac{(u-t_1)N_{1,0}(u)}{t_2-t_1}+\frac{(t_3-u)N_{2,0}(u)}{t_3-t_2}=0+(1-u)N_{2,0}(u)$$
$$=(1-u)N_{2,0}(u)$$

$$N_{2,1}(u)=\frac{(u-t_2)N_{2,0}(u)}{t_3-t_2}+\frac{(t_4-u)N_{3,0}(u)}{t_4-t_3}=uN_{2,0}(u)+(2-u)N_{3,0}(u)$$

$$N_{3,1}(u)=\frac{(u-t_3)N_{3,0}(u)}{t_4-t_3}+\frac{(t_5-u)N_{4,0}(u)}{t_5-t_4}$$
$$=(u-1)N_{3,0}(u)+(3-u)N_{4,0}(u)$$

$$N_{4,1}(u)=\frac{(u-t_4)N_{4,0}(u)}{t_5-t_4}+\frac{(t_6-u)N_{5,0}(u)}{t_6-t_5}$$
$$=(u-2)N_{4,0}(u)+(4-u)N_{5,0}(u)$$

$$N_{5,1}(u)=\frac{(u-t_5)N_{5,0}(u)}{t_6-t_5}+\frac{(t_7-u)N_{6,0}(u)}{t_7-t_6}$$
$$=(u-3)N_{5,0}(u)+0=(u-3)N_{5,0}(u)$$

$$N_{6,1}(u)=\frac{(u-t_6)N_{6,0}(u)}{t_7-t_6}+\frac{(t_8-u)N_{7,0}(u)}{t_8-t_7}=0+0=0$$

在得到所有 $N_{i,1}(u)$ 的情况下，便可进一步利用式（2.40）求出所有的 $N_{i,2}(u)$，结果如下：

$$N_{0,2}(u)=\frac{(u-t_0)N_{0,1}(u)}{t_2-t_0}+\frac{(t_3-u)N_{1,1}(u)}{t_3-t_1}=0+(1-u)N_{1,1}(u)$$
$$=(1-u)^2N_{2,0}(u)$$
$$=(1-u)^2,0\leqslant u\leqslant 1$$

$$N_{1,2}(u)=\frac{(u-t_1)N_{1,1}(u)}{t_3-t_1}+\frac{(t_4-u)N_{2,1}(u)}{t_4-t_2}$$
$$=uN_{1,1}(u)+\frac{1}{2}(2-u)N_{2,1}(u)$$
$$=\frac{1}{2}u(4-3u)N_{2,0}(u)+\frac{1}{2}(2-u)^2N_{3,0}(u)$$
$$=\begin{cases}\frac{1}{2}u(4-3u),0\leqslant u\leqslant 1\\ \frac{1}{2}(2-u)^2,1\leqslant u\leqslant 2\end{cases}$$

$$N_{2,2}(u)=\frac{(u-t_2)N_{2,1}(u)}{t_4-t_2}+\frac{(t_5-u)N_{3,1}(u)}{t_5-t_3}$$
$$=\frac{1}{2}uN_{2,1}(u)+\frac{1}{2}(3-u)N_{3,1}(u)$$

$$= \frac{1}{2}u^2 N_{2,0}(u) + \frac{1}{2}(-2u^2+6u-3)N_{3,0}(u) + \frac{1}{2}(3-u)^2 N_{4,0}(u)$$

$$= \begin{cases} \frac{1}{2}u^2, 0 \leqslant u \leqslant 1 \\ \frac{1}{2}(-2u^2+6u-3), 1 \leqslant u \leqslant 2 \\ \frac{1}{2}(3-u)^2, 2 \leqslant u \leqslant 3 \end{cases}$$

$$N_{3,2}(u) = \frac{(u-t_3)N_{3,1}(u)}{t_5-t_3} + \frac{(t_6-u)N_{4,1}(u)}{t_6-t_4}$$

$$= \frac{1}{2}(u-1)N_{3,1}(u) + (4-u)N_{4,1}(u)$$

$$= \frac{1}{2}(u-1)^2 N_{3,0}(u) + \frac{1}{2}(-2u^2+10u-11)$$

$$N_{4,0}(u) + \frac{1}{2}(4-u)^2 N_{5,0}(u)$$

$$= \begin{cases} \frac{1}{2}(u-1)^2, 1 \leqslant u \leqslant 2 \\ \frac{1}{2}(-2u^2+10u-11), 2 \leqslant u \leqslant 3 \\ \frac{1}{2}(4-u)^2, 3 \leqslant u \leqslant 4 \end{cases}$$

$$N_{4,2}(u) = \frac{(u-t_4)N_{4,1}(u)}{t_6-t_4} + \frac{(t_7-u)N_{5,1}(u)}{t_7-t_5}$$

$$= \frac{1}{2}(u-2)N_{4,1}(u) + (4-u)N_{5,1}(u)$$

$$= \frac{1}{2}(u-2)^2 N_{4,0}(u) + \frac{1}{2}(-3u^2+20u-32)N_{5,0}(u)$$

$$= \begin{cases} \frac{1}{2}(u-2)^2, 2 \leqslant u \leqslant 3 \\ \frac{1}{2}(-3u^2+20u-32), 3 \leqslant u \leqslant 4 \end{cases}$$

$$N_{5,2}(u) = \frac{(u-t_5)N_{5,1}(u)}{t_7-t_5} + \frac{(t_8-u)N_{6,1}(u)}{t_8-t_6} = (u-3)N_{5,1}(u) + 0$$

$$= (u-3)^2 N_{5,0}(u)$$

$$= (u-3)^2, 3 \leqslant u \leqslant 4$$

需要注意的是，对于 t_i，其下标 i 的最大值是8；对于 $N_{i,0}(u)$，其下标 i 的最大值是7；对于 $N_{i,1}(u)$，其下标 i 的最大值是6；对于 $N_{i,2}(u)$，其下标 i

的最大值是 5。$N_{i,k}(u)$ 的下标 i 范围的变化是式（2.40）的递归关系导致的。基函数 $N_{i,2}(u)$ 如图 2.23 所示。

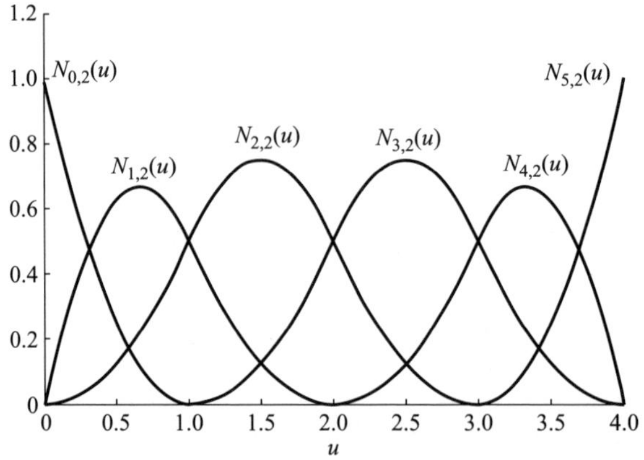

图 2.23　有 6 个控制点的二次非均匀 B 样条曲线基函数

在得到所有基函数 $N_{i,2}(u)$ 的情况下，利用式（2.39）便可求出二次非均匀 B 样条曲线方程：

$$\boldsymbol{p}(u)=\sum_{i=0}^{5}\boldsymbol{p}_iN_{i,2}(u)$$
$$=\begin{cases}(1-u)^2\boldsymbol{p}_0+\dfrac{1}{2}u(4-3u)\boldsymbol{p}_1+\dfrac{1}{2}u^2\boldsymbol{p}_2,0\leqslant u\leqslant 1\\ \dfrac{1}{2}(2-u)^2\boldsymbol{p}_1+\dfrac{1}{2}(-2u^2+6u-3)\boldsymbol{p}_2+\dfrac{1}{2}(u-1)^2\boldsymbol{p}_3,1\leqslant u\leqslant 2\\ \dfrac{1}{2}(3-u)^2\boldsymbol{p}_2+\dfrac{1}{2}(-2u^2+10u-11)\boldsymbol{p}_3+\dfrac{1}{2}(u-2)^2\boldsymbol{p}_4,2\leqslant u\leqslant 3\\ \dfrac{1}{2}(4-u)^2\boldsymbol{p}_3+\dfrac{1}{2}(-3u^2+20u-32)\boldsymbol{p}_4+(u-3)^2\boldsymbol{p}_5,3\leqslant u\leqslant 4\end{cases}\tag{2.43}$$

把题目中原始的 6 个控制点坐标代入式（2.43），可得其对应的二次非均匀 B 样条曲线方程为

$$\boldsymbol{p}(u)=\begin{cases}\left[2u-\dfrac{1}{2}u^2,\quad 2u-u^2\right],0\leqslant u\leqslant 1\\ \left[u+\dfrac{1}{2},\quad 2u-u^2\right],1\leqslant u\leqslant 2\\ \left[-u+\dfrac{1}{2}u^2+\dfrac{5}{2},\quad -6u+u^2+8\right],2\leqslant u\leqslant 3\\ \left[2u-2,\quad -18u+3u^2+26\right],3\leqslant u\leqslant 4\end{cases}$$

把题目中调整后的 6 个控制点坐标代入式（2.43），可得其对应的二次非均匀 B 样条曲线方程为

$$\boldsymbol{p}(u)=\begin{cases}\left[2u-\dfrac{1}{2}u^2,\quad 2u-u^2\right],0\leqslant u\leqslant 1\\ \left[u+\dfrac{1}{2},\quad 2u-u^2\right],1\leqslant u\leqslant 2\\ \left[-u+\dfrac{1}{2}u^2+\dfrac{5}{2},\quad -4u+\dfrac{1}{2}u^2+6\right],2\leqslant u\leqslant 3\\ \left[2u-2,\quad -28u+\dfrac{9}{2}u^2+42\right],3\leqslant u\leqslant 4\end{cases}$$

原始控制点形成的二次非均匀 B 样条曲线如图 2.24 所示，调整控制点后形成的二次非均匀 B 样条曲线如图 2.25 所示。

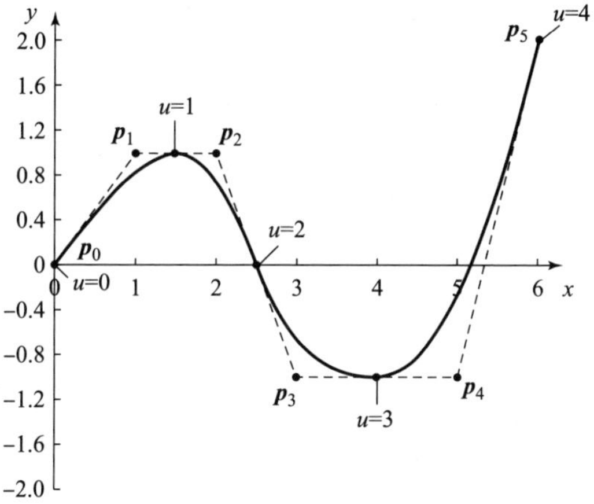

图 2.24　二次非均匀 B 样条曲线

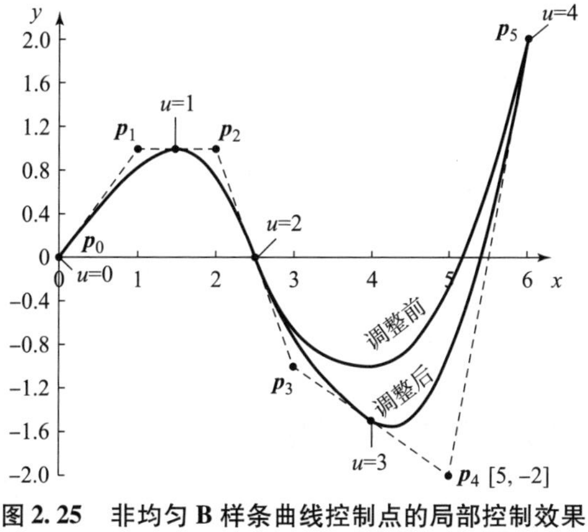

图 2.25　非均匀 B 样条曲线控制点的局部控制效果

下面基于例题2.8讨论非均匀B样条曲线的一些重要性质：

(1) 从式（2.43）可以看出，例题2.8中的非均匀B样条曲线实际上是分段二次曲线，总共分为4段，每一段曲线的表达式都是关于u的二次多项式。在该例题中，如果令k等于3，将会得到分段三次曲线；如果令k等于1，则会得到分段直线段。而该例题中，k最大可以取5，此时该曲线是一段由6个控制点决定的五次曲线，与同样控制点决定的贝塞尔曲线相同。推而广之，对于$n+1$个控制点决定的非均匀B样条曲线，当$k=n$时，该曲线退化成贝塞尔曲线，因此贝塞尔曲线实质上是非均匀B样条曲线的一个特殊情况。

(2) 从式（2.43）还可以看出，非均匀B样条曲线的每一个分段都由不同的控制点决定，也就是说每一个控制点的控制范围都是局部的。这一性质也可以从图2.23看出，所有基函数都只在u的局部范围内非零，其他区域则为零。由于基函数是其所对应的控制点坐标的权重系数，因此所有的控制点坐标的影响都是局部的，这一特性被称为局部控制特性，这是非均匀B样条曲线非常重要的性质。在例题2.8中，控制点$\boldsymbol{p}_4$仅影响曲线的第三分段（$2\leqslant u\leqslant 3$）和第四分段（$3\leqslant u\leqslant 4$），因此当该控制点发生变化时，仅这两个分段的曲线受到影响，如图2.25所示。局部控制特性对于设计工作非常重要，它可以帮助设计人员对复杂的几何造型进行局部微调，同时保持其他区域不发生变化。

(3) 观察例题2.8中基函数$N_{i,2}(u)$的表达式，不难发现这些基函数的和为1，即$\sum_{i=0}^{5}N_{i,2}(u)=1$，而且$0\leqslant N_{i,2}(u)\leqslant 1$。从数学上可以证明，对于$k$次非均匀B样条曲线，其所有基函数之和为1，即$\sum_{i=0}^{n}N_{i,k}(u)=1$，而且$0\leqslant N_{i,k}(u)\leqslant 1$。这一性质与式（2.38）所描述的伯恩斯坦基函数的性质一致，因此贝塞尔曲线的凸包性质也同样适用于非均匀B样条曲线，即非均匀B样条曲线落在控制点形成的凸包内。

(4) 从图2.24和图2.25可以看出，例题2.8中的非均匀B样条曲线的起点（对应$u=0$）与控制点$\boldsymbol{p}_0$重合，终点（对应$u=4$）与控制点$\boldsymbol{p}_5$重合；而且在起点处与$\boldsymbol{p}_1$和$\boldsymbol{p}_0$之间的线段相切，在终点处与$\boldsymbol{p}_5$和$\boldsymbol{p}_4$之间的线段相切。推而广之，对于$n+1$个控制点决定的非均匀B样条曲线，其起点（对应$u=0$）与控制点$\boldsymbol{p}_0$重合，终点（对应$u=(n+1)-k$）与控制点$\boldsymbol{p}_n$重合；而且在起点处与$\boldsymbol{p}_1$和$\boldsymbol{p}_0$之间的线段相切，在终点处与$\boldsymbol{p}_n$和$\boldsymbol{p}_{n-1}$之间的线段相切。

2.2.7 非均匀有理B样条曲线

从设计角度而言，非均匀B样条曲线具有很强的灵活性，它可以完成非常复杂的曲线设计，而且还具有局部控制特性。然而，非均匀 B 样条曲线依然有一个缺点：它无法准确表达圆弧、椭圆曲线和双曲线。这对于设计工作而言是一个非常大的缺点，因为这些初等曲线是设计工作中经常需要用到的。下面我们以圆弧为例对此问题进行说明。

我们已经知道非均匀 B 样条曲线（式（2.39））的多项式次数是一个有限的数值，即 k 次；然而圆弧可以通过有限次数的多项式表达吗？答案是否定的。前面已经讨论过，圆弧可以基于三角函数实现参数化表达，如式（2.4），而三角函数的泰勒展开是无穷次多项式的和，如 $\sin(\theta)$ 的泰勒展开是

$$\sin(\theta) = \theta - \frac{\theta^3}{3!} + \frac{\theta^5}{5!} - \frac{\theta^7}{7!} + \dots = \sum_{n=1}^{\infty} \frac{(-1)^{n-1}\theta^{2n-1}}{(2n-1)!}$$

因此，我们不能通过一个有限次数的多项式表达圆弧，也就不能通过非均匀 B 样条曲线表达圆弧。那么该如何解决这个问题呢？式（2.5）给了我们一个启示，即可以用一个多项式与另一多项式相除所形成的有理函数表达圆弧。但式（2.5）毕竟只是一个圆弧的特例，如何构造统一的有理函数来表达任意的圆弧，同时又保留前述非均匀 B 样条曲线的各种优点呢？为了解决这个问题，需要引入另一种参数化曲线，即非均匀有理 B 样条曲线（Nonuniform Rational B－Spline Curve），简称 NURB 曲线，其方程是

$$\boldsymbol{p}(u) = \frac{\sum_{i=0}^{n} h_i N_{i,k}(u)\boldsymbol{p}_i}{\sum_{i=0}^{n} h_i N_{i,k}(u)}, u \in [0,(n+1)-k] \tag{2.44}$$

式中，$N_{i,k}(u)$ 是前述 k 次非均匀 B 样条曲线的基函数（式（2.40）），$\boldsymbol{p}_i = [p_{ix}, p_{iy}, p_{iz}]$ 是 NURB 曲线的第 i 个控制点的坐标，控制点总数是 $n+1$，h_i 是与 $\boldsymbol{p}_i$ 对应的权重系数。当所有的 h_i 均为 1 时，式（2.44）退化成式（2.39）$\left(\text{注意：}\sum_{i=0}^{n} N_{i,k}(u) = 1\right)$，因此非均匀 B 样条曲线是 NURB 曲线的一个特殊情况，前述非均匀 B 样条曲线的各种性质，NURB 曲线也同样具有。

另外，式（2.44）是一个多项式与另一多项式相除所形成的有理函数，它可以用于表达圆弧。具体地，我们可以用三个控制点形成的二次 NURB 曲线（$n=2$，$k=2$）表达圆弧，注意此处的次数 k 不是指整个有理函数的次数，而是指基函数 $N_{i,k}(u)$ 的多项式次数。二次 NURB 曲线的方程是

$$\boldsymbol{p}(u) = \frac{\sum_{i=0}^{2} h_i N_{i,2}(u)\boldsymbol{p}_i}{\sum_{i=0}^{2} h_i N_{i,2}(u)} = \frac{h_0 N_{0,2}(u)\boldsymbol{p}_0 + h_1 N_{1,2}(u)\boldsymbol{p}_1 + h_2 N_{2,2}(u)\boldsymbol{p}_2}{h_0 N_{0,2}(u) + h_1 N_{1,2}(u) + h_2 N_{2,2}(u)}, u \in [0,1] \tag{2.45}$$

对于该二次 NURB 曲线，$\boldsymbol{p}_0$ 是曲线的起点坐标，$\boldsymbol{p}_2$ 是曲线的终点坐标，而且在起点处曲线与 $\boldsymbol{p}_1$ 和 $\boldsymbol{p}_0$ 之间的线段相切，在终点处曲线与 $\boldsymbol{p}_2$ 和 $\boldsymbol{p}_1$ 之间的线段相切。因此如果用式（2.45）表达一段圆弧，那么 $\boldsymbol{p}_0$ 和 $\boldsymbol{p}_2$ 将分别是圆弧的起点坐标和终点坐标，而且圆弧与 $\boldsymbol{p}_1$ 和 $\boldsymbol{p}_0$ 之间的线段相切，同时与 $\boldsymbol{p}_2$ 和 $\boldsymbol{p}_1$ 之间的线段也相切。从数学上可以证明，如果 $\boldsymbol{p}_0$、$\boldsymbol{p}_1$ 和 $\boldsymbol{p}_2$ 满足如图 2.26（a）所示的位置关系（$\boldsymbol{m}$ 是线段 $\boldsymbol{p}_0\boldsymbol{p}_2$ 的中间点坐标，线段 $\boldsymbol{m}\boldsymbol{p}_1$ 与线段 $\boldsymbol{p}_0\boldsymbol{p}_2$ 垂直），且当 $h_0 = h_2 = 1, h_1 = \sin(a)$ 时，式（2.45）表达一段圆弧，其中 a 为线段 $\boldsymbol{p}_0\boldsymbol{p}_1$ 与线段 $\boldsymbol{m}\boldsymbol{p}_1$ 所成夹角。该圆弧如图 2.26（b）所示，它与线段 $\boldsymbol{p}_0\boldsymbol{p}_1$ 及线段 $\boldsymbol{p}_1\boldsymbol{p}_2$ 分别相切，且中心 o 在线段 $\boldsymbol{m}\boldsymbol{p}_1$ 的延长线上。当三个控制点坐标确定时，该圆弧的中心及半径均是唯一确定的。

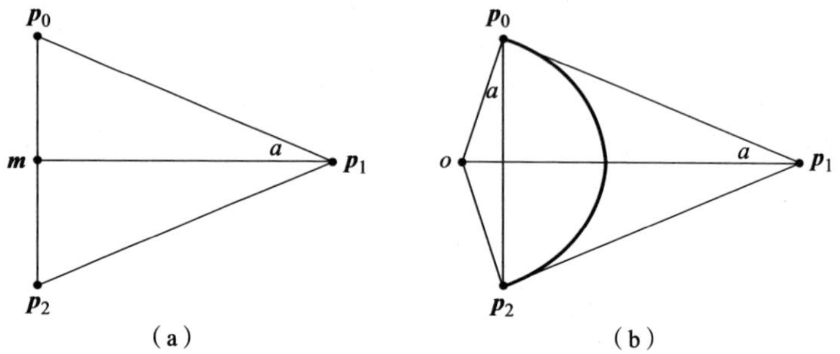

图 2.26　基于二次 NURB 曲线表达的圆弧及其控制点

（a）三个控制点之间的位置关系；（b）圆弧与控制点之间的位置关系

下面通过一个例题熟悉一下用二次 NURB 曲线表达圆弧的计算过程。

例题 2.9　试构造一条二次 NURB 曲线表达图 2.1 所示的圆弧，其中半径为 1。

解：由图 2.1 所示的圆弧形状，不难得知，$\boldsymbol{p}_0 = [0,1]$，$\boldsymbol{p}_2 = [1,0]$ 和 $a = \dfrac{\pi}{4}$，进而可根据三角形几何关系求得另一个控制点坐标 $\boldsymbol{p}_1 = [1,1]$。

然后，通过式（2.40）~式（2.42）可得基函数：$N_{0,2}(u) = (1-u)^2$，$N_{1,2}(u) = 2u(1-u)$ 和 $N_{2,2}(u) = u^2$。显然，这与二次贝塞尔曲线的基函数相同（见 2.2.5 节），这是因为此时（$k = n = 2$）非均匀 B 样条曲线的基函数退化成了贝塞尔曲线的基函数。

最后，把三个控制点坐标，以及 $h_0 = h_2 = 1, h_1 = \sin\dfrac{\pi}{4} = \dfrac{\sqrt{2}}{2}$ 代入式（2.45）可得

$$\boldsymbol{p}(u)=\frac{(1-u)^2[0,1]+\frac{\sqrt{2}}{2}\cdot 2u(1-u)[1,1]+[1,0]u^2}{(1-u)^2+\frac{\sqrt{2}}{2}\cdot 2u(1-u)+u^2}$$

所得曲线及控制点坐标如图 2. 27 所示。

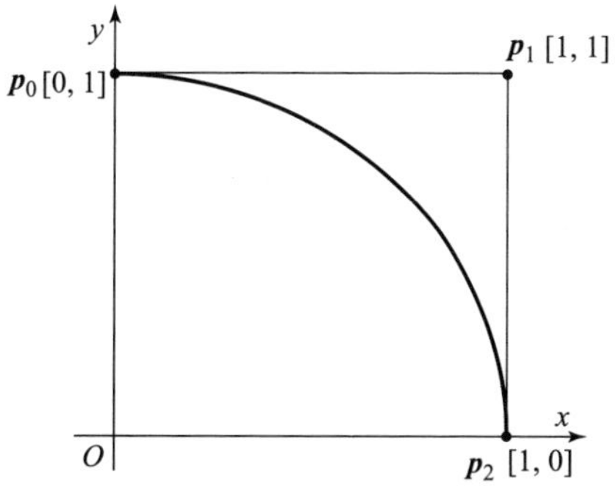

图 2. 27　二次 NURB 曲线表达圆弧

2. 2. 8　曲线的连续性

实际产品的几何造型往往非常复杂，仅采用单个参数化曲线段通常无法满足实际产品上的复杂曲线设计任务，为了解决这一问题，需要对多个参数化曲线段进行拼接，然而拼接操作需要确保相邻曲线段的连续性，这就是本节要讨论的问题。

关于曲线连续性的定义如下：

(1) 如果曲线 $\boldsymbol{p}(u)$ 的一个端点坐标与曲线 $\boldsymbol{q}(u)$ 的一个端点坐标重合，则曲线 $\boldsymbol{p}(u)$ 与曲线 $\boldsymbol{q}(u)$ 之间满足 G^0 连续（或称 C^0 连续），如图 2. 28 所示，$\boldsymbol{p}(u)$ 与 $\boldsymbol{q}(u)$ 实现 G^0 或 C^0 连续的数学描述为

$$\boldsymbol{p}(1)=\boldsymbol{q}(0) \tag{2.46}$$

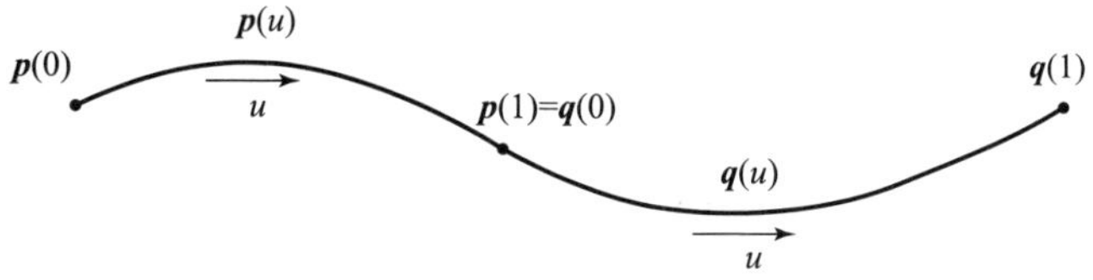

图 2. 28　曲线拼接示意图

（2）如果曲线 $\boldsymbol{p}(u)$ 的一个端点坐标与曲线 $\boldsymbol{q}(u)$ 的一个端点坐标重合，且曲线 $\boldsymbol{p}(u)$ 和曲线 $\boldsymbol{q}(u)$ 在公共端点处的切向量方向相同，则曲线 $\boldsymbol{p}(u)$ 与曲线 $\boldsymbol{q}(u)$ 之间满足 G^1 连续，对于如图 2.28 所示的曲线 $\boldsymbol{p}(u)$ 和 $\boldsymbol{q}(u)$，它们实现 G^1 连续的数学描述为

$$\left.\frac{\mathrm{d}\boldsymbol{p}(u)}{\mathrm{d}u}\right|_{u=1} = N\left.\frac{\mathrm{d}\boldsymbol{q}(u)}{\mathrm{d}u}\right|_{u=0} \tag{2.47}$$

式中，N 是一个不等于 0 的系数。

（3）如果曲线 $\boldsymbol{p}(u)$ 的一个端点坐标与曲线 $\boldsymbol{q}(u)$ 的一个端点坐标重合，且曲线 $\boldsymbol{p}(u)$ 和曲线 $\boldsymbol{q}(u)$ 在公共端点处的切向量完全相同（大小与方向均相同），则曲线 $\boldsymbol{p}(u)$ 与曲线 $\boldsymbol{q}(u)$ 之间满足 C^1 连续，对于如图 2.28 所示的曲线 $\boldsymbol{p}(u)$ 和 $\boldsymbol{q}(u)$，它们实现 C^1 连续的数学描述仍是式（2.47），但此时要求系数 $N = 1$。

类似地，通过让两个曲线在公共端点处的 n 阶导数方向相同或完全相同，还可以进一步定义曲线的 G^n 和 C^n 连续性，但如果曲线不存在某阶导数，那么也就不能定义与该阶导数相对应的连续性。应当指出，G^1 和 C^1 连续已经能够满足绝大部分产品的曲线设计任务需求，对于更高阶的曲线连续性本书不再进一步探讨。

基于上述定义，由于端点的切向量本身就是埃尔米特曲线方程的约束条件，因此通过直接设置相同方向（或完全相同）的端点切向量，即可使两段埃尔米特曲线实现 G^1（或 C^1）连续，如图 2.29 所示。

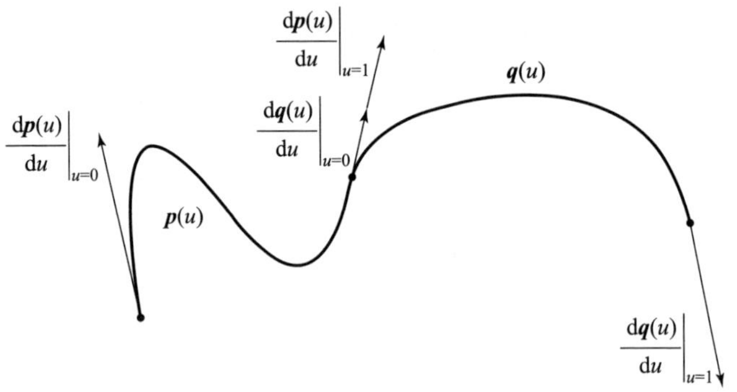

（a）

图 2.29　埃尔米特曲线的 G^1 和 C^1 连续

（a）两段埃尔米特曲线 $\boldsymbol{p}(u)$ 和 $\boldsymbol{q}(u)$ 实现 G^1 连续

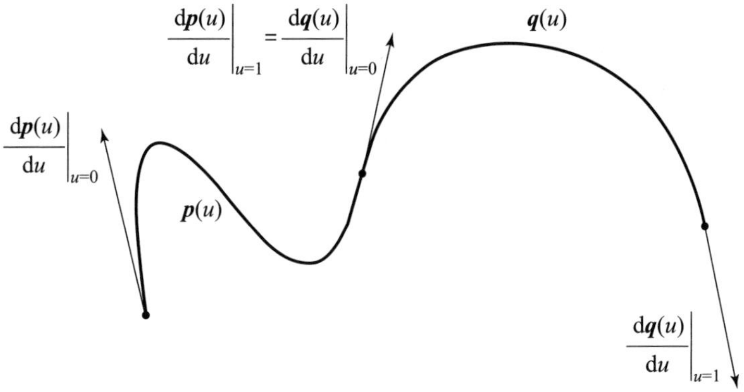

（b）

图 2.29 埃尔米特曲线的 G^1 和 C^1 连续（续）

（b）两段埃尔米特曲线 $\boldsymbol{p}(u)$ 和 $\boldsymbol{q}(u)$ 实现 C^1 连续

对于三次贝塞尔曲线，其端点处的切向量取决于端点及其相邻的控制点坐标（式（2.37）），因此通过设置公共端点及相邻的两个控制点共线，便可使得两段三次贝塞尔曲线实现 G^1 连续，如图 2.30（a）所示；在此基础上，如果公共端点与相邻的两个控制点之间的距离还相同，则两段三次贝塞尔曲线实现 C^1 连续，如图 2.30（b）所示。

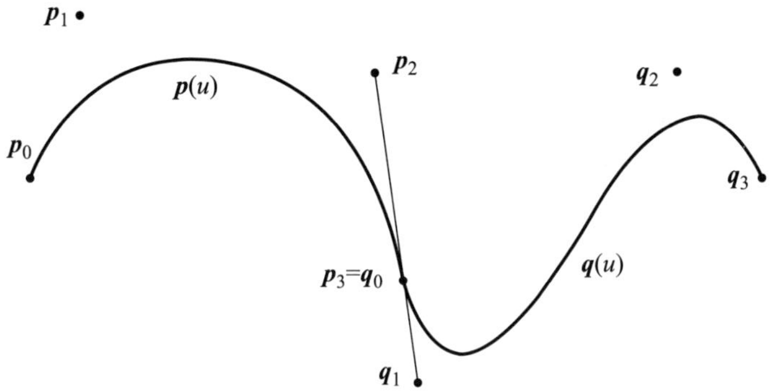

（a）

图 2.30 三次贝塞尔曲线的 G^1 和 C^1 连续

（a）两段三次贝塞尔曲线 $\boldsymbol{p}(u)$ 和 $\boldsymbol{q}(u)$ 实现 G^1 连续

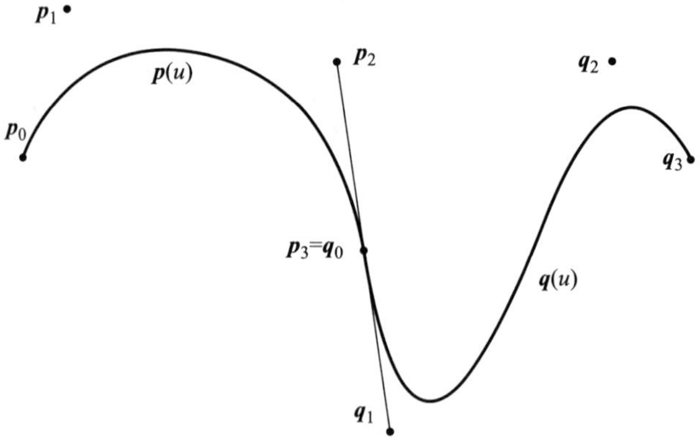

（b）

图 2. 30　三次贝塞尔曲线的 G^1 和 C^1 连续（续）

（b）两段三次贝塞尔曲线 $\boldsymbol{p}(u)$ 和 $\boldsymbol{q}(u)$ 实现 C^1 连续

2. 3　参数化曲面

2. 3. 1　参数化曲面的基本概念

在三维空间内，曲面可以用下述方程表示：

$$f(x,y,z)=0,(x,y)\in\Omega \tag{2.48}$$

式中，Ω 是（x，y）的定义域。式（2. 48）是曲面的非参数化表达。与曲线的情况类似，支撑 CAD 系统完成各种曲面设计的数学基础并非基于式（2. 48），而是各种参数化曲面方程，参数化曲面的方程也称为曲面的参数化表达。一般地，三维空间内曲面 $\boldsymbol{s}(u,w)$ 的参数化方程最终都可以写成以下形式：

$$\boldsymbol{s}(u,w)=[s_x(u,w),s_y(u,w),s_z(u,w)],u\in[0,1],w\in[0,1] \tag{2.49}$$

式中，u 和 w 是参数，$s_x(u,w)$ 是曲面上点的 x 坐标，$s_y(u,w)$ 是曲面上点的 y 坐标，$s_z(u,w)$ 是曲面上点的 z 坐标，$s_x(u,w)$、$s_y(u,w)$ 和 $s_z(u,w)$ 都是关于 u 和 w 的函数。

下面以图 2. 31 所示的正方形面片为例，体会一下曲面的非参数表达与参数化表达的区别。该正方形面片的非参数化表达是

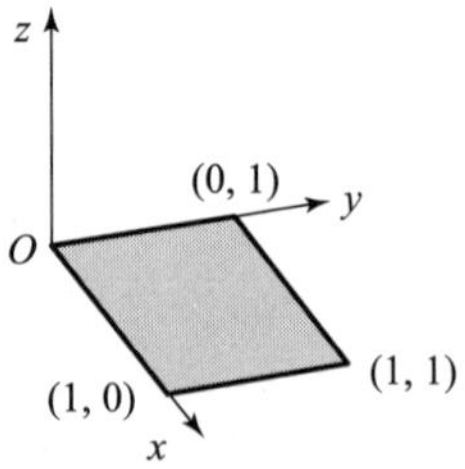

图 2. 31　正方形面片

$$z=0,x\in[0,1],y\in[0,1]$$

而该正方形面片的参数化表达是

$$\boldsymbol{s}(u,w)=[s_x(u,w),s_y(u,w),s_z(u,w)]=[u,w,0],u\in[0,1],w\in[0,1]$$

如果把 (u,w) 视为 u 和 w 组成的二维空间的坐标值，式（2.49）实质上描述了三维空间曲面 $\boldsymbol{s}(u,w)$ 上点坐标与二维空间坐标 (u,w) 的一一映射关系，图 2.32 展示了这种映射关系。

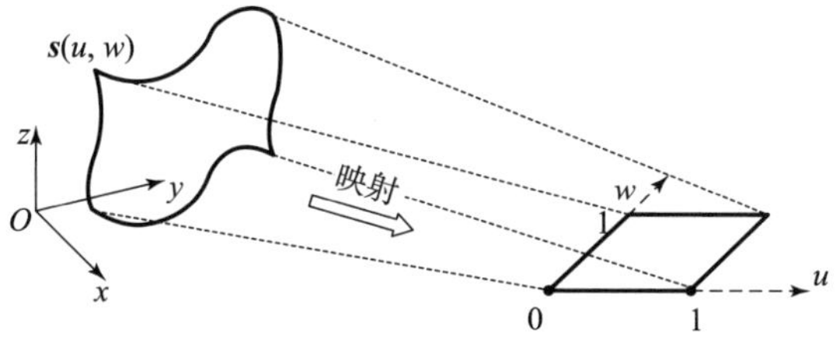

图 2.32　$\boldsymbol{s}(\boldsymbol{u},\boldsymbol{w})$ 与 $(\boldsymbol{u},\boldsymbol{w})$ 的映射关系

与参数化曲线类似，参数化曲面也有许多优点，例如：

（1）通过有限的几种参数化曲面方程就可以构造出非常丰富的曲面造型，满足各种设计任务的需要。

（2）通过改变控制点坐标可以方便地调整参数化曲面的形状。

（3）通过调整端点切向量或控制点坐标可以方便地控制分段曲面间的连续性。

（4）通过控制点坐标的几何变换可以方便地实现曲面的几何变换。

上述优点是式（2.48）不具备的，因此参数化曲面更适合作为设计工具。从 2.3.2 节 ~2.3.5 节，我们将介绍多种参数化曲面方程，帮助读者逐步理解参数化曲面上述优点的数学原理。这里应当指出，本书介绍的各种参数化曲面方程通常都是用来定义一个有限大小的曲面片，因为参数 u 和 w 一般是定义在一个有限的范围的。为了表述方便，本书不再刻意区分“曲面”与“曲面片”的概念，在本书中它们都是表述一个有限大小的曲面片。

2.3.2　双线性曲面

双线性曲面参数化方程的统一形式是

$$\begin{aligned}\boldsymbol{s}(u,w)&=[s_x(u,w),s_y(u,w),s_z(u,w)]\\&=\left[\sum_{i=0}^{1}\sum_{j=0}^{1}a_{ijx}u^iw^j,\sum_{i=0}^{1}\sum_{j=0}^{1}a_{ijy}u^iw^j,\sum_{i=0}^{1}\sum_{j=0}^{1}a_{ijz}u^iw^j\right]\\&=\sum_{i=0}^{1}\sum_{j=0}^{1}\boldsymbol{a}_{ij}u^iw^j\end{aligned}$$

$$= \boldsymbol{a}_{11}uw + \boldsymbol{a}_{10}u + \boldsymbol{a}_{01}w + \boldsymbol{a}_{00}, u \in [0,1], w \in [0,1] \quad (2.50)$$

式中，$\boldsymbol{a}_{ij} = [a_{ijx}, a_{ijy}, a_{ijz}]$，$\boldsymbol{a}_{ij}$ 是待定系数，共有 4 个。显然，对于特定的 w 值，曲面上点的坐标分量（s_x、s_y 和 s_z）均是关于 u 的一次多项式，而对于特定的 u 值，曲面上点的坐标分量均是关于 w 的一次多项式，这便是“双线性”的含义。

我们可以直接给定上述系数的值，从而确定一个双线性曲面，但我们一般不这么做，因为这些系数的几何意义不明确。一种更方便的做法是：给定曲面的 4 个顶点坐标，从而求解出上述系数的值，具体过程如下：

如果已知曲面 4 个顶点坐标 $\boldsymbol{p}_{00}$（对应 $u = 0, w = 0$）、$\boldsymbol{p}_{01}$（对应 $u = 0, w = 1$）、$\boldsymbol{p}_{10}$（对应 $u = 1, w = 0$）和 $\boldsymbol{p}_{11}$（对应 $u = 1, w = 1$），则把 4 个顶点坐标及其对应的 u 和 w 的值分别代入式（2.50）可得关于系数 $\boldsymbol{a}_{ij}$ 的 4 个方程：

$$\begin{cases} \boldsymbol{s}(0,0) = \boldsymbol{p}_{00} = \boldsymbol{a}_{00} \\ \boldsymbol{s}(0,1) = \boldsymbol{p}_{01} = \boldsymbol{a}_{01} + \boldsymbol{a}_{00} \\ \boldsymbol{s}(1,0) = \boldsymbol{p}_{10} = \boldsymbol{a}_{10} + \boldsymbol{a}_{00} \\ \boldsymbol{s}(1,1) = \boldsymbol{p}_{11} = \boldsymbol{a}_{11} + \boldsymbol{a}_{10} + \boldsymbol{a}_{01} + \boldsymbol{a}_{00} \end{cases}$$

从而求解出：$\boldsymbol{a}_{00} = \boldsymbol{p}_{00}$，$\boldsymbol{a}_{01} = \boldsymbol{p}_{01} - \boldsymbol{p}_{00}$，$\boldsymbol{a}_{10} = \boldsymbol{p}_{10} - \boldsymbol{p}_{00}$，$\boldsymbol{a}_{11} = \boldsymbol{p}_{11} - \boldsymbol{p}_{01} - \boldsymbol{p}_{10} + \boldsymbol{p}_{00}$。也就是说，我们用 4 个顶点坐标表达了系数 $\boldsymbol{a}_{ij}$。我们把求解出的系数 $\boldsymbol{a}_{ij}$ 代入式（2.50），可以得到

$$\begin{aligned} \boldsymbol{s}(u,w) &= (\boldsymbol{p}_{11} - \boldsymbol{p}_{01} - \boldsymbol{p}_{10} + \boldsymbol{p}_{00})uw + (\boldsymbol{p}_{10} - \boldsymbol{p}_{00})u + (\boldsymbol{p}_{01} - \boldsymbol{p}_{00})w + \boldsymbol{p}_{00} \\ &= (1-u)(1-w)\boldsymbol{p}_{00} + (1-u)w\boldsymbol{p}_{01} + \\ &\quad u(1-w)\boldsymbol{p}_{10} + uw\boldsymbol{p}_{11}, u \in [0,1], w \in [0,1] \end{aligned} \quad (2.51)$$

式（2.51）即双线性曲面方程，它还可以进一步改写成矩阵形式：

$$\begin{aligned} \boldsymbol{s}(u,w) &= [1-u \quad u]\begin{bmatrix} \boldsymbol{p}_{00} & \boldsymbol{p}_{01} \\ \boldsymbol{p}_{10} & \boldsymbol{p}_{11} \end{bmatrix}\begin{bmatrix} 1-w \\ w \end{bmatrix} \\ &= [u \quad 1]\begin{bmatrix} -1 & 1 \\ 1 & 0 \end{bmatrix}\begin{bmatrix} \boldsymbol{p}_{00} & \boldsymbol{p}_{01} \\ \boldsymbol{p}_{10} & \boldsymbol{p}_{11} \end{bmatrix}\begin{bmatrix} -1 & 1 \\ 1 & 0 \end{bmatrix}\begin{bmatrix} w \\ 1 \end{bmatrix}, u \in [0,1], w \in [0,1] \end{aligned}$$

(2.52)

上述双线性曲面方程还可以由另外一种推导思路得到：

首先，我们求顶点 $\boldsymbol{p}_{00}$ 和 $\boldsymbol{p}_{01}$ 之间的直线段作为曲面的一个边界（对应 $u=0$），该直线段可通过在这两个顶点坐标之间进行线性插值得到，插值原理见式（2.11），此时假设插值变量是 w，则该直线段方程是

$$\boldsymbol{s}(0,w) = (1-w)\boldsymbol{p}_{00} + w\boldsymbol{p}_{01}, w \in [0,1] \quad (2.53)$$

式中，$\boldsymbol{s}(0,w)$ 也可理解为 $\boldsymbol{p}_{00}$ 和 $\boldsymbol{p}_{01}$ 之间直线段上一点的坐标，如图 2.33 所示。

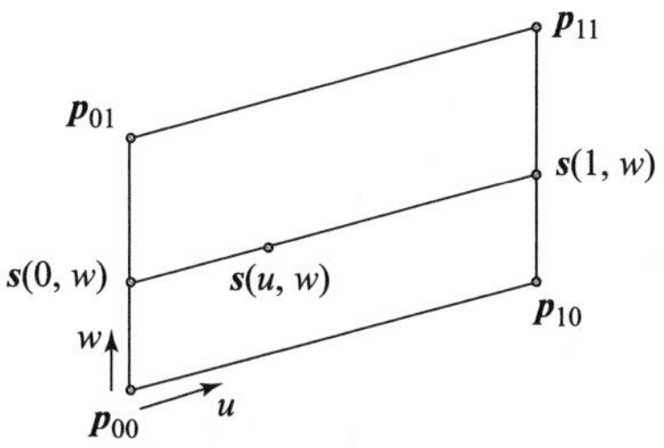

图 2.33 双线性曲面顶点坐标关系示意图

然后，我们求顶点 $\boldsymbol{p}_{10}$ 和 $\boldsymbol{p}_{11}$ 之间的直线段作为曲面的另一个边界（对应 $u=1$），该直线段也是通过这两个顶点坐标之间的线性插值得到的，插值变量依然是 w，该直线段方程是

$$\boldsymbol{s}(1,w) = (1-w)\boldsymbol{p}_{10} + w\boldsymbol{p}_{11}, w \in [0,1] \tag{2.54}$$

式中，$\boldsymbol{s}(1,w)$ 也可理解为 $\boldsymbol{p}_{10}$ 和 $\boldsymbol{p}_{11}$ 之间直线段上一点的坐标，如图 2.33 所示。

接着，我们通过在上述两个边界直线段（式（2.53）与式（2.54））之间进行线性插值，插值变量为 u，可以得到曲面方程：

$$\begin{aligned}\boldsymbol{s}(u,w) &= (1-u)\boldsymbol{s}(0,w) + u\boldsymbol{s}(1,w) \\ &= (1-u)(1-w)\boldsymbol{p}_{00} + (1-u)w\boldsymbol{p}_{01} + \\ &\quad u(1-w)\boldsymbol{p}_{10} + uw\boldsymbol{p}_{11}, u \in [0,1], w \in [0,1]\end{aligned} \tag{2.55}$$

显然，该方程与式（2.51）相同，它也可以理解为 $\boldsymbol{s}(0,w)$ 和 $\boldsymbol{s}(1,w)$ 两个点坐标之间线性插值得到的曲面上一点 $\boldsymbol{s}(u,w)$ 的坐标，如图 2.33 所示。

应当指出，双线性曲面的 4 个顶点坐标可以在一个平面内，此时式（2.51）构建的是一个平面片；4 个顶点坐标也可以不在一个平面内，此时式（2.51）构建的是一个三维空间内的曲面片。下面通过一个例题加深一下对双线性曲面的理解。

例题 2.10 已知 4 个顶点坐标 $\boldsymbol{p}_{00}=[0,-1,0]$，$\boldsymbol{p}_{01}=[0,1,0]$，$\boldsymbol{p}_{10}=[1,0,1]$ 和 $\boldsymbol{p}_{11}=[-1,0,1]$，求它们确定的双线性曲面，并画出该曲面。

解：直接将 4 个顶点坐标代入式（2.51），可得该双线性曲面方程为

$$\begin{aligned}\boldsymbol{s}(u,w) &= (1-u)(1-w)[0,-1,0] + (1-u)w[0,1,0] + \\ &\quad u(1-w)[1,0,1] + uw[-1,0,1] \\ &= [u(1-2w),\ (1-u)(2w-1),\ u], u \in [0,1], w \in [0,1]\end{aligned}$$

该曲面如图 2.34 所示。

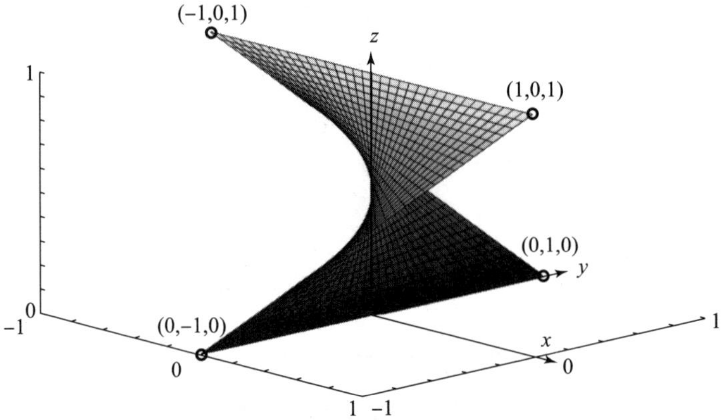

图 2.34　双线性曲面案例

2.3.3　双三次曲面

双三次曲面参数化方程的统一形式是

$$\begin{aligned}\boldsymbol{s}(u,w) &= [s_x(u,w), s_y(u,w), s_z(u,w)] \\ &= \left[\sum_{i=0}^{3}\sum_{j=0}^{3} a_{ijx}u^i w^j, \sum_{i=0}^{3}\sum_{j=0}^{3} a_{ijy}u^i w^j, \sum_{i=0}^{3}\sum_{j=0}^{3} a_{ijz}u^i w^j\right] \\ &= \sum_{i=0}^{3}\sum_{j=0}^{3} \boldsymbol{a}_{ij}u^i w^j \\ &= \boldsymbol{a}_{33}u^3w^3 + \boldsymbol{a}_{32}u^3w^2 + \boldsymbol{a}_{31}u^3w + \boldsymbol{a}_{30}u^3 + \\ &\quad \boldsymbol{a}_{23}u^2w^3 + \boldsymbol{a}_{22}u^2w^2 + \boldsymbol{a}_{21}u^2w + \boldsymbol{a}_{20}u^2 + \\ &\quad \boldsymbol{a}_{13}u^1w^3 + \boldsymbol{a}_{12}u^1w^2 + \boldsymbol{a}_{11}u^1w + \boldsymbol{a}_{10}u^1 + \\ &\quad \boldsymbol{a}_{03}w^3 + \boldsymbol{a}_{02}w^2 + \boldsymbol{a}_{01}w + \boldsymbol{a}_{00}, u \in [0,1], w \in [0,1]\end{aligned} \tag{2.56}$$

式中，$\boldsymbol{a}_{ij} = [a_{ijx}, a_{ijy}, a_{ijz}]$，$\boldsymbol{a}_{ij}$ 是待定系数，共有 16 个。显然，对于特定的 w 值，曲面上点的坐标分量（s_x、s_y 和 s_z）均是关于 u 的三次多项式，而对于特定的 u 值，曲面上点的坐标分量均是关于 w 的三次多项式，这便是“双三次”的含义。

我们可以直接给定上述系数的值，从而确定一个双三次曲面，但我们一般不这么做，因为这些系数的几何意义不直观。我们可以基于一些具有直观几何意义的约束条件求解上述系数的值，从而确定一个双三次曲面。例如，如果已知曲面上的 16 个点坐标，便可基于式（2.56）得到 16 个方程，从而求出 16 个待定系数。

图 2.35 给出了 $\boldsymbol{p}_{00}$ 至 $\boldsymbol{p}_{33}$ 共 16 个点坐标的一种分布情况，此时它们组成了一个 4×4 的点阵列，我们把这 16 个点坐标及它们对应的 u 和 w 值代入式（2.56），便可得到上述待定系数，然后再把所得系数代入式（2.56）中，便可以得到一种双三次曲面方程，该曲面方程的矩阵形式为

$$\boldsymbol{s}(u,w) = \boldsymbol{U}\boldsymbol{N}_s\boldsymbol{P}_s\boldsymbol{N}_s^{\mathrm{T}}\boldsymbol{W}^{\mathrm{T}}, u \in [0,1], w \in [0,1] \tag{2.57}$$

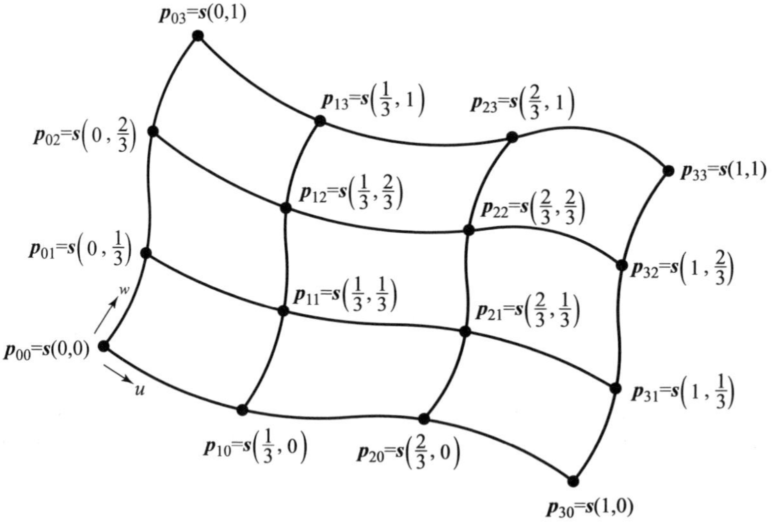

图 2.35　经过 16 个点坐标的双三次曲面示意图

式中，$\boldsymbol{U}$、$\boldsymbol{W}$、$\boldsymbol{N}_s$ 和 $\boldsymbol{P}_s$ 的具体定义如下：

$$\boldsymbol{U} = [u^3 \quad u^2 \quad u \quad 1]$$

$$\boldsymbol{W} = [w^3 \quad w^2 \quad w \quad 1]$$

$$\boldsymbol{N}_s = \begin{bmatrix} -\frac{9}{2} & \frac{27}{2} & -\frac{27}{2} & \frac{9}{2} \\ 9 & -\frac{45}{2} & 18 & -\frac{9}{2} \\ -\frac{11}{2} & 9 & -\frac{9}{2} & 1 \\ 1 & 0 & 0 & 0 \end{bmatrix}$$

$$\boldsymbol{P}_s = \begin{bmatrix} \boldsymbol{p}_{00} & \boldsymbol{p}_{01} & \boldsymbol{p}_{02} & \boldsymbol{p}_{03} \\ \boldsymbol{p}_{10} & \boldsymbol{p}_{11} & \boldsymbol{p}_{12} & \boldsymbol{p}_{13} \\ \boldsymbol{p}_{20} & \boldsymbol{p}_{21} & \boldsymbol{p}_{22} & \boldsymbol{p}_{23} \\ \boldsymbol{p}_{30} & \boldsymbol{p}_{31} & \boldsymbol{p}_{32} & \boldsymbol{p}_{33} \end{bmatrix}$$

可以看出式（2.57）的系数矩阵 $\boldsymbol{N}_s$ 与三次样条曲线（式（2.24））的系

数矩阵相同，而且还可以证明图 2. 35 所示双三次曲面的 4 个边界均是三次样条曲线，我们把这一性质的证明留给读者（习题 2. 9）。

还应该注意，由于 $\boldsymbol{P}_s$ 中每一个元素都是向量，因此 $\boldsymbol{P}_s$ 其实是一个三维张量，我们可以按照张量的运算规则对式（2. 57）进行运算。我们还可以把 16 个点坐标的 x、y 和 z 分量分别按照 $\boldsymbol{P}_s$ 中规定的坐标顺序写成独立的坐标分量矩阵 $\boldsymbol{P}_x$、$\boldsymbol{P}_y$ 和 $\boldsymbol{P}_z$，进而基于矩阵运算规则对式（2. 57）进行运算，从而得到曲面方程的坐标分量表达式 $s_x(u,w)$、$s_y(u,w)$ 和 $s_z(u,w)$，下面通过一个例题加深一下对式（2. 57）运算过程的理解。

例题 2. 11 已知曲面上 16 个点坐标为 $\boldsymbol{p}_{00}=[0,0,0]$，$\boldsymbol{p}_{10}=[1,0,1]$，$\boldsymbol{p}_{20}=[2,0,1]$，$\boldsymbol{p}_{30}=[3,0,0]$，$\boldsymbol{p}_{01}=[0,1,1]$，$\boldsymbol{p}_{11}=[1,1,2]$，$\boldsymbol{p}_{21}=[2,1,2]$，$\boldsymbol{p}_{31}=[3,1,1]$，$\boldsymbol{p}_{02}=[0,2,1]$，$\boldsymbol{p}_{12}=[1,2,2]$，$\boldsymbol{p}_{22}=[2,2,2]$，$\boldsymbol{p}_{32}=[3,2,1]$，$\boldsymbol{p}_{03}=[0,3,0]$，$\boldsymbol{p}_{13}=[1,3,1]$，$\boldsymbol{p}_{23}=[2,3,1]$ 和 $\boldsymbol{p}_{33}=[3,3,0]$，求它们确定的双三次曲面，并画出该曲面。

解：首先把已知的 16 个点坐标的 x、y 和 z 分量分别写成独立的坐标分量矩阵 $\boldsymbol{P}_x$、$\boldsymbol{P}_y$ 和 $\boldsymbol{P}_z$：

$$\boldsymbol{P}_x=\begin{bmatrix}0&0&0&0\\1&1&1&1\\2&2&2&2\\3&3&3&3\end{bmatrix},\boldsymbol{P}_y=\begin{bmatrix}0&1&2&3\\0&1&2&3\\0&1&2&3\\0&1&2&3\end{bmatrix},\boldsymbol{P}_z=\begin{bmatrix}0&1&1&0\\1&2&2&1\\1&2&2&1\\0&1&1&0\end{bmatrix}$$

把 $\boldsymbol{P}_x$、$\boldsymbol{P}_y$ 和 $\boldsymbol{P}_z$ 分别代入式（2. 57）求得 $s_x(u,w)$、$s_y(u,w)$ 和 $s_z(u,w)$：

$$\begin{aligned}s_x(u,w)&=\boldsymbol{U}\boldsymbol{N}_{\mathrm{b}}\boldsymbol{P}_x\boldsymbol{N}_{\mathrm{b}}^{\mathrm{T}}\boldsymbol{W}^{\mathrm{T}}\\&=3u,u\in[0,1],w\in[0,1]\\s_y(u,w)&=\boldsymbol{U}\boldsymbol{N}_{\mathrm{b}}\boldsymbol{P}_y\boldsymbol{N}_{\mathrm{b}}^{\mathrm{T}}\boldsymbol{W}^{\mathrm{T}}\\&=3w,u\in[0,1],w\in[0,1]\\s_z(u,w)&=UN_{\mathrm{b}}P_zN_{\mathrm{b}}^{T}W^{T}\\&=\frac{9}{2}u+\frac{9}{2}w-\frac{9}{2}u^2-\frac{9}{2}w^2,u\in[0,1],w\in[0,1]\end{aligned}$$

进而可得曲面方程：

$$\begin{aligned}\boldsymbol{s}(u,w)&=[s_x(u,w),\quad s_y(u,w),\quad s_z(u,w)]\\&=\left[3u,\quad 3w,\quad \frac{9}{2}u+\frac{9}{2}w-\frac{9}{2}u^2-\frac{9}{2}w^2\right]\end{aligned}$$

该曲面如图 2. 36 所示。

除了上述曲面上 16 个点坐标，还可以由其他约束条件确定式（2. 56）中的待定系数，从而确定一个双三次曲面。这里再介绍一类约束条件：如图 2. 37 所示，已知曲面的 4 个顶点坐标，以及每个顶点上的 2 个切向量和 1 个

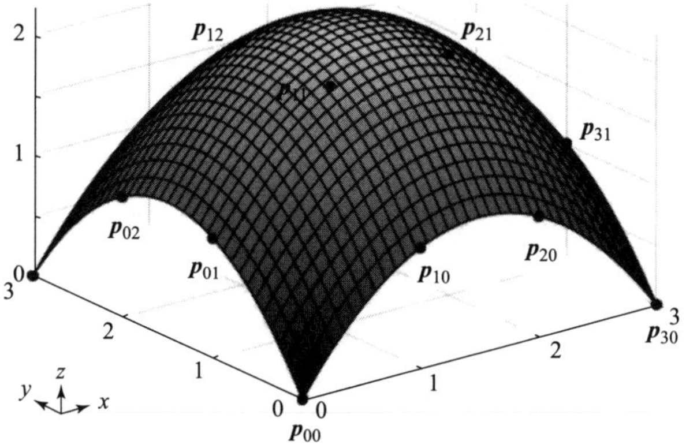

图 2.36　经过 16 个点坐标的双三次曲面案例

扭转向量，共 16 个约束，也可基于式（2.56）得到 16 个方程，从而求出 16 个待定系数。这里所谓的切向量，是指曲面分别关于参数 u 和 w 的一阶偏导数，所谓的扭转向量，是指曲面关于 u 和 w 的二阶混合偏导数，4 个顶点的坐标、切向量及扭转向量的具体符号及数学定义如图 2.37 所示。

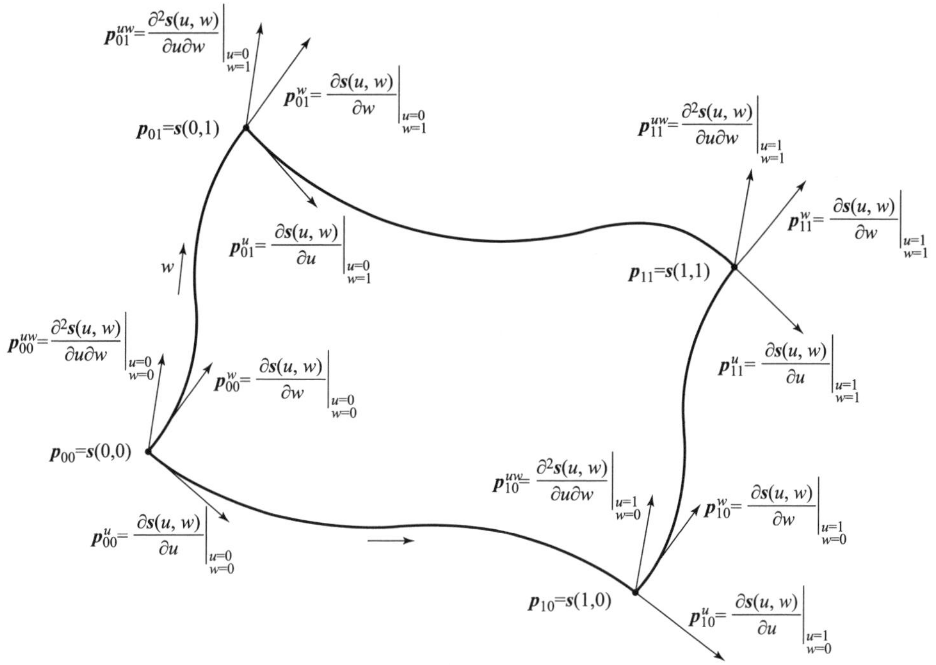

图 2.37　孔斯曲面约束条件示意图

基于如图 2.37 所示的约束条件确定式（2.56）待定系数并进而获得的双

三次曲面被称为双三次孔斯（Coons）曲面，它是美国学者 Coons 于 1964 年前后提出的，该曲面方程的矩阵形式为

$$\boldsymbol{s}(u,w) = \boldsymbol{U}\boldsymbol{N}_c\boldsymbol{P}_c\boldsymbol{N}_c^{\mathrm{T}}\boldsymbol{W}^{\mathrm{T}} \tag{2.58}$$

式中，$\boldsymbol{U}$ 和 $\boldsymbol{W}$ 的定义与式（2.57）相同，$\boldsymbol{N}_c$ 和 $\boldsymbol{P}_c$ 的具体定义如下：

$$\boldsymbol{N}_c = \begin{bmatrix} 2 & -2 & 1 & 1 \\ -3 & 3 & -2 & -1 \\ 0 & 0 & 1 & 0 \\ 1 & 0 & 0 & 0 \end{bmatrix}$$

$$\boldsymbol{P}_c = \begin{bmatrix} \boldsymbol{p}_{00} & \boldsymbol{p}_{01} & \boldsymbol{p}_{00}^{w} & \boldsymbol{p}_{01}^{w} \\ \boldsymbol{p}_{10} & \boldsymbol{p}_{11} & \boldsymbol{p}_{10}^{w} & \boldsymbol{p}_{11}^{w} \\ \boldsymbol{p}_{00}^{u} & \boldsymbol{p}_{01}^{u} & \boldsymbol{p}_{00}^{uw} & \boldsymbol{p}_{01}^{uw} \\ \boldsymbol{p}_{10}^{u} & \boldsymbol{p}_{11}^{u} & \boldsymbol{p}_{10}^{uw} & \boldsymbol{p}_{11}^{uw} \end{bmatrix}$$

可以看出式（2.58）的系数矩阵 $\boldsymbol{N}_c$ 与埃尔米特曲线（式（2.29））的系数矩阵相同，而且还可以证明图 2.37 所示双三次孔斯曲面的 4 个边界均是埃尔米特曲线，我们把这一性质的证明留给读者（习题 2.10）。

2.3.4 贝塞尔曲面

贝塞尔曲面是一类 CAD 系统中常用的参数化曲面，$n \times m$ 次贝塞尔曲面方程是

$$\boldsymbol{s}(u,w) = \sum_{i=0}^{n}\sum_{j=0}^{m} B_{i,n}(u)B_{j,m}(w)\boldsymbol{p}_{ij}, u \in [0,1], w \in [0,1] \tag{2.59}$$

式中，$B_{i,n}(u)$ 和 $B_{j,m}(w)$ 分别是 n 次和 m 次伯恩斯坦多项式，其定义见式（2.31），$\boldsymbol{p}_{ij} = [p_{ijx}, p_{ijy}, p_{ijz}]$ 是控制点坐标，所有的控制点组成了一个 $(m+1) \times (n+1)$ 的阵列。应当注意，式（2.59）中的 n 与 m 不一定相等，也就是说贝塞尔曲面沿着 u 和 w 方向的多项式次数可以不相同。

作为一种特殊情况，当 $n = m = 3$ 时，基于式（2.59）可以得到双三次贝塞尔曲面的方程：

$$\boldsymbol{s}(u,w) = \sum_{i=0}^{3}\sum_{j=0}^{3} B_{i,3}(u)B_{j,3}(w)\boldsymbol{p}_{ij}, u \in [0,1], w \in [0,1] \tag{2.60}$$

把 $B_{i,3}(u)$ 和 $B_{j,3}(w)$ 的具体表达式代入式（2.60）可以进一步得到双三次贝塞尔曲面的矩阵形式：

$$\boldsymbol{s}(u,w) = \boldsymbol{U}\boldsymbol{N}_b\boldsymbol{P}_b\boldsymbol{N}_b^{\mathrm{T}}\boldsymbol{W}^{\mathrm{T}}, u \in [0,1], w \in [0,1] \tag{2.61}$$

式中，$\boldsymbol{U}$ 和 $\boldsymbol{W}$ 的定义与式（2.57）相同，$\boldsymbol{N}_b$ 和 $\boldsymbol{P}_b$ 的具体定义如下：

$$\boldsymbol{N}_b = \begin{bmatrix} -1 & 3 & -3 & 1 \\ 3 & -6 & 3 & 0 \\ -3 & 3 & 0 & 0 \\ 1 & 0 & 0 & 0 \end{bmatrix}$$

$$\boldsymbol{P}_b = \begin{bmatrix} \boldsymbol{p}_{00} & \boldsymbol{p}_{01} & \boldsymbol{p}_{02} & \boldsymbol{p}_{03} \\ \boldsymbol{p}_{10} & \boldsymbol{p}_{11} & \boldsymbol{p}_{12} & \boldsymbol{p}_{13} \\ \boldsymbol{p}_{20} & \boldsymbol{p}_{21} & \boldsymbol{p}_{22} & \boldsymbol{p}_{23} \\ \boldsymbol{p}_{30} & \boldsymbol{p}_{31} & \boldsymbol{p}_{32} & \boldsymbol{p}_{33} \end{bmatrix}$$

可以看出式（2.61）的系数矩阵 $\boldsymbol{N}_b$ 与三次贝塞尔曲线（式（2.35））的系数矩阵相同，事实上双三次贝塞尔曲面的 4 个边界均是三次贝塞尔曲线，且控制点 $\boldsymbol{p}_{00}$、$\boldsymbol{p}_{03}$、$\boldsymbol{p}_{30}$ 和 $\boldsymbol{p}_{33}$ 是双三次贝塞尔曲面的 4 个顶点，我们把这一性质的证明留给读者（习题 2.11）。另外，还可以看出式（2.61）中 $\boldsymbol{P}_b$ 项与式（2.57）中 $\boldsymbol{P}_s$ 项的形式一样，但应注意二者的含义不同：$\boldsymbol{P}_b$ 项中的控制点坐标不一定在曲面上，而 $\boldsymbol{P}_s$ 中的点坐标一定在曲面上。$\boldsymbol{P}_b$ 项中的控制点在 u 和 w 二维空间中的排列次序如图 2.38 所示。

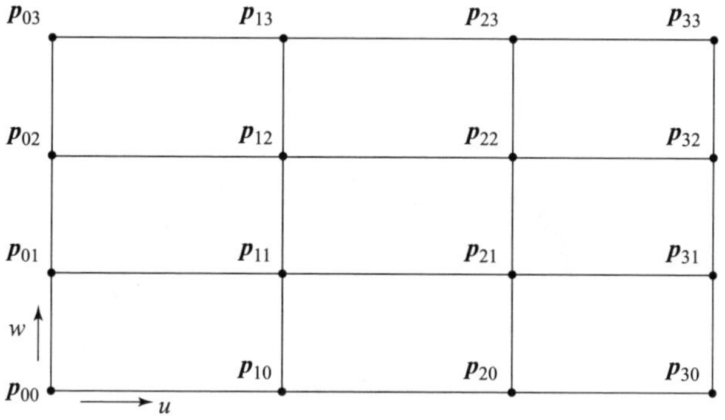

图 2.38　双三次贝塞尔曲面控制点阵列

还应该注意，由于 $\boldsymbol{P}_b$ 中每一个元素都是向量，因此 $\boldsymbol{P}_b$ 是一个三维张量，对式（2.61）的运算处理与式（2.57）相同。下面通过一个例题加深一下对双三次贝塞尔曲面性质及式（2.61）运算过程的理解。

例题 2.12　以例题 2.11 中的 16 个点坐标作为控制点坐标，求它们确定的双三次贝塞尔曲面，并画出该曲面。

解：首先把 16 个控制点坐标的 x、y 和 z 分量分别写成独立的坐标分量矩阵 $\boldsymbol{P}_x$、$\boldsymbol{P}_y$ 和 $\boldsymbol{P}_z$：

$$P_x=\begin{bmatrix}0&0&0&0\\1&1&1&1\\2&2&2&2\\3&3&3&3\end{bmatrix},P_y=\begin{bmatrix}0&1&2&3\\0&1&2&3\\0&1&2&3\\0&1&2&3\end{bmatrix},P_z=\begin{bmatrix}0&1&1&0\\1&2&2&1\\1&2&2&1\\0&1&1&0\end{bmatrix}$$

把 $\boldsymbol{P}_x$、$\boldsymbol{P}_y$ 和 $\boldsymbol{P}_z$ 分别代入式（2.61）求得 $s_x(u,w)$、$s_y(u,w)$ 和 $s_z(u,w)$：

$$\begin{aligned}s_x(u,w)&=UN_bP_xN_b^{\mathrm{T}}W^{\mathrm{T}}\\&=3u,u\in[0,1],w\in[0,1]\\s_y(u,w)&=UN_bP_yN_b^{\mathrm{T}}W^{\mathrm{T}}\\&=3w,u\in[0,1],w\in[0,1]\\s_z(u,w)&=UN_bP_zN_b^{\mathrm{T}}W^{\mathrm{T}}\\&=\frac{9}{2}u+\frac{9}{2}w-\frac{9}{2}u^2-\frac{9}{2}w^2,u\in[0,1],w\in[0,1]\end{aligned}$$

进而可得曲面方程：

$$\begin{aligned}s(u,w)&=[s_x(u,w),\quad s_y(u,w),\quad s_z(u,w)]\\&=\left[3u,\quad 3w,\quad \frac{9}{2}u+\frac{9}{2}w-\frac{9}{2}u^2-\frac{9}{2}w^2\right]\end{aligned}$$

该曲面如图 2.39 所示。

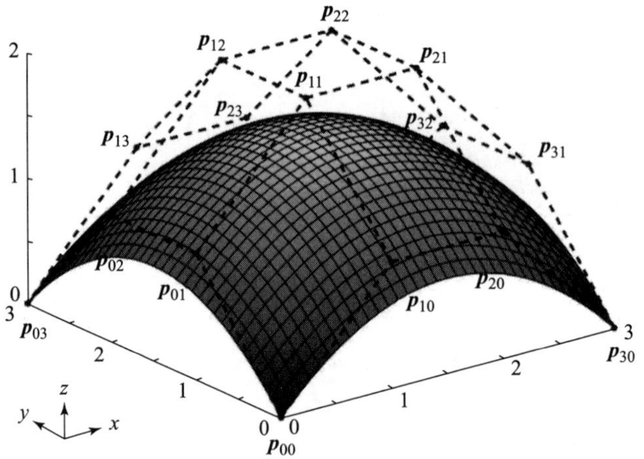

图 2.39　双三次贝塞尔曲面案例

从图 2.39 可以看出，$\boldsymbol{p}_{00}$、$\boldsymbol{p}_{03}$、$\boldsymbol{p}_{30}$ 和 $\boldsymbol{p}_{33}$ 是该双三次贝塞尔曲面的 4 个顶点，而且除了这 4 个顶点外，其余控制点均不在曲面上。

2.3.5　其他参数化曲面

前述的双线性曲面（式（2.50））、双三次曲面（式（2.56））以及贝塞尔曲面（式（2.60））方程本质上都可以写成以下形式：

$$s(u,w) = \sum_{i=0}^{n}\sum_{j=0}^{m} \boldsymbol{a}_{ij}u^{i}w^{j} \tag{2.62}$$

式（2.62）是 $n \times m$ 次参数化曲面的统一形式，所谓“ $n \times m$ 次”，是指参数化曲面沿着 u 和 w 方向的多项式次数分别是 n 和 m。基于式（2.62），通过设定 n 与 m 的值便可以得到对应次数的参数化曲面方程的统一形式。例如，当 $n = m = 2$ 时，式（2.62）即双二次曲面方程的统一形式。这里需要指出，式（2.62）中的 n 与 m 不一定相等，也就是说参数化曲面沿着 u 和 w 方向的多项式次数可以不相同。

在式（2.62）中，$\boldsymbol{a}_{ij}$ 是待定系数，它可以通过不同的约束条件确定，如例题2.10、例题2.11 和例题2.12 中的已知点坐标本质上都是用于确定 $\boldsymbol{a}_{ij}$ 的约束条件。当获得 $\boldsymbol{a}_{ij}$ 后，式（2.62）可以最终转化为式（2.49）的形式，如例题2.10、例题2.11 和例题2.12 中最终得到的 $\boldsymbol{s}(u,w)$ 都是以式（2.49）的形式表达的。对于某一次数的参数化曲面，如果用于确定 $\boldsymbol{a}_{ij}$ 的方法不同，其得到的具体方程形式也不同。例如，对于双三次曲面，我们介绍了三种双三次曲面的形式，包括经过 16 个点坐标的双三次曲面、双三次孔斯曲面和双三次贝塞尔曲面。

基于上述讨论，“双线性曲面”“双二次曲面”“双三次曲面”等都是按照构成曲面的多项式次数对曲面命名的方式，而“孔斯曲面”和“贝塞尔曲面”这两个名称本质上对应着不同的 $\boldsymbol{a}_{ij}$ 确定方法。除了孔斯曲面和贝塞尔曲面，还有 B 样条曲面也符合式（2.62）的数学形式，该类曲面也采用了一种特殊的方法确定系数 $\boldsymbol{a}_{ij}$。另外，常用的参数化曲面还有非均匀有理 B 样条曲面，该类曲面不符合式（2.62）的形式，而是一种多项式与多项式相除所形成的有理函数形式。对于 B 样条曲面和非均匀有理 B 样条曲面本书不再深入介绍，感兴趣的读者可以查阅参考文献［5，6］。

对于实际的产品设计任务而言，直接使用前述的参数化曲面方程往往是不方便的。例如，如果让设计人员通过设定大量的控制点坐标确定一个参数化曲面，其实际操作难度可想而知。为了解决这一问题，现代 CAD 系统提供了一些方便的复杂曲面构造命令，相应地产生了一系列特殊的参数化曲面，如拉伸曲面、旋转曲面、直纹曲面、扫掠曲面、放样曲面等。这些曲面从本质上也都符合式（2.62）或非均匀有理 B 样条曲面的数学形式，并在确定所有的系数后可以写成式（2.49）的形式。这类参数化曲面都是基于已知的参数化曲线构造而得，这是这类参数化曲面的显著特点。下面以直纹面为例进行说明，对于这类曲面感兴趣的读者可以查阅参考文献［7］。

直纹曲面是由两条曲线定义的曲面，所谓“直纹”，是指曲面方程是基于两条曲线之间的线性插值得到的。如果已知两条曲线 $\boldsymbol{p}(u)$ 和 $\boldsymbol{q}(u)$，那么在它们之间进行线性插值便可得到直纹曲面方程：

$$\boldsymbol{s}(u,w) = (1-w)\boldsymbol{p}(u) + w\boldsymbol{q}(u), u \in [0,1], w \in [0,1] \tag{2.63}$$

式中，w 是插值变量。当代入两条曲线的具体方程后，式（2.63）可以最终写成式（2.49）的形式。

图2.40所示为直纹曲面示意图。不难看出，如果 $\boldsymbol{p}(u)$ 和 $\boldsymbol{q}(u)$ 都是直线，那么式（2.63）就表示在两个直线边界之间进行线性插值，而这也是式（2.55）所示的数学过程，所以此时式（2.63）构造的就是双线性曲面。也就是说，双线性曲面是一种特殊的直纹曲面。但应当指出，式（2.63）是以边界曲线方程为已知条件，而式（2.55）则是以顶点坐标为已知条件，这两种条件之间也是可以相互转化的。

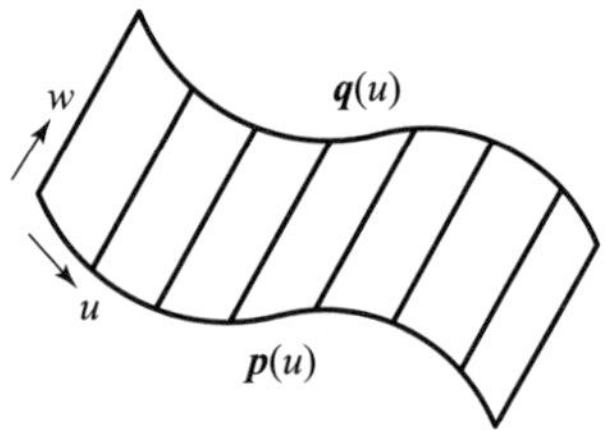

图2.40　直纹曲面示意图

2.3.6　参数化曲面的连续性

实际产品的几何造型往往非常复杂，仅采用单个参数化曲面片通常无法满足实际产品上的复杂曲面设计任务，为了解决这一问题，需要对多个参数化曲面片进行拼接，然而拼接操作需要确保相邻曲面片的连续性，这就是本节要讨论的问题。

关于曲面连续性的定义如下：

（1）如果曲面 $\boldsymbol{s}_1(u,w)$ 的一个边界与曲面 $\boldsymbol{s}_2(u,w)$ 的一个边界重合，则曲面 $\boldsymbol{s}_1(u,w)$ 与曲面 $\boldsymbol{s}_2(u,w)$ 之间满足 G^0 连续（或称 C^0 连续）。如图2.41所示，$\boldsymbol{s}_1(u,w)$ 与 $\boldsymbol{s}_2(u,w)$ 在 u 方向上实现 G^0 或 C^0 连续的数学条件为

$$\boldsymbol{s}_1(1,w) = \boldsymbol{s}_2(0,w) \tag{2.64a}$$

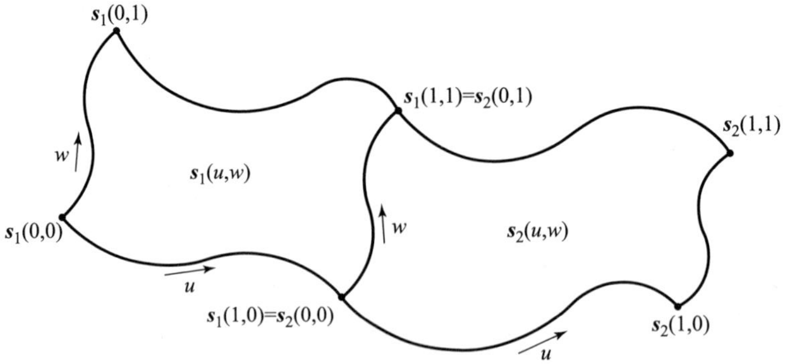

图2.41　曲面拼接示意图

（2）如果曲面 $\boldsymbol{s}_1(u,w)$ 的一个边界与曲面 $\boldsymbol{s}_2(u,w)$ 的一个边界重合，且曲面 $\boldsymbol{s}_1(u,w)$ 和曲面 $\boldsymbol{s}_2(u,w)$ 在公共边界处沿跨越公共边界方向的一阶偏导数的方向相同，则曲面 $\boldsymbol{s}_1(u,w)$ 与曲面 $\boldsymbol{s}_2(u,w)$ 之间满足 G^1 连续。对于如图 2.41 所示的曲面 $\boldsymbol{s}_1(u,w)$ 与 $\boldsymbol{s}_2(u,w)$，它们要想在 u 方向上实现 G^1 连续，则需要在满足式（2.64a）的前提下进一步满足：

$$\left.\frac{\partial \boldsymbol{s}_1(u,w)}{\partial u}\right|_{u=1} = N\left.\frac{\partial \boldsymbol{s}_2(u,w)}{\partial u}\right|_{u=0} \tag{2.64b}$$

式中，N 是一个不等于 0 的系数。

（3）如果曲面 $\boldsymbol{s}_1(u,w)$ 的一个边界与曲面 $\boldsymbol{s}_2(u,w)$ 的一个边界重合，且曲面 $\boldsymbol{s}_1(u,w)$ 和曲面 $\boldsymbol{s}_2(u,w)$ 在公共边界处沿跨越公共边界方向的一阶偏导数完全相同（大小与方向均相同），则曲面 $\boldsymbol{s}_1(u,w)$ 与曲面 $\boldsymbol{s}_2(u,w)$ 之间满足 C^1 连续。对于如图 2.41 所示的曲面 $\boldsymbol{s}_1(u,w)$ 与 $\boldsymbol{s}_2(u,w)$，它们在 u 方向上实现 C^1 连续的条件是同时满足（2.64a）和式（2.64b），但此时要求系数 $N=1$。

类似地，通过让两个曲面沿跨越公共边界方向的 n 阶偏导数方向相同或完全相同，还可以进一步定义曲面的 G^n 和 C^n 连续性，但如果曲面不存在某阶偏导数，那么也就不能定义与该阶偏导数相对应的连续性。应当指出，G^1 和 C^1 连续已经能够满足绝大部分产品的曲面设计任务需求，对于更高阶的曲面连续性本书不再进一步探讨。

下面基于上述定义讨论一下双三次孔斯曲面的连续性问题。对于双三次孔斯曲面而言，其边界均是埃尔米特曲线，而埃尔米特曲线的形状完全取决于曲线的端点坐标以及沿着曲线方向的切向量。因此，如果想让两个双三次孔斯曲面在某个边界上实现 G^0 或 C^0 连续，只需要让这两个曲面在公共边界处的顶点重合，同时在公共顶点处沿着公共边界方向的一阶偏导数相同即可。如果图 2.41 所示的两个曲面 $\boldsymbol{s}_1(u,w)$ 与 $\boldsymbol{s}_2(u,w)$ 都是双三次孔斯曲面，那么它们在 u 方向上实现 G^0 或 C^0 连续的数学条件为

$$\begin{cases} \boldsymbol{s}_1(1,0) = \boldsymbol{s}_2(0,0) \\ \boldsymbol{s}_1(1,1) = \boldsymbol{s}_2(0,1) \\ \left.\dfrac{\partial \boldsymbol{s}_1(u,w)}{\partial w}\right|_{\substack{u=1\\w=1}} = \left.\dfrac{\partial \boldsymbol{s}_2(u,w)}{\partial w}\right|_{\substack{u=0\\w=0}} \\ \left.\dfrac{\partial \boldsymbol{s}_1(u,w)}{\partial w}\right|_{\substack{u=1\\w=1}} = \left.\dfrac{\partial \boldsymbol{s}_2(u,w)}{\partial w}\right|_{\substack{u=0\\w=1}} \end{cases} \tag{2.65}$$

另外，对于双三次孔斯曲面而言，其在某个边界上沿跨越该边界方向的一阶偏导数取决于在该边界两端点处的同向偏导数以及混合导数（我们把对这一性质的证明留给读者，见习题 2.12）。因此，如果想让两个双三次孔斯曲

面在某个边界上实现 G^1 连续，则需要让这两个曲面在满足 G^0 或 C^0 连续性条件的前提下，进一步地让它们在公共顶点处与跨越公共边界方向的一阶偏导数的方向相同，同时混合导数的方向也相同。如果图 2.41 所示的两个曲面 $\boldsymbol{s}_1(u,w)$ 与 $\boldsymbol{s}_2(u,w)$ 都是双三次孔斯曲面，那么它们要想在 u 方向上实现 G^1 连续，则需要在满足式（2.65）的前提下进一步满足

$$\begin{cases}\left.\dfrac{\partial \boldsymbol{s}_1(u,w)}{\partial u}\right|_{\substack{u=1\\w=0}} = N\left.\dfrac{\partial \boldsymbol{s}_2(u,w)}{\partial u}\right|_{\substack{u=0\\w=0}}\\ \left.\dfrac{\partial \boldsymbol{s}_1(u,w)}{\partial u}\right|_{\substack{u=1\\w=1}} = N\left.\dfrac{\partial \boldsymbol{s}_2(u,w)}{\partial u}\right|_{\substack{u=0\\w=1}}\\ \left.\dfrac{\partial^2 \boldsymbol{s}_1(u,w)}{\partial u\partial w}\right|_{\substack{u=1\\w=0}} = N\left.\dfrac{\partial^2 \boldsymbol{s}_2(u,w)}{\partial u\partial w}\right|_{\substack{u=0\\w=0}}\\ \left.\dfrac{\partial^2 \boldsymbol{s}_1(u,w)}{\partial u\partial w}\right|_{\substack{u=1\\w=1}} = N\left.\dfrac{\partial^2 \boldsymbol{s}_2(u,w)}{\partial u\partial w}\right|_{\substack{u=0\\w=1}}\end{cases} \tag{2.66}$$

式中，N 是一个不等于 0 的系数。

进一步地，如果图 2.41 所示的两个曲面 $\boldsymbol{s}_1(u,w)$ 与 $\boldsymbol{s}_2(u,w)$ 都是双三次孔斯曲面，则它们在 u 方向上实现 C^1 连续的条件也是同时满足式（2.65）和式（2.66），但要求系数 $N=1$。

从图 2.37 可以看出，式（2.65）和式（2.66）所涉及顶点处的坐标、一阶偏导数和混合导数都是双三次孔斯曲面的约束条件，这些约束条件包含在双三次孔斯曲面方程（式（2.58））的 $\boldsymbol{P}_c$ 项中。因此通过直接设置不同双三次孔斯曲面方程中 $\boldsymbol{P}_c$ 项的对应元素的值便可以方便地控制它们之间的连续性，这正是双三次孔斯曲面的最突出优点。

下面我们进一步探讨双三次贝塞尔曲面的连续性问题。对于双三次贝塞尔曲面而言，其边界均是三次贝塞尔曲线，而三次贝塞尔曲线的形状完全取决于曲线的 4 个控制点坐标。因此，如果想让两个双三次贝塞尔曲面在某个边界上实现 G^0 或 C^0 连续，只需要让这两个曲面在公共边界处对应的控制点重合。图 2.42 所示为两个双三次贝塞尔曲面 $\boldsymbol{s}_1(u,w)$ 与 $\boldsymbol{s}_2(u,w)$ 的控制点阵列，它们在 u 方向上实现 G^0 或 C^0 连续的数学条件为

$$\boldsymbol{p}_{30}=\boldsymbol{q}_{00},\boldsymbol{p}_{31}=\boldsymbol{q}_{01},\boldsymbol{p}_{32}=\boldsymbol{q}_{02},\boldsymbol{p}_{33}=\boldsymbol{q}_{03} \tag{2.67}$$

另外，对于双三次贝塞尔曲面而言，其在某个边界上沿跨越该边界方向的一阶偏导数取决于该边界对应的 4 个控制点分别与它们相邻的 4 个控制点之间的连线形成的 4 个向量。具体地，以图 2.42 中的曲面 $\boldsymbol{s}_1(u,w)$ 和 $\boldsymbol{s}_2(u,w)$ 为例，其在公共边界上沿跨越该边界方向的一阶偏导数表达式分别为

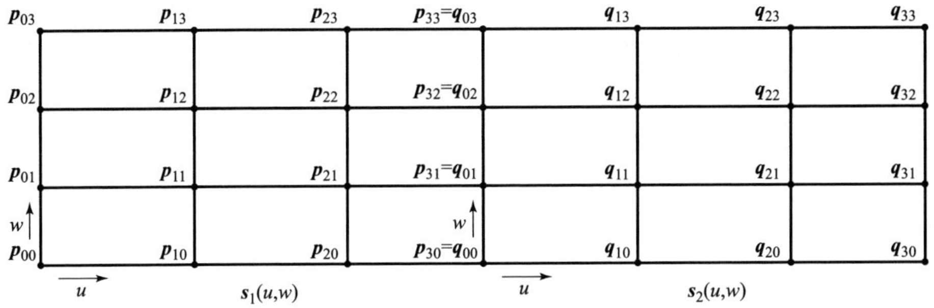

图 2.42　两个双三次贝塞尔曲面拼接时的控制点阵列

$$\left.\frac{\partial s_1(u,w)}{\partial u}\right|_{u=1} = 3(1-w)^3(\boldsymbol{p}_{30}-\boldsymbol{p}_{20}) + 9w(1-w)^2(\boldsymbol{p}_{31}-\boldsymbol{p}_{21}) + 9w^2(1-w)(\boldsymbol{p}_{32}-\boldsymbol{p}_{22}) + 3w^3(\boldsymbol{p}_{33}-\boldsymbol{p}_{23}) \tag{2.68}$$

$$\left.\frac{\partial s_2(u,w)}{\partial u}\right|_{u=0} = 3(1-w)^3(\boldsymbol{q}_{00}-\boldsymbol{q}_{10}) + 9w(1-w)^2(\boldsymbol{q}_{01}-\boldsymbol{q}_{11}) + 9w^2(1-w)(\boldsymbol{q}_{02}-\boldsymbol{q}_{12}) + 3w^3(\boldsymbol{q}_{03}-\boldsymbol{q}_{13}) \tag{2.69}$$

我们把对式（2.68）和式（2.69）的证明留给读者（习题 2.13）。图 2.42 所示的两个双三次贝塞尔曲面 $\boldsymbol{s}_1(u,w)$ 和 $\boldsymbol{s}_2(u,w)$，它们要想在 u 方向上实现 G^1 连续，则需要在满足式（2.67）的前提下进一步让式（2.68）和式（2.69）中的一阶偏导数相等，即满足

$$\begin{cases}(\boldsymbol{p}_{30}-\boldsymbol{p}_{20}) = N(\boldsymbol{q}_{10}-\boldsymbol{q}_{00})\\(\boldsymbol{p}_{31}-\boldsymbol{p}_{21}) = N(\boldsymbol{q}_{11}-\boldsymbol{q}_{01})\\(\boldsymbol{p}_{32}-\boldsymbol{p}_{22}) = N(\boldsymbol{q}_{12}-\boldsymbol{q}_{02})\\(\boldsymbol{p}_{33}-\boldsymbol{p}_{23}) = N(\boldsymbol{q}_{13}-\boldsymbol{q}_{03})\end{cases} \tag{2.70}$$

式中，N 是一个不等于 0 的系数。

进一步地，如图 2.42 所示两个双三次贝塞尔曲面 $\boldsymbol{s}_1(u,w)$ 与 $\boldsymbol{s}_2(u,w)$ 在 u 方向上实现 C^1 连续的条件也是同时满足式（2.67）和式（2.70），但要求系数 $N=1$。

2.4　图形的几何变换

2.4.1　图形几何变换的基本概念

在产品的几何设计过程中，时常需要对图形进行平移、旋转、镜像、缩放等操作，这些操作就是图形的几何变换。参数化曲线或曲面的几何变换通常是通过对其特征点坐标的几何变换来实现的。如图 2.43 所示，对三次贝塞

尔曲线 $\boldsymbol{p}(u)$ 进行平移操作的关键是对其 4 个控制点坐标进行平移，把平移后的控制点坐标代入三次贝塞尔曲线方程（式（2.34）和式（2.35））即可得到平移后的曲线 $\boldsymbol{p}'(u)$。

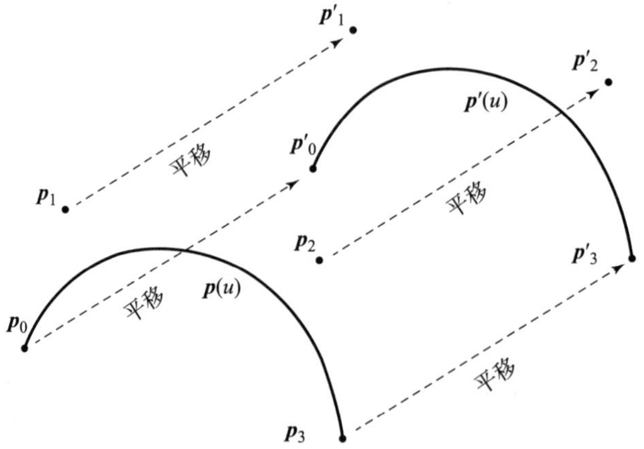

图 2.43　三次贝塞尔曲线的平移变换

基于上述例子可以看出，在几何变换过程中参数化曲线或曲面方程的数学结构并没有变化，仅仅是方程中的约束条件项（通常是特征点坐标）发生了变化，如直线（式（2.11））的端点坐标、样条曲线（式（2.16）和式 2.23）的已知点坐标、双线性曲面（式（2.51））的顶点坐标、贝塞尔曲线（式（2.30））和贝塞尔曲面（式（2.59））的控制点坐标等。总之，如果参数化曲线或曲面是以某些特征点作为约束条件，那么其几何变换都可以通过对特征点坐标的几何变换来实现。应当指出，一些参数化曲线或曲面的约束条件还包括了一阶导数或高阶导数项，如埃尔米特曲线（式（2.28））和孔斯曲面（式（2.58）），对这些曲线或曲面的几何变换本书不做深入探讨。

2.4.2　特征点的齐次坐标

在图形几何变换过程中，采用齐次坐标比采用笛卡儿坐标更方便。对于二维点坐标 $[x,y]$ 和三维点坐标 $[x,y,z]$，它们用于几何变化操作的齐次坐标分别是 $[x,y,1]$ 和 $[x,y,z,1]$。一个二维图形或三维图形中所有特征点的齐次坐标矩阵分别是

$$\boldsymbol{V} = \begin{bmatrix} x_1, y_1, 1 \\ x_2, y_2, 1 \\ \vdots \\ x_n, y_n, 1 \end{bmatrix} \text{或} \ \boldsymbol{V} = \begin{bmatrix} x_1, y_1, z_1, 1 \\ x_2, y_2, z_2, 1 \\ \vdots \\ x_n, y_n, z_n, 1 \end{bmatrix} \tag{2.71}$$

式中，n 是特征点的个数。

以图 2.44 所示的矩形面片为例，其顶点的齐次坐标矩阵为

$$V = \begin{bmatrix} 1 & 1 & 1 \\ 3 & 1 & 1 \\ 1 & 2 & 1 \\ 3 & 2 & 1 \end{bmatrix} \tag{2.72}$$

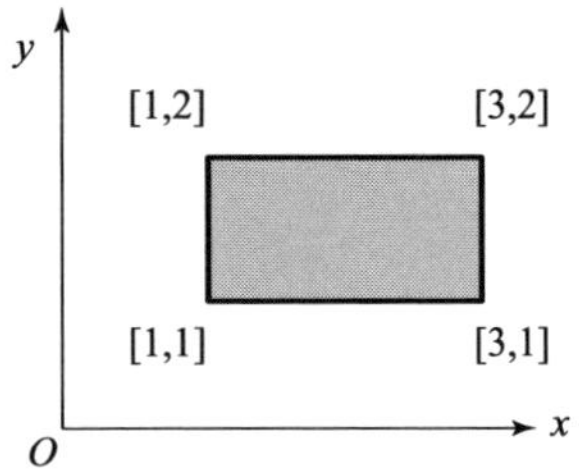

图 2.44　一个矩形面片

其中，齐次坐标矩阵中的特征点排序并没有特殊要求，但是几何变换前与几何变换后的特征点排序是一致的。

2.4.3　几何变换矩阵

图形特征点的几何变换数学表达式为

$$V' = VT \tag{2.73}$$

式中，V 是变换前图形特征点齐次坐标矩阵，V' 是变换后图形特征点齐次坐标矩阵，T 是几何变换矩阵。对于二维图形，其几何变换矩阵的形式是

$$T = \begin{bmatrix} a & b & p \\ c & d & q \\ l & m & s \end{bmatrix}$$

式中，左上方的 a、b、c 和 d 控制图形的旋转、缩放与镜像变换，左下方的 l 和 m 控制图形的平移变换，右下方的 s 控制图形的等比例缩放变换，右上方的 p 和 q 一般设置为 0。

对于三维图形，其几何变换矩阵的形式是

$$T = \begin{bmatrix} a & b & e & p \\ c & d & f & q \\ g & h & i & r \\ l & m & n & s \end{bmatrix}$$

式中，左上方的 a、b、c、d、e、f、g、h 和 i 控制图形的旋转、缩放与镜像变换，左下方的 l、m 和 n 控制图形的平移变换，右下方的 s 控制图形的等比例缩放变换，右上方的 p、q 和 r 一般设置为 0。

2.4.4　平移变换

二维空间坐标点的平移变换矩阵为

$$T = \begin{bmatrix} 1 & 0 & 0 \\ 0 & 1 & 0 \\ l & m & 1 \end{bmatrix} \tag{2.74a}$$

式中，l 是沿着 x 正方向的平移量，m 是沿着 y 正方向的平移量。

三维空间坐标点的平移变换矩阵为

$$\boldsymbol{T}=\begin{bmatrix}1&0&0&0\\0&1&0&0\\0&0&1&0\\l&m&n&1\end{bmatrix} \tag{2.74b}$$

式中，l 是沿着 x 正方向的平移量，m 是沿着 y 正方向的平移量，n 是沿着 z 正方向的平移量。

下面通过一个例题理解一下平移变换的数学计算过程。

例题 2.13 把图 2.44 所示的矩形面片沿着 x 正方向移动 3 个单位，同时沿着 y 正方向移动 2 个单位，求平移后矩形面片的 4 个顶点坐标。

解：首先基于 x 正方向和 y 正方向的平移量可知 $l=3$ 和 $m=2$，然后把变换前的控制点齐次坐标矩阵（式（2.72））以及二维图形平移变换矩阵（式（2.74a））代入式（2.73）可得

$$\boldsymbol{V}'=\begin{bmatrix}1&1&1\\3&1&1\\1&2&1\\3&2&1\end{bmatrix}\begin{bmatrix}1&0&0\\0&1&0\\3&2&1\end{bmatrix}=\begin{bmatrix}4&3&1\\6&3&1\\4&4&1\\6&4&1\end{bmatrix}$$

因此，平移后矩形面片的 4 个顶点坐标分别为 [4, 3]、[6, 3]、[4, 4] 和 [6, 4]，平移效果如图 2.45 所示。

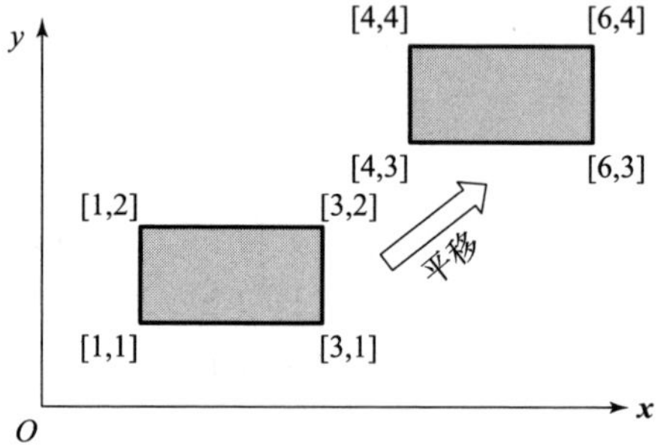

图 2.45 矩形面片平移效果

2.4.5 旋转变换

二维空间中坐标点围绕坐标系原点旋转的变换矩阵为

$$T = \begin{bmatrix} \cos\theta & \sin\theta & 0 \\ -\sin\theta & \cos\theta & 0 \\ 0 & 0 & 1 \end{bmatrix} \tag{2.75a}$$

式中，θ 是以坐标系原点为中心旋转的角度，逆时针为正，顺时针为负。

三维空间中坐标点围绕 x 轴旋转的变换矩阵为

$$T = \begin{bmatrix} 1 & 0 & 0 & 0 \\ 0 & \cos\alpha & \sin\alpha & 0 \\ 0 & -\sin\alpha & \cos\alpha & 0 \\ 0 & 0 & 0 & 1 \end{bmatrix} \tag{2.75b}$$

式中，α 是以 x 轴为中心旋转的角度，逆时针为正，顺时针为负。

三维空间中坐标点围绕 y 轴旋转的变换矩阵为

$$T = \begin{bmatrix} \cos\beta & 0 & -\sin\beta & 0 \\ 0 & 1 & 0 & 0 \\ \sin\beta & 0 & \cos\beta & 0 \\ 0 & 0 & 0 & 1 \end{bmatrix} \tag{2.75c}$$

式中，β 是以 y 轴为中心旋转的角度，逆时针为正，顺时针为负。

三维空间中坐标点围绕 z 轴旋转的变换矩阵为

$$T = \begin{bmatrix} \cos\gamma & \sin\gamma & 0 & 0 \\ -\sin\gamma & \cos\gamma & 0 & 0 \\ 0 & 0 & 1 & 0 \\ 0 & 0 & 0 & 1 \end{bmatrix} \tag{2.75d}$$

式中，γ 是以 z 轴为中心旋转的角度，逆时针为正，顺时针为负。

下面通过一个例题理解一下旋转变换的数学计算过程。

例题 2.14　把图 2.44 所示的矩形面片围绕坐标系原点逆时针旋转 90°，求旋转后矩形面片的 4 个顶点坐标。

解：首先基于旋转角度可知 $\theta = \frac{\pi}{2}$，然后把变换前的控制点齐次坐标矩阵（式（2.72））以及二维图形平移变换矩阵（式（2.75a））代入式（2.73）可得

$$V' = \begin{bmatrix} 1 & 1 & 1 \\ 3 & 1 & 1 \\ 1 & 2 & 1 \\ 3 & 2 & 1 \end{bmatrix} \begin{bmatrix} 0 & 1 & 0 \\ -1 & 0 & 0 \\ 0 & 0 & 1 \end{bmatrix} = \begin{bmatrix} -1 & 1 & 1 \\ -1 & 3 & 1 \\ -2 & 1 & 1 \\ -2 & 3 & 1 \end{bmatrix}$$

因此，旋转后矩形面片的 4 个顶点坐标分别为 [−1，1]、[−1，3]、[−2，1] 和 [−2，3]，旋转效果如图 2.46 所示。

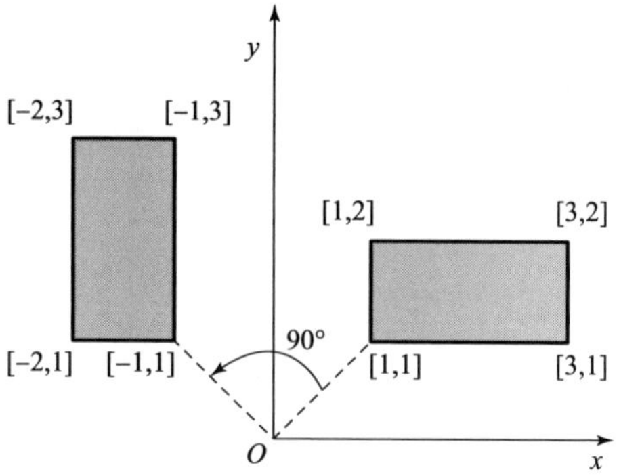

图 2.46　矩形面片旋转效果

2.4.6　镜像变换

二维空间中坐标点相对于坐标系原点镜像的变换矩阵为

$$T = \begin{bmatrix} -1 & 0 & 0 \\ 0 & -1 & 0 \\ 0 & 0 & 1 \end{bmatrix} \tag{2.76a}$$

二维空间中坐标点相对于 x 轴镜像的变换矩阵为

$$T = \begin{bmatrix} 1 & 0 & 0 \\ 0 & -1 & 0 \\ 0 & 0 & 1 \end{bmatrix} \tag{2.76b}$$

二维空间中坐标点相对于 y 轴镜像的变换矩阵为

$$T = \begin{bmatrix} -1 & 0 & 0 \\ 0 & 1 & 0 \\ 0 & 0 & 1 \end{bmatrix} \tag{2.76c}$$

三维空间中坐标点相对于坐标系原点镜像的变换矩阵为

$$T = \begin{bmatrix} -1 & 0 & 0 & 0 \\ 0 & -1 & 0 & 0 \\ 0 & 0 & -1 & 0 \\ 0 & 0 & 0 & 1 \end{bmatrix} \tag{2.76d}$$

三维空间中坐标点相对 xOy 平面镜像的变换矩阵为

$$T = \begin{bmatrix} 1 & 0 & 0 & 0 \\ 0 & 1 & 0 & 0 \\ 0 & 0 & -1 & 0 \\ 0 & 0 & 0 & 1 \end{bmatrix} \tag{2.76e}$$

三维空间中坐标点相对 xOz 平面镜像的变换矩阵为

$$T=\begin{bmatrix}1&0&0&0\\0&-1&0&0\\0&0&1&0\\0&0&0&1\end{bmatrix}\tag{2.76f}$$

三维空间中坐标点相对 yOz 平面镜像的变换矩阵为

$$T=\begin{bmatrix}-1&0&0&0\\0&1&0&0\\0&0&1&0\\0&0&0&1\end{bmatrix}\tag{2.76g}$$

下面通过一个例题理解一下镜像变换的数学计算过程。

例题 2.15　把图 2.44 所示的矩形面片相对于 y 轴做镜像操作，求镜像后矩形面片的 4 个顶点坐标。

解：把变换前的控制点齐次坐标矩阵（式（2.72））以及二维图形相对于 y 轴镜像的变换矩阵（式（2.76c））代入式（2.73）可得

$$V'=\begin{bmatrix}1&1&1\\3&1&1\\1&2&1\\3&2&1\end{bmatrix}\begin{bmatrix}-1&0&0\\0&1&0\\0&0&1\end{bmatrix}=\begin{bmatrix}-1&1&1\\-3&1&1\\-1&2&1\\-3&2&1\end{bmatrix}$$

因此，镜像后矩形面片的 4 个顶点坐标分别为 [-1，1]、[-3，1]、[-1，2] 和 [-3，2]，镜像效果如图 2.47 所示。

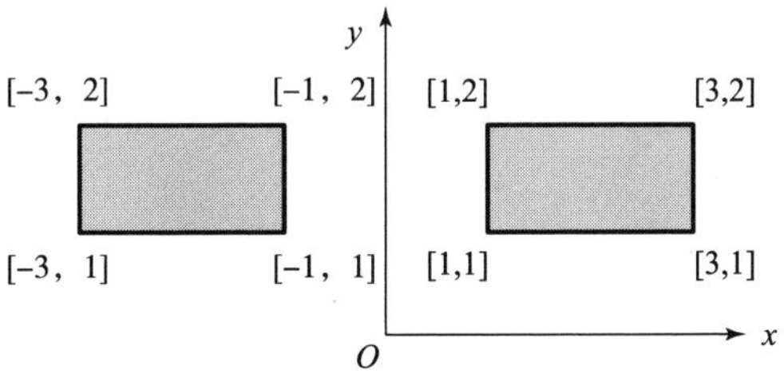

图 2.47　矩形面片镜像效果

2.4.7　缩放变换

二维空间中对点坐标值缩放的变换矩阵为

$$T = \begin{bmatrix} a & 0 & 0 \\ 0 & d & 0 \\ 0 & 0 & 1 \end{bmatrix} \tag{2.77a}$$

式中，a 是 x 坐标值的缩放比例，d 是 y 坐标值的缩放比例。如果 x 坐标值与 y 坐标值的缩放比例一样，则还可以用以下变换矩阵进行缩放操作：

$$T = \begin{bmatrix} 1 & 0 & 0 \\ 0 & 1 & 0 \\ 0 & 0 & s \end{bmatrix} \tag{2.77b}$$

式中，$\frac{1}{s}$ 是 x 坐标值与 y 坐标值的缩放系数。在把式（2.77b）代入式（2.73）进行运算后，需要把所得坐标矩阵中的所有元素同时除以 s，从而得到式（2.71）形式的齐次坐标矩阵。

三维空间中对点坐标值缩放的变换矩阵为

$$T = \begin{bmatrix} a & 0 & 0 & 0 \\ 0 & d & 0 & 0 \\ 0 & 0 & i & 0 \\ 0 & 0 & 0 & 1 \end{bmatrix} \tag{2.77c}$$

式中，a 是 x 坐标值的缩放比例，d 是 y 坐标值的缩放比例，i 是 z 坐标值的缩放比例。如果 x、y 和 z 三个坐标值的缩放比例一样，则还可以用以下变换矩阵进行缩放操作：

$$T = \begin{bmatrix} 1 & 0 & 0 & 0 \\ 0 & 1 & 0 & 0 \\ 0 & 0 & 1 & 0 \\ 0 & 0 & 0 & s \end{bmatrix} \tag{2.77d}$$

式中，$\frac{1}{s}$ 是 x 坐标值与 y 坐标值的缩放系数。在把式（2.77d）代入式（2.73）进行运算后，需要把所得坐标矩阵中的所有元素同时除以 s，从而得到式（2.71）形式的齐次坐标矩阵。

下面通过一个例题理解一下缩放变换的数学计算过程。

例题 2.16 把图 2.44 所示的矩形面片的顶点 x 坐标和 y 坐标分别放大到 2 倍和 3 倍，求放大后矩形面片的 4 个顶点坐标。

解：首先基于 x 坐标和 y 坐标的放大倍数可知 $a = 2$ 和 $d = 3$，然后把变换前的控制点齐次坐标矩阵（式（2.72））以及二维图形缩放变换的变换矩阵（式（2.77a））代入式（2.73）可得

$$V' = \begin{bmatrix} 1 & 1 & 1 \\ 3 & 1 & 1 \\ 1 & 2 & 1 \\ 3 & 2 & 1 \end{bmatrix} \begin{bmatrix} 2 & 0 & 0 \\ 0 & 3 & 0 \\ 0 & 0 & 1 \end{bmatrix} = \begin{bmatrix} 2 & 3 & 1 \\ 6 & 3 & 1 \\ 2 & 6 & 1 \\ 6 & 6 & 1 \end{bmatrix}$$

因此，镜像后矩形面片的 4 个顶点坐标分别为［2，3］、［6，3］、［2，6］和［6，6］，镜像效果如图 2.48 所示。

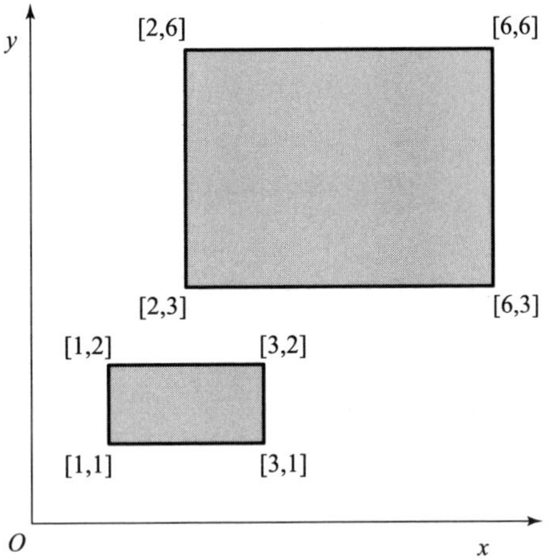

图 2.48　矩形面片缩放效果

2.4.8　组合变换

我们可以通过多步相对简单的几何变换来实现更加复杂的几何变换，这被称为组合变换，组合变换的变换矩阵即多步几何变换矩阵的乘积：

$$\boldsymbol{T} = \boldsymbol{T}_1 \cdot \boldsymbol{T}_2 \cdot \cdots \cdot \boldsymbol{T}_n \tag{2.78}$$

式中，$\boldsymbol{T}$ 是组合变换矩阵，$\boldsymbol{T}_1 \sim \boldsymbol{T}_n$ 是每一步几何变换的变换矩阵。这里需要注意，由于矩阵的乘法没有交换率，因此如果 $\boldsymbol{T}_1 \sim \boldsymbol{T}_n$ 的乘积顺序发生了改变，它们得到的组合变换矩阵 $\boldsymbol{T}$ 通常也会发生变化。

下面通过一个例题理解一下组合变换的数学计算过程。

例题 2.17　把图 2.44 所示的矩形面片围绕点［1，1］逆时针旋转 90°，求旋转后矩形面片的四个顶点坐标。

解：首先把图形的旋转中心平移到坐标系原点，此时矩形面片的 4 个顶点也需要跟着平移，基于式（2.74a）可得该平移变换矩阵为

$$\boldsymbol{T}_1 = \begin{bmatrix} 1 & 0 & 0 \\ 0 & 1 & 0 \\ -1 & -1 & 1 \end{bmatrix}$$

接着，把平移后的顶点坐标围绕原点旋转 90°，基于式（2.75a）可得该旋转变换矩阵为

$$T_2 = \begin{bmatrix} 0 & 1 & 0 \\ -1 & 0 & 0 \\ 0 & 0 & 1 \end{bmatrix}$$

然后，把旋转中心从坐标系原点反向平移回点［1，1］，此时矩形面片的 4 个顶点也需要跟着方向平移，基于式（2.74a）可得该平移变换矩阵为

$$T_3 = \begin{bmatrix} 1 & 0 & 0 \\ 0 & 1 & 0 \\ 1 & 1 & 1 \end{bmatrix}$$

进一步地，把前三步几何变换矩阵相乘便可以得到组合变换矩阵：

$$T = T_1 T_2 T_3 = \begin{bmatrix} 0 & 1 & 0 \\ -1 & 0 & 0 \\ 2 & 0 & 1 \end{bmatrix}$$

最后，把变换前的控制点齐次坐标矩阵（式（2.72））以及组合变换矩阵代入式（2.73）可得

$$V' = \begin{bmatrix} 1 & 1 & 1 \\ 3 & 1 & 1 \\ 1 & 2 & 1 \\ 3 & 2 & 1 \end{bmatrix} \begin{bmatrix} 0 & 1 & 0 \\ -1 & 0 & 0 \\ 2 & 0 & 1 \end{bmatrix} = \begin{bmatrix} 1 & 1 & 1 \\ 1 & 3 & 1 \\ 0 & 1 & 1 \\ 0 & 3 & 1 \end{bmatrix}$$

因此，变换后矩形面片的 4 个顶点坐标分别为［1，1］、［1，3］、［0，1］和［0，3］，组合变换后的效果如图 2.49 所示。

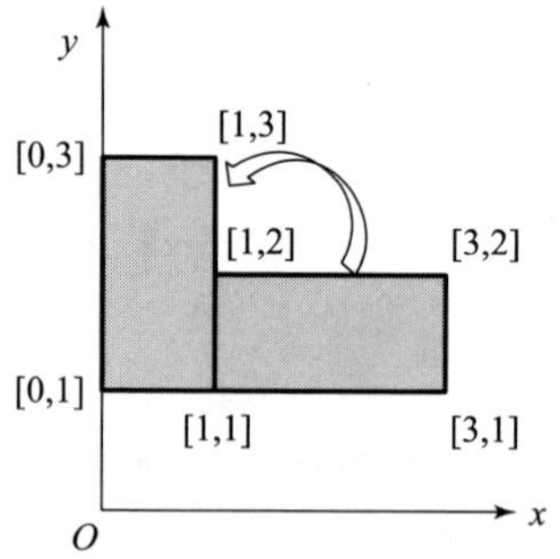

图 2.49　矩形面片组合变换后的效果

习题

2.1　求两点和一个向量确定的二次曲线的方程。

2.2　求二次样条曲线中点处的切向量表达式。

2.3　证明：对于以式（2.30）定义的 n 次贝塞尔曲线，$\boldsymbol{p}_0$ 是起点坐标，$\boldsymbol{p}_n$ 是终点坐标。

2.4　证明：对于以式（2.30）定义的 n 次贝塞尔曲线在起点处与 $\boldsymbol{p}_1$ 和 $\boldsymbol{p}_0$ 之间的线段相切，在终点处与 $\boldsymbol{p}_n$ 和 $\boldsymbol{p}_{n-1}$ 之间的线段相切。

2.5　在什么条件下二次贝塞尔曲线与二次样条曲线完全一样?

2.6　求与图 2.12 所示的三次样条曲线一样的三次贝塞尔曲线的控制点坐标。

2.7　求与图 2.15 中曲线 1（埃尔米特曲线）一样的三次贝塞尔曲线的控制点坐标。

2.8　在例题 2.6 中，如果在［1，2］位置设置三个控制点，求对应的贝塞尔曲线，并分析它与图 2.21 中现有两条曲线的位置关系。

2.9　证明：图 2.35 所示双三次曲面的 4 个边界均是三次样条曲线。

2.10　证明：双三次孔斯曲面的 4 个边界均是埃尔米特曲线。

2.11　证明：双三次贝塞尔曲面的 4 个边界均是三次贝塞尔曲线，而且控制点 $\boldsymbol{p}_{00}$、$\boldsymbol{p}_{03}$、$\boldsymbol{p}_{30}$ 和 $\boldsymbol{p}_{33}$ 是双三次贝塞尔曲面的 4 个顶点。

2.12　证明：对于双三次孔斯曲面而言，在某个边界上沿跨越公共边界方向的一阶偏导数取决于该边界两端点处的同向偏导数以及混合导数。

2.13　证明式（2.68）和式（2.69）。

2.14　求相对于直线 $y = ax + b$ 镜像变换的变换矩阵。

参考文献

［1］苏春. 数字化设计与制造［M］. 北京：机械工业出版社，2019.

［2］Kunwoo Lee. Principles of CAD/CAM/CAE Systems［M］. Boston：Addison Wesley，1999.

［3］宁汝新，赵汝嘉. CAD/CAM 技术［M］. 2 版. 北京：机械工业出版社，2005.

［4］乔立红，郑联语. 计算机辅助设计与制造［M］. 北京：机械工业出版社，2014.

［5］施法中. 计算机辅助几何设计与非均匀有理 B 样条［M］. 北京：高等教育出版社，2013.

［6］朱心雄. 自由曲线曲面造型技术［M］. 北京：科学出版社，2000.

［7］Kuang – Hua Chang. Product Design Modeling using CAD/CAE［M］. Waltham：Elsevier，2014.

第三章

有限元方法

3.1 有限元方法概述

有限元方法（Finite Element Method，FEM）是一种求解偏微分方程边值问题近似解的数值技术。有限元方法解决问题的一般步骤是：首先通过网格划分将计算域离散为有限互连的简单子区域；其后通过偏微分方程的近似方法，建立每个子区域的代数方程（单元刚度方程）；然后通过方程组的组装，得到系统代数方程组（系统刚度方程）；再通过施加边界条件，使得系统代数方程组封闭；最后求解代数方程组，得到偏微分方程在各个子区域节点上的近似解。

有限元分析是利用有限元方法对真实物理系统进行近似模拟的过程，一般包括几何建模、网格划分、模型设置、模型求解、后处理等环节。有限元分析技术的发展与计算机技术密不可分，如今它已经在固体力学、结构力学、流体力学、电磁学等领域取得了巨大成功，成为建模仿真领域最具影响力的分析方法之一，也是众多主流 CAE 仿真软件的核心方法，如 ABAQUS、ANSYS、COMSOL MULTIPHYSICS 等。正因如此，有限元分析已经深深融入当今的工程设计环节，如机械结构设计、飞行器结构设计、建筑结构设计、水利工程结构设计等，随处可见有限元分析的身影。

由于有限元方法的一般性推导过程比较抽象，缺乏物理意象，不利于学生循序渐进地理解和掌握，本章将首先从简单弹簧单元、杆单元的静力学问题出发，介绍有限元方法的初步原理和结构形式，然后通过最小势能原理、平面三角形单元和三维四面体单元的介绍，进一步升华对有限元方法数学原理的理解。

3.2 一维弹簧单元

3.2.1 弹簧单元刚度方程

如图 3.1 所示一维弹簧单元，两端各定义一个节点（标号 1、2），并定义

图 3.1 一维弹簧单元力与位移示意图

向右为一维坐标系的正方向（如无特殊说明，后续均默认此定义），且弹簧弹性系数为 k。该弹簧在节点处分别受节点集中力 f_{1x}、f_{2x}作用，节点产生的位移分别为 u_1、u_2。

理解上述一维弹簧单元的描述需要注意：①节点集中力 f_{1x}、f_{2x}和节点位移 u_1、u_2的名义方向总为正方向，其真实的方向由其值的正负决定；②f_{1x}和 f_{2x}是节点对单元的作用力，而非节点上的合力；③仅看该弹簧单元，缺少边界条件不能构成一个封闭的物理问题，也就是说无法仅由该单元的节点力唯一确定节点位移，反之亦然。但是，在静力平衡条件下，单元节点力与节点位移存在方程关系，这种关系即单元的刚度方程。

以下从静力平衡条件，推导一维弹簧单元的刚度方程。设弹簧张力为 T，则在静力平衡条件下有

$$\begin{cases} T = f_{2x} \\ T = -f_{1x} \end{cases} \tag{3.1}$$

弹簧的伸长量 $\Delta x = u_2 - u_1$，再根据弹簧张力与伸长量的关系有

$$T = k(u_2 - u_1) \tag{3.2}$$

联合式（3.1）与式（3.2），消去弹簧张力 T，并整理为矩阵方程的形式，可得

$$\begin{Bmatrix} f_{1x} \\ f_{2x} \end{Bmatrix} = \begin{bmatrix} k & -k \\ -k & k \end{bmatrix} \begin{Bmatrix} u_1 \\ u_2 \end{Bmatrix} \tag{3.3}$$

方程（3.3）即一维弹簧单元的刚度方程，其中左侧向量称作节点力列式，右侧向量称作节点位移列式，系数矩阵

$$[K^e] = \begin{bmatrix} k & -k \\ -k & k \end{bmatrix} \tag{3.4}$$

称作一维弹簧单元的刚度矩阵。在有限元系统中，上述刚度方程和刚度矩阵通常称作单元刚度方程和单元刚度矩阵。

3.2.2 扩展法

有限元系统刚度方程可由组成该系统的各个单元的刚度方程按照一定规则组装得到，而每个单元的刚度方程是简单且通用的，因此，建立有限元系统刚度方程的过程中无须对每个单元进行烦琐的受力分析。为展示这种组装规则，先从图 3.2 所示的包含两个单元的简单弹簧系统入手。为方便问题描述，给弹簧和节点从左到右分别编

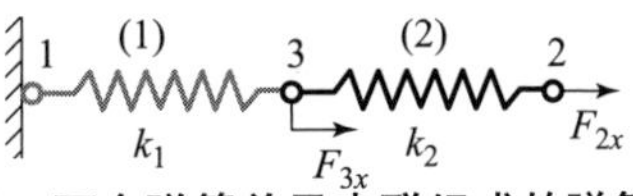

图 3.2 两个弹簧单元串联组成的弹簧系统

号（1）、（2）和1、3、2，需要注意的是，有限元系统刚度方程的解与单元和节点的编号顺序无关（后续将进一步说明）。其中，弹簧（1）、（2）的弹性系数分别为 k_1、k_2，节点1固定于壁面，互连节点3和节点2分别受集中外力 F_{3x} 与 F_{2x} 作用（图中所示的外力方向仅为名义方向，其真实方向由其值的正负决定）。

为建立上述弹簧系统的刚度方程，对其进行受力拆解，如图3.3所示，其中互连节点3可以想象成弹簧（1）、（2）连接的铰点（图中黑色圆点所示），其中节点力上标表示节点对该单元的作用力。需要注意的是，互连节点3对弹簧（1）的作用力 $f_{3x}^{(1)}$ 和对弹簧（2）的作用力 $f_{3x}^{(2)}$ 是两个不同的力，但弹簧（1）和弹簧（2）在互连节点3处的位移是相同的，否则互连节点被撕裂；另外，本章如无特殊说明则约定符号 F 表示节点合外力、符号 f 表示节点内力。

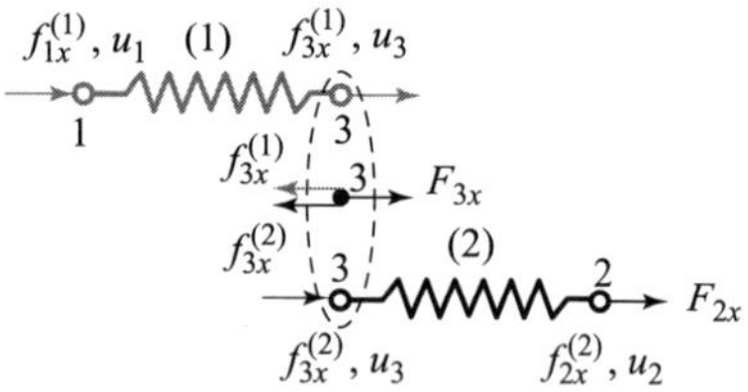

图3.3　弹簧单元受力拆解

根据一维弹簧单元的刚度方程，可直接写出弹簧（1）和弹簧（2）的单元刚度方程：

$$\text{弹簧（1）：}\begin{Bmatrix} f_{1x}^{(1)} \\ f_{3x}^{(1)} \end{Bmatrix} = \begin{bmatrix} k_1 & -k_1 \\ -k_1 & k_1 \end{bmatrix} \begin{Bmatrix} u_1 \\ u_3 \end{Bmatrix} \tag{3.5}$$

$$\text{弹簧（2）：}\begin{Bmatrix} f_{3x}^{(2)} \\ f_{2x}^{(2)} \end{Bmatrix} = \begin{bmatrix} k_2 & -k_2 \\ -k_2 & k_2 \end{bmatrix} \begin{Bmatrix} u_3 \\ u_2 \end{Bmatrix} \tag{3.6}$$

根据线性系统的叠加原理，如果有两个线性系统 $\{B_1\} = [A_1]\{X\}$ 和 $\{B_2\} = [A_2]\{X\}$，则两系统可线性叠加为 $\{B_1 + B_2\} = [A_1 + A_2]\{X\}$。为了将弹簧（1）和（2）得到的两个线性系统进行叠加，需将式（3.5）和式（3.6）通过补零扩展为具有相同的位移列式 $\{u_1, u_2, u_3\}^{\mathrm{T}}$ 的形式，有

$$\text{弹簧（1）：}\begin{Bmatrix} f_{1x}^{(1)} \\ 0 \\ f_{3x}^{(1)} \end{Bmatrix} = \begin{bmatrix} k_1 & 0 & -k_1 \\ 0 & 0 & 0 \\ -k_1 & 0 & k_1 \end{bmatrix} \begin{Bmatrix} u_1 \\ u_2 \\ u_3 \end{Bmatrix} \tag{3.7}$$

$$\text{弹簧（2）：}\begin{Bmatrix} 0 \\ f_{2x}^{(2)} \\ f_{3x}^{(2)} \end{Bmatrix} = \begin{bmatrix} 0 & 0 & 0 \\ 0 & k_2 & -k_2 \\ 0 & -k_2 & k_2 \end{bmatrix} \begin{Bmatrix} u_1 \\ u_2 \\ u_3 \end{Bmatrix} \tag{3.8}$$

于是，式（3.7）和式（3.8）可线性叠加为

$$\begin{Bmatrix} f_{1x}^{(1)} \\ f_{2x}^{(2)} \\ f_{3x}^{(1)} + f_{3x}^{(2)} \end{Bmatrix} = \begin{bmatrix} k_1 & 0 & -k_1 \\ 0 & k_2 & -k_2 \\ -k_1 & -k_2 & k_1 + k_2 \end{bmatrix} \begin{Bmatrix} u_1 \\ u_2 \\ u_3 \end{Bmatrix} \tag{3.9}$$

分析式（3.9）左侧的节点力列式，其中$f_{1x}^{(1)}$和$f_{2x}^{(2)}$的物理意义比较简单明确，$f_{1x}^{(1)}$是节点1对弹簧（1）的作用力，也即节点1受到的来自壁面的外力F_{1x}，$f_{2x}^{(2)}$是节点2对弹簧（2）的作用力，也即节点2的外力F_{2x}，但$f_{3x}^{(1)}+f_{3x}^{(2)}$的物理意义稍复杂。回顾受力拆解图3.3中的铰点3，受到外力F_{3x}以及弹簧（1）和（2）对其反作用力$-f_{3x}^{(1)}$和$-f_{3x}^{(2)}$的作用，三者之间构成静力平衡关系，于是有

$$F_{3x} + (-f_{3x}^{(1)}) + (-f_{3x}^{(2)}) = 0 \tag{3.10}$$

将上述分析的节点力列式的关系代入式（3.9）可得

$$\begin{Bmatrix} F_{1x} \\ F_{2x} \\ F_{3x} \end{Bmatrix} = \begin{bmatrix} k_1 & 0 & -k_1 \\ 0 & k_2 & -k_2 \\ -k_1 & -k_2 & k_1 + k_2 \end{bmatrix} \begin{Bmatrix} u_1 \\ u_2 \\ u_3 \end{Bmatrix} \tag{3.11}$$

式（3.11）即该弹簧系统的刚度方程，其中节点力列式恰为相应节点的合外力列式。该系统刚度方程是封闭的，因为系统刚度矩阵是满秩的，可以根据已知条件u_1（固定位移约束，$u_1=0$）、F_{2x}和F_{3x}，唯一确定未知的F_{1x}、u_2和u_3。

3.2.3　叠加法

观察式（3.11）可发现，系统刚度方程最终写为$\{F\}=[K]\{U\}$的形式，而$\{U\}$为各个节点位移组成的节点位移列式，$\{F\}$为相应节点合外力组成的节点力列式，此二者都可以根据节点编号及其边界条件直接给出。因此，建立系统刚度方程的难点仅在于给出系统刚度矩阵。实质上，系统刚度矩阵可以通过一个非常简单的编号规则直接写出来，也即接下来将要介绍的叠加法。

建立弹簧（1）、(2）的单元刚度矩阵，并对其行和列按照节点号码进行编号：

$$\text{弹簧（1）：}\begin{matrix} & \begin{matrix} 1 & 3 \end{matrix} & \\ & \begin{bmatrix} k_1 & -k_1 \\ -k_1 & k_1 \end{bmatrix} & \begin{matrix} 1 \\ 3 \end{matrix} \end{matrix} \tag{3.12}$$

$$\text{弹簧（2）：}\begin{matrix} & \begin{matrix} 3 & 2 \end{matrix} & \\ & \begin{bmatrix} k_2 & -k_2 \\ -k_2 & k_2 \end{bmatrix} & \begin{matrix} 3 \\ 2 \end{matrix} \end{matrix} \tag{3.13}$$

然后按照行和列的编号，将弹簧（1）和（2）的单元刚度矩阵叠加，便可得到式（3.11）中所示的系统刚度矩阵。

至此我们发现系统刚度方程中的三要素——节点力列式、节点位移列式、系统刚度矩阵，皆可通过非常简单的规则直接写出，而不需要对每个单元和节点进行烦琐的受力分析。

3.2.4 一维弹簧系统

上一小节介绍的叠加法展示了有限元方法中系统刚度矩阵的组装规则，实质上该组装规则可以推广至任意规模的有限元系统。假设某一维弹簧系统，包含 N 个节点，M 个单元，则系统刚度矩阵的规模是 $N \times N$（也即有限元问题的系统自由度），于是根据 $\{F\} = [K]\{U\}$ 可直接写出系统刚度方程的形式：

$$\begin{Bmatrix} F_{1x} \\ \vdots \\ F_{Nx} \end{Bmatrix}_{N\times 1} = \begin{bmatrix} & & \\ & K & \\ & & \end{bmatrix}_{N\times N} \begin{Bmatrix} u_1 \\ \vdots \\ u_N \end{Bmatrix}_{N\times 1} \tag{3.14}$$

在一般的有限元系统中，节点力列式大部分已知，且可通过相应节点施加的载荷边界条件直接给出；节点位移列式大部分未知，是需要求解的，少部分可以通过节点位移约束条件给出。总之，只要所给出的一维有限元问题是封闭的（也即确定性问题），那么所有未知的节点力与节点位移的数量之和（即系统的自由度）等于 N。

系统刚度矩阵 $[K]$ 可通过叠加法的组装规则直接写出。不失一般性，假设一维弹簧系统中有一弹簧单元（见图 3.4），其两端节点编号为 i 和 j，相应节点力和位移为（f_{ix}，u_i）和（f_{jx}，u_j），弹簧弹性系数为 k_{ij}。于是，该弹簧的单元刚度矩阵为

$$[K_{ij}^e] = \begin{bmatrix} k_{ij} & -k_{ij} \\ -k_{ij} & k_{ij} \end{bmatrix} \tag{3.15}$$

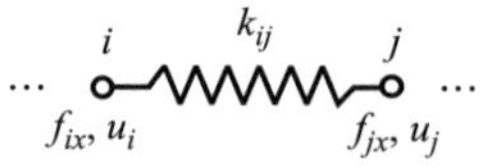

图 3.4 一维弹簧系统中的某一弹簧单元

根据叠加法的组装规则，该刚度矩阵应当被叠加到系统刚度矩阵的第 i、j 行与第 i、j 列形成的 2×2 的交叉点上，有

$$
\begin{array}{c|cccc|}
 & & i & j & \\
i & & +K_{ij,11}^{e} & +K_{ij,12}^{e} & \\
j & & +K_{ij,21}^{e} & +K_{ij,22}^{e} & \\
 & & & &
\end{array}
\tag{3.16}
$$

式中，下标后两位数指示单元刚度矩阵的行和列。

于是，按照上述组装规则遍历所有单元，即可写出最终的系统刚度矩阵 $[K]$。

至此完成了一维弹簧系统刚度方程的建立，求解该线性系统，则有限元问题得解。

例题 3.1　如图 3.5 所示某一维弹簧系统，由三根弹簧串联构成，其中节点 1 和 4 固定于壁面，节点 2 受外力 F_{2x}，请写出系统刚度方程，并指出其中的已知量和未知量。

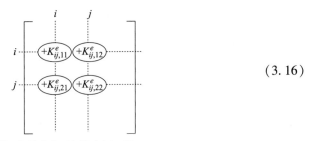

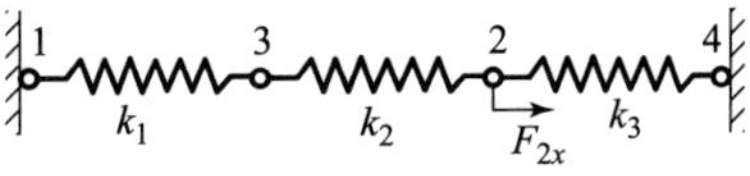

图 3.5　一维弹簧系统

解：该问题中有三根弹簧，各自的单元刚度矩阵如下：

$$
\begin{aligned}
&\text{弹簧}（1）：\begin{array}{c} \begin{matrix} 1 & \quad 3 \end{matrix} \\ \begin{bmatrix} k_1 & -k_1 \\ -k_1 & k_1 \end{bmatrix} \begin{matrix} 1 \\ 3 \end{matrix} \end{array} \\
&\text{弹簧}（2）：\begin{array}{c} \begin{matrix} 3 & \quad 2 \end{matrix} \\ \begin{bmatrix} k_2 & -k_2 \\ -k_2 & k_2 \end{bmatrix} \begin{matrix} 3 \\ 2 \end{matrix} \end{array} \\
&\text{弹簧}（3）：\begin{array}{c} \begin{matrix} 2 & \quad 4 \end{matrix} \\ \begin{bmatrix} k_3 & -k_3 \\ -k_3 & k_3 \end{bmatrix} \begin{matrix} 2 \\ 4 \end{matrix} \end{array}
\end{aligned}
\tag{3.17}
$$

该一维弹簧系统包含 4 个节点，因此该问题的规模是 4×4，于是根据有限元系统刚度方程 $\{F\} = [K]\{U\}$ 形式，以及叠加法的组装规则，可得系统刚度方程：

$$
\begin{matrix} ? \\ F_{2x} \\ 0 \\ ? \end{matrix}
\begin{Bmatrix} F_{1x} \\ F_{2x} \\ F_{3x} \\ F_{4x} \end{Bmatrix}
=
\begin{bmatrix}
k_1 & 0 & -k_1 & 0 \\
0 & k_2+k_3 & -k_2 & -k_3 \\
-k_1 & -k_2 & k_1+k_2 & 0 \\
0 & -k_3 & 0 & k_3
\end{bmatrix}
\begin{Bmatrix} u_1 \\ u_2 \\ u_3 \\ u_4 \end{Bmatrix}
\begin{matrix} 0 \\ ? \\ ? \\ 0 \end{matrix}
\tag{3.18}
$$

其中，系统节点力列式中节点 1 和 4 的外力未知，节点 2 的外力已知，且为 F_{2x}，节点 3 的外力为 0；系统位移列式中由于节点 1 和 4 施加了固定位移约束，故皆为 0，节点 2 和 3 的位移未知。于是，该线性系统是封闭的，可通过求解线性方程组，解出未知量 F_{1x}、F_{4x}、u_2 和 u_3。

例题 3.2 如图 3.6 所示某一维弹簧系统包含 4 根弹簧和 5 个节点，其中节点 1、4、5 固定于壁面，节点 3 受外力 F_x，请写出系统刚度方程，并指出其中的已知量和未知量。

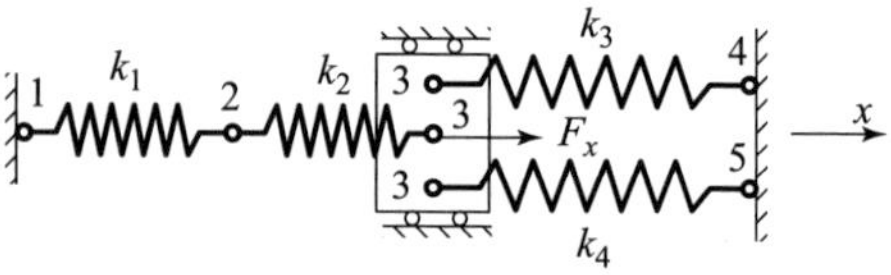

图 3.6　一维弹簧系统

解：该一维弹簧系统包含 5 个节点，因此该问题的规模是 5 ×5，于是根据有限元系统刚度方程 $\{F\}=[K]\{U\}$ 形式，以及叠加法的组装规则，可得系统刚度方程：

$$\begin{matrix}?\\0\\F_x\\?\\?\end{matrix}\begin{Bmatrix}F_{1x}\\F_{2x}\\F_{3x}\\F_{4x}\\F_{5x}\end{Bmatrix}=\begin{bmatrix}k_1 & -k_1 & 0 & 0 & 0\\-k_1 & k_1+k_2 & -k_2 & 0 & 0\\0 & -k_2 & k_2+k_3+k_4 & -k_3 & -k_4\\0 & 0 & -k_3 & k_3 & 0\\0 & 0 & -k_4 & 0 & k_4\end{bmatrix}\begin{Bmatrix}u_1\\u_2\\u_3\\u_4\\u_5\end{Bmatrix}\begin{matrix}0\\?\\?\\0\\0\end{matrix}\quad(3.19)$$

其中，节点 1、4、5 的外力以及节点 2、3 的位移未知，节点 2、3 的外力以及节点 1、4、5 的位移已知，于是，系统刚度方程封闭，求解线性方程组，即可解得所有未知量。

注：前面提到有限元节点的编号顺序不影响问题的求解结果，但需要注意的是编号必须连续，且从 1 开始，同学们可以尝试一下更换不同的编号顺序。另外，还需要注意的是没有相对运动的节点可以看成同一个节点，如图中的节点 3，由于弹簧（2）、(3)、(4）互连于滑块，虽然从示意图上看，它们被连接在滑块的不同位置，但此三个节点没有相对运动，因此可以视作将它们连接在滑块的同一个位置。基于这个原则，节点 4 和 5 实质上也可以视作同一个节点，于是该问题编号如图 3.7 所示。

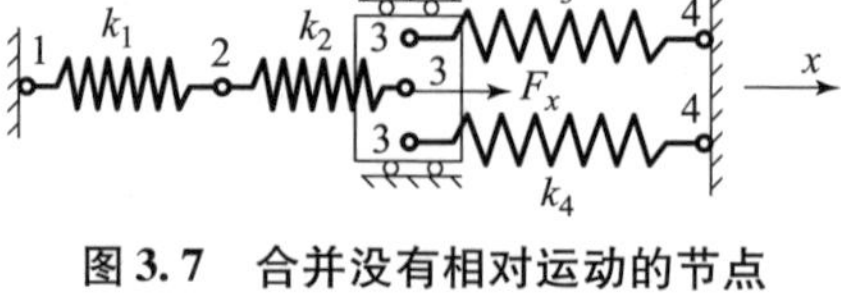

图 3.7　合并没有相对运动的节点

于是该系统包含 4 个节点，其问题规模是 4 ×4，则系统刚度方程为

$$
\begin{matrix} ? \\ 0 \\ F_x \\ ? \end{matrix}
\begin{Bmatrix} F_{1x} \\ F_{2x} \\ F_{3x} \\ F_{4x} \end{Bmatrix}
=
\begin{bmatrix}
k_1 & -k_1 & 0 & 0 \\
-k_1 & k_1+k_2 & -k_2 & 0 \\
0 & -k_2 & k_2+k_3+k_4 & -k_3-k_4 \\
0 & 0 & -k_3-k_4 & k_3+k_4
\end{bmatrix}
\begin{Bmatrix} u_1 \\ u_2 \\ u_3 \\ u_4 \end{Bmatrix}
\begin{matrix} 0 \\ ? \\ ? \\ 0 \end{matrix}
\tag{3.20}
$$

该系统的未知量为节点 1、4 的外力以及节点 2、3 的位移。需要注意的是，图 3.6 与 3.7 中的节点编号 1、2、3 是一样的，但是节点 4 是不一样的。因此，式（3.19）与式（3.20）计算的节点 1 的外力 F_{1x}、节点 2 和 3 的位移 u_2 和 u_3 是一样的，但计算的节点 4 的外力 F_{4x} 不同。实质上由式（3.20）计算的节点 4 的外力是式（3.19）计算的节点 4 和 5 的外力的代数和，这也是合并节点 4 和 5 导致的直观物理结果。

更进一步，我们会发现原问题中的节点 1、4、5 都没有相对运动，因此，按照上述节点合并原则，该问题可以将节点 1、4、5 都合并，如图 3.8 所示。

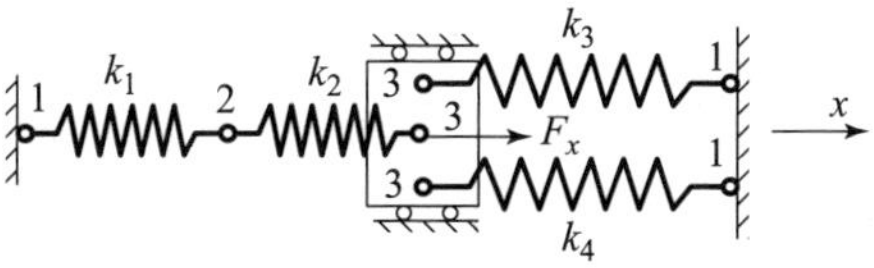

图 3.8　合并没有相对运动的节点

于是该系统包含 3 个节点，其问题规模是 3×3，则系统刚度方程为

$$
\begin{matrix} ? \\ 0 \\ F_x \end{matrix}
\begin{Bmatrix} F_{1x} \\ F_{2x} \\ F_{3x} \end{Bmatrix}
=
\begin{bmatrix}
k_1+k_3+k_4 & -k_1 & -k_3-k_4 \\
-k_1 & k_1+k_2 & -k_2 \\
-k_3-k_4 & -k_2 & k_2+k_3+k_4
\end{bmatrix}
\begin{Bmatrix} u_1 \\ u_2 \\ u_3 \end{Bmatrix}
\begin{matrix} 0 \\ ? \\ ? \end{matrix}
\tag{3.21}
$$

该系统的未知量为节点 1 的外力以及节点 2 和 3 的位移。同样需要注意的是，图 3.6 与 3.8 中的节点编号 2、3 是一样的，但是节点 1 是不一样。因此，式（3.19）与式（3.21）计算的节点 2 和 3 的位移 u_2 和 u_3 是一样的，但是式（3.21）计算的节点 1 的外力是式（3.19）计算的节点 1、4、5 的外力的代数和。

例题 3.3　如图 3.9 所示某一维弹簧系统包含 3 根弹簧和 4 个节点，其中节点 1、3 固定于壁面，节点 2、4 给定位移 δ_2、δ_4。

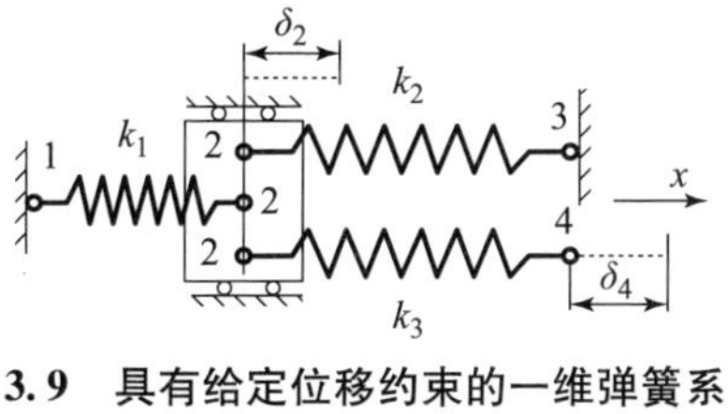

图 3.9　具有给定位移约束的一维弹簧系统

该一维弹簧系统包含 4 个节点，因此该问题的规模是 4×4。但需要注意

的是，为使得该问题封闭且不过约束，则节点 2 和节点 4 的外力未知。于是系统刚度方程为

$$\begin{matrix}?\\?\\?\\?\end{matrix}\begin{Bmatrix}F_{1x}\\F_{2x}\\F_{3x}\\F_{4x}\end{Bmatrix}=\begin{bmatrix}k_1 & -k_1 & 0 & 0\\-k_1 & k_1+k_2+k_3 & -k_2 & -k_3\\0 & -k_2 & k_2 & 0\\0 & -k_3 & 0 & k_3\end{bmatrix}\begin{Bmatrix}u_1\\u_2\\u_3\\u_4\end{Bmatrix}\begin{matrix}0\\\delta_2\\0\\\delta_4\end{matrix} \tag{3.22}$$

3.3 杆单元

3.3.1 一维杆单元

如图 3.10 所示一维杆单元，已知杆的弹性模量为 E，截面积为 A，杆长为 L。

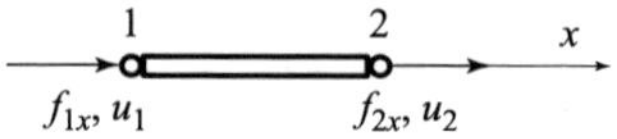

图 3.10 一维杆单元力与位移示意图

定义两端节点力和位移分别为（f_{1x}，u_1）和（f_{2x}，u_2），杆上张力为 T。当假定杆受力处处均匀，则杆的截面应力 σ_x 为

$$\sigma_x = \frac{T}{A} \tag{3.23}$$

由线性弹性材料的本构关系，杆的应变 ε_x 为

$$\varepsilon_x = \frac{\sigma_x}{E} \tag{3.24}$$

小变形条件下杆的长度变化量（$\Delta l = u_2 - u_1$）与应变存在关系：

$$\varepsilon_x = \frac{\Delta l}{L} \tag{3.25}$$

另外，在静力平衡状态下，杆上张力 T 与节点力存在关系：

$$\begin{cases}T = f_{2x}\\T = -f_{1x}\end{cases} \tag{3.26}$$

于是，由式（3.23）~式（3.26）可得杆单元的刚度方程：

$$\begin{Bmatrix}f_{1x}\\f_{2x}\end{Bmatrix}=\frac{AE}{L}\begin{bmatrix}1 & -1\\-1 & 1\end{bmatrix}\begin{Bmatrix}u_1\\u_2\end{Bmatrix} \tag{3.27}$$

对比式（3.27）与式（3.3），弹簧单元的弹性系数 k 等价于杆单元的 AE/L。

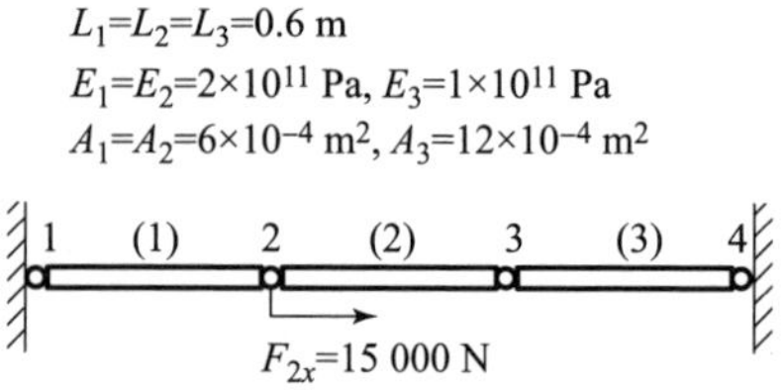

图 3.11 一维杆系统

例题 3.4 如图 3.11 所示某一维杆

系统包含3根杆和4个节点，其中节点1、4固定于壁面，节点2受15 000 N外力作用，杆长度、弹性模量及截面积如图3.11所示。

解：该一维杆系统包含4个节点，因此该问题的规模是4×4，于是系统刚度方程如下：

$$\begin{matrix}?\\ \surd\\ 0\\ ?\end{matrix}\begin{Bmatrix}F_{1x}\\ F_{2x}\\ F_{3x}\\ F_{4x}\end{Bmatrix}=\begin{bmatrix}\frac{A_1E_1}{L_1} & -\frac{A_1E_1}{L_1} & 0 & 0\\ -\frac{A_1E_1}{L_1} & \frac{A_1E_1}{L_1}+\frac{A_2E_2}{L_2} & -\frac{A_2E_2}{L_2} & 0\\ 0 & -\frac{A_2E_2}{L_2} & \frac{A_2E_2}{L_2}+\frac{A_3E_3}{L_3} & -\frac{A_3E_3}{L_3}\\ 0 & 0 & -\frac{A_3E_3}{L_3} & \frac{A_3E_3}{L_3}\end{bmatrix}\begin{Bmatrix}u_1\\ u_2\\ u_3\\ u_4\end{Bmatrix}\begin{matrix}0\\ ?\\ ?\\ 0\end{matrix} \tag{3.28}$$

其中节点1、4的外力F_{1x}、F_{4x}以及节点2、3的位移u_2、u_3是未知量，节点1、4的位移以及节点2、3的外力是已知量。代入结构和材料参数，求解线性方程组可得：$u_2=5\times10^{-5}$ m，$u_3=2.5\times10^{-5}$ m，$F_{1x}=-10\ 000$ N，$F_{4x}=-5\ 000$ N。

例题3.5　如图3.12所示一维弹簧与杆混合系统，已知左侧滑块受水平力F。其中，杆的长度均为L，截面积均为A，弹性模量均为E，弹簧的弹性系数为k_1、k_2（弹簧见图3.12）。请对该系统进行节点编号，写出系统刚度方程，并指出其中的已知量与未知量。

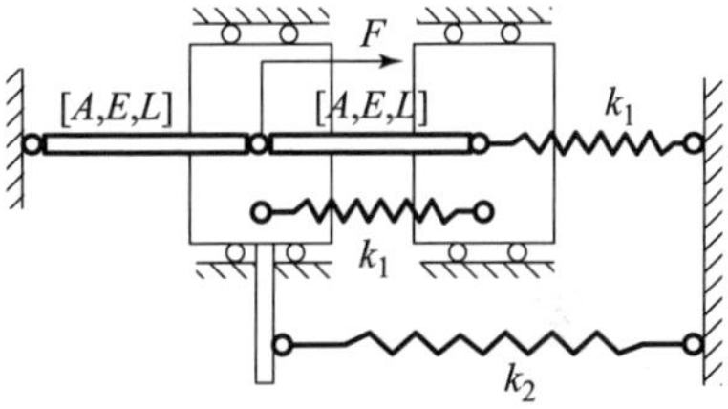

图3.12　一维弹簧与杆混合系统

解：该系统存在以下3种均正确的节点编号方式（见图3.13）：

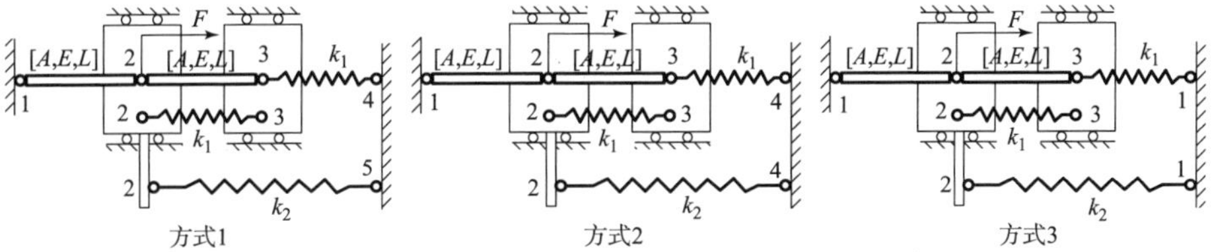

图3.13　节点编号方式

以方式1为例，该一维系统包含5个节点，因此该问题的规模是5×5。于是系统刚度方程为

$$\begin{matrix}?\\F\\0\\?\\?\end{matrix}\begin{Bmatrix}F_{1x}\\F_{2x}\\F_{3x}\\F_{4x}\\F_{5x}\end{Bmatrix}=\begin{bmatrix}\frac{AE}{L} & -\frac{AE}{L} & 0 & 0 & 0\\ -\frac{AE}{L} & 2\frac{AE}{L}+k_1+k_2 & -\frac{AE}{L}-k_1 & 0 & -k_2\\ 0 & -\frac{AE}{L}-k_1 & \frac{AE}{L}+2k_1 & -k_1 & 0\\ 0 & 0 & -k_1 & k_1 & 0\\ 0 & -k_2 & 0 & 0 & k_2\end{bmatrix}\begin{Bmatrix}u_1\\u_2\\u_3\\u_4\\u_5\end{Bmatrix}\begin{matrix}0\\?\\?\\0\\0\end{matrix} \tag{3.29}$$

例题 3.6 如图 3.14 所示弹簧与杆混合系统，中间通过一根细绳（不可伸长）跨过一理想定滑轮（转轴光滑，但轮面不打滑）相连。已知右侧下方弹簧受水平力 F，弹簧的弹性系数、杆的长度、截面积和弹性模量如图 3.14 所示，且 $AE=kL$。请对该系统进行节点编号，写出系统刚度方程，指出其中的已知量与未知量，并求解定滑轮转角 θ。

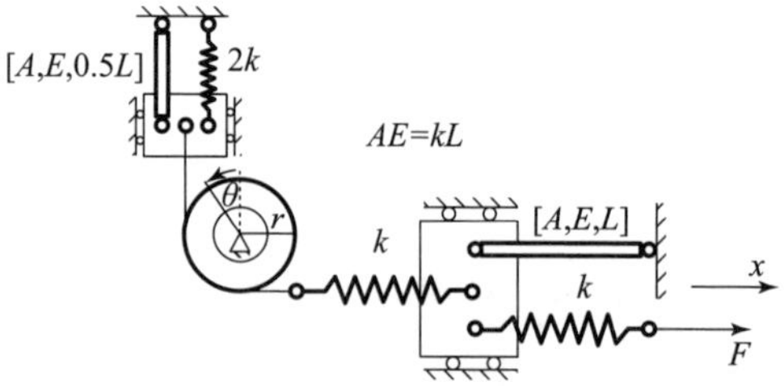

图 3.14 等价一维问题

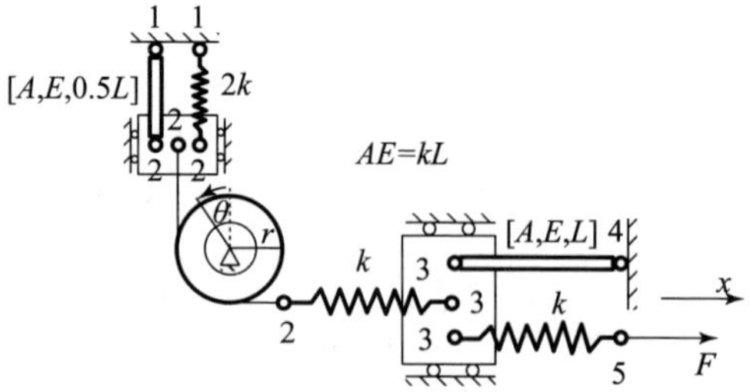

图 3.15 节点编号

解：该系统存在多种节点编号方式，以下列举其中一种，如图 3.15 所示。

按照图 3.15 中的节点编号方式，该系统包含 5 个节点，因此该问题的规模是 5×5。于是系统刚度方程为

$$\begin{matrix}?\\0\\0\\?\\F\end{matrix}\begin{bmatrix}F_1\\F_2\\F_3\\F_4\\F_5\end{bmatrix}=\begin{bmatrix}2k+\frac{2AE}{L} & -2k-\frac{2AE}{L} & 0 & 0 & 0\\ -2k-\frac{2AE}{L} & 3k+\frac{2AE}{L} & -k & 0 & 0\\ 0 & -k & 2k+\frac{AE}{L} & -\frac{AE}{L} & -k\\ 0 & 0 & -\frac{AE}{L} & \frac{AE}{L} & 0\\ 0 & 0 & -k & 0 & k\end{bmatrix}\begin{bmatrix}u_1\\u_2\\u_3\\u_4\\u_5\end{bmatrix}\begin{matrix}0\\?\\?\\0\\?\end{matrix} \tag{3.30}$$

代入已知条件 $AE=kL$，式（3.30）可解得：$u_2=\dfrac{F}{9k}$。于是定滑轮转角 $\theta=\dfrac{u_2}{r}=\dfrac{F}{9kr}$。

3.3.2　二维杆单元

如图 3.16 所示二维平面内放置一杆单元，杆与全局坐标系 xOy 的 x 轴夹角为 θ，杆长为 L，弹性模量为 E，截面积为 A。以下推导平面二维杆单元的刚度方程。

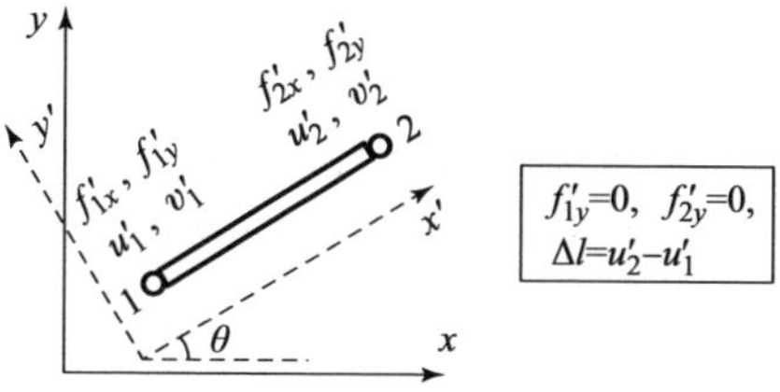

图 3.16　平面二维杆单元

杆单元被定义为只能承受拉压载荷，而不能承受弯曲和扭转载荷的力学单元。因此，无论杆单元如何放置、如何受力，其受力方向总是沿杆的方向，因此，杆的变形方向也总是沿杆的方向。为方便杆的受力分析，引入局部坐标系 $x'O'y'$，杆单元与其轴 x' 方向相同。于是，在局部坐标系视角下，节点 1 的位移矢量 $\boldsymbol{d}_1=(u'_1,v'_1)^{\mathrm{T}}$，其对杆单元的作用力矢量 $\boldsymbol{f}_1=(f'_{1x},f'_{1y})^{\mathrm{T}}$；节点 2 的位移矢量 $\boldsymbol{d}_2=(u'_2,v'_2)^{\mathrm{T}}$，其对杆单元的作用力矢量 $\boldsymbol{f}_2=(f'_{2x},f'_{2y})^{\mathrm{T}}$。根据杆单元的定义，有

$$\begin{cases} f'_{1y}=0 \\ f'_{2y}=0 \\ \Delta l=u'_2-u'_1 \end{cases} \tag{3.31}$$

于是，杆上的张力 $T=f'_{2x}=-f'_{1x}$。杆的应变 $\varepsilon_{x'}=\Delta l/L$，应力 $\sigma_{x'}=E\varepsilon_{x'}=T/A$，于是进一步有

$$\begin{Bmatrix} f'_{1x} \\ f'_{2x} \end{Bmatrix}=\frac{AE}{L}\begin{bmatrix} 1 & -1 \\ -1 & 1 \end{bmatrix}\begin{Bmatrix} u'_1 \\ u'_2 \end{Bmatrix} \tag{3.32}$$

由于平面二维杆单元的每个节点有两个自由度，因此平面杆单元的刚度矩阵规模应当是 4×4，为此对式（3.32）进行补零扩展，可得

$$\begin{Bmatrix} f'_{1x} \\ f'_{1y} \\ f'_{2x} \\ f'_{2y} \end{Bmatrix}=\frac{AE}{L}\begin{bmatrix} 1 & 0 & -1 & 0 \\ 0 & 0 & 0 & 0 \\ -1 & 0 & 1 & 0 \\ 0 & 0 & 0 & 0 \end{bmatrix}\begin{Bmatrix} u'_1 \\ v'_1 \\ u'_2 \\ v'_2 \end{Bmatrix} \tag{3.33}$$

式（3.33）就是平面二维杆单元在局部坐标系下的刚度方程，其中局部坐标系下的刚度矩阵为

$$[K'] = \frac{AE}{L}\begin{bmatrix} 1 & 0 & -1 & 0 \\ 0 & 0 & 0 & 0 \\ -1 & 0 & 1 & 0 \\ 0 & 0 & 0 & 0 \end{bmatrix} \tag{3.34}$$

上述刚度方程包含节点力和节点位移在局部坐标系下表达的分量，需要通过坐标变换统一到全局坐标系下。以下推导平面二维矢量的坐标变换关系。

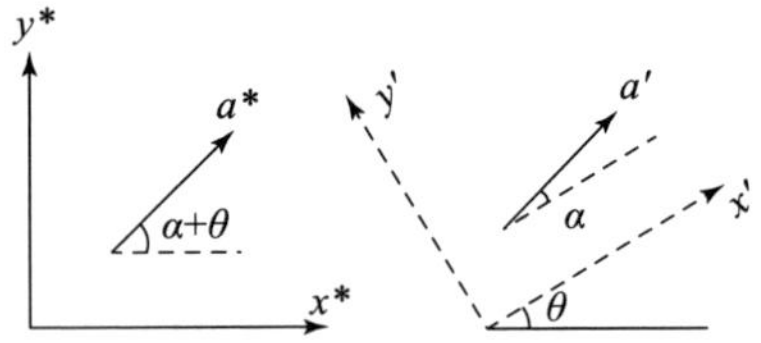

图 3.17　平面矢量变换关系

如图 3.17 所示在两个夹角为 θ 的坐标系 $x^*O^*y^*$ 和 $x'O'y'$ 内，观察同一矢量 $\boldsymbol{a}$，则其表达分别为：

$$\text{坐标系 } x^*O^*y^*: \boldsymbol{a}^* = |\boldsymbol{a}|(\cos(\alpha+\theta), \sin(\alpha+\theta))^{\mathrm{T}} \tag{3.35}$$

$$\text{坐标系 } x'O'y': \boldsymbol{a}' = |\boldsymbol{a}|(\cos\alpha, \sin\alpha)^{\mathrm{T}} \tag{3.36}$$

于是，同一矢量在两个不同坐标系下的表达之间的关系如下：

$$\begin{aligned} \boldsymbol{a}^* &= |\boldsymbol{a}|(\cos(\alpha+\theta), \sin(\alpha+\theta))^{\mathrm{T}} \\ &= |\boldsymbol{a}|(\cos\alpha\cos\theta - \sin\alpha\sin\theta, \cos\alpha\sin\theta + \sin\alpha\cos\theta)^{\mathrm{T}} \\ &= |\boldsymbol{a}|\begin{bmatrix} \cos\theta & -\sin\theta \\ \sin\theta & \cos\theta \end{bmatrix}(\cos\alpha, \sin\alpha)^{\mathrm{T}} \\ &= \begin{bmatrix} \cos\theta & -\sin\theta \\ \sin\theta & \cos\theta \end{bmatrix}\boldsymbol{a}' \end{aligned}$$

$$\Rightarrow \boldsymbol{a}' = \begin{bmatrix} \cos\theta & \sin\theta \\ -\sin\theta & \cos\theta \end{bmatrix}\boldsymbol{a}^* \tag{3.37}$$

于是，局部坐标系表达的节点力列式与全局坐标系表达的节点力列式的坐标变换关系如下：

$$\begin{Bmatrix} f'_{1x} \\ f'_{1y} \\ f'_{2x} \\ f'_{2y} \end{Bmatrix} = \begin{bmatrix} \cos\theta & \sin\theta & 0 & 0 \\ -\sin\theta & \cos\theta & 0 & 0 \\ 0 & 0 & \cos\theta & \sin\theta \\ 0 & 0 & -\sin\theta & \cos\theta \end{bmatrix}\begin{Bmatrix} f_{1x} \\ f_{1y} \\ f_{2x} \\ f_{2y} \end{Bmatrix} \tag{3.38}$$

令其中的变换矩阵为 $[T]$，则

$$[T] = \begin{bmatrix} \cos\theta & \sin\theta & 0 & 0 \\ -\sin\theta & \cos\theta & 0 & 0 \\ 0 & 0 & \cos\theta & \sin\theta \\ 0 & 0 & -\sin\theta & \cos\theta \end{bmatrix} \tag{3.39}$$

同理，对于节点位移矢量，存在同样的变换关系，有

$$\begin{Bmatrix} f'_{1x} \\ f'_{1y} \\ f'_{2x} \\ f'_{2y} \end{Bmatrix} = [T] \begin{Bmatrix} f_{1x} \\ f_{1y} \\ f_{2x} \\ f_{2y} \end{Bmatrix} \tag{3.40}$$

$$\begin{Bmatrix} u'_1 \\ v'_1 \\ u'_2 \\ v'_2 \end{Bmatrix} = [T] \begin{Bmatrix} u_1 \\ v_1 \\ u_2 \\ v_2 \end{Bmatrix} \tag{3.41}$$

于是，平面二维杆单元在局部坐标系下的刚度方程式（3.33），在全局坐标系下可表达为

$$\begin{Bmatrix} f_{1x} \\ f_{1y} \\ f_{2x} \\ f_{2y} \end{Bmatrix} = [T]^{-1}[K'][T] \begin{Bmatrix} u_1 \\ v_1 \\ u_2 \\ v_2 \end{Bmatrix} \tag{3.42}$$

式（3.42）即平面二维杆单元在全局坐标系下的刚度方程，其中全局坐标系下的单元刚度矩阵为

$$[K] = [T]^{-1}[K'][T] = \frac{AE}{L}\begin{bmatrix} c^2 & cs & -c^2 & -cs \\ cs & s^2 & -cs & -s^2 \\ -c^2 & -cs & c^2 & cs \\ -cs & -s^2 & cs & s^2 \end{bmatrix} \tag{3.43}$$

式中，c 表示 $\cos\theta$，s 表示 $\sin\theta$。由式（3.43）可知，平面二维杆单元的刚度矩阵除了与杆长 L、截面积 A、弹性模量 E 有关外，还与杆的摆放角度 θ 有关，总之它们都是系统的结构和材料参数。

3.3.3　二维桁架系统

桁架结构广泛出现在工程设备与建筑结构中，如图 3.18 所示建筑施工用的塔吊、大型站厅的顶棚，均是桁架结构。桁架的受力具有典型的杆单元特征，本部分将介绍如何利用前述介绍的平面二维杆单元刚度矩阵，解决二维桁架系统的静力学问题。

假设某二维杆系统，包含 N 个节点，M 个杆单元，则系统刚度矩阵的规模是 $2N \times 2N$，于是根据 $\{F\} = [K]\{U\}$ 可直接写出系统刚度方程的形式：

图 3.18　桁架结构

$$\begin{Bmatrix} F_{1x} \\ F_{1y} \\ \vdots \\ F_{Nx} \\ F_{Ny} \end{Bmatrix}_{2N\times 1} = \begin{bmatrix} \\ \\ & K & \\ \\ \\ \end{bmatrix}_{2N\times 2N} \begin{Bmatrix} u_1 \\ v_1 \\ \vdots \\ u_N \\ v_N \end{Bmatrix}_{2N\times 1} \tag{3.44}$$

图 3.19 所示平面二维杆系统中的某一杆单元 ij，其两端节点编号分别为 i 和 j，则其在全局坐标系下的单元刚度矩阵为

$$[K_{ij}^e] = \frac{A_{ij}E_{ij}}{L_{ij}} \begin{bmatrix} c^2 & cs & -c^2 & -cs \\ cs & s^2 & -cs & -s^2 \\ -c^2 & -cs & c^2 & cs \\ -cs & -s^2 & cs & s^2 \end{bmatrix}_{\theta=\theta_{ij}} \tag{3.45}$$

根据刚度矩阵叠加法的组装规则，该单元刚度矩阵应当被叠加到系统刚度矩阵的第 $2i-1$、$2i$、$2j-1$、$2j$ 行与第 $2i-1$、$2i$、$2j-1$、$2j$ 列形成的 4×4 的交叉点上，如图 3.20 所示。

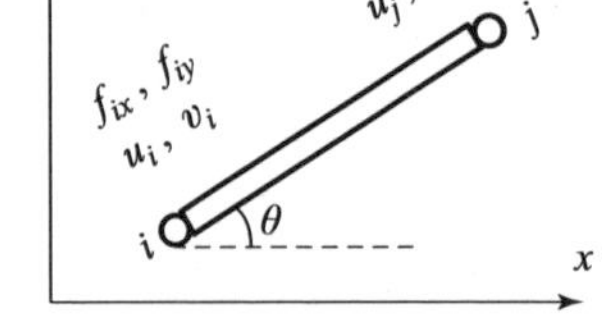

图 3.19　平面二维杆系统中的某一杆单元

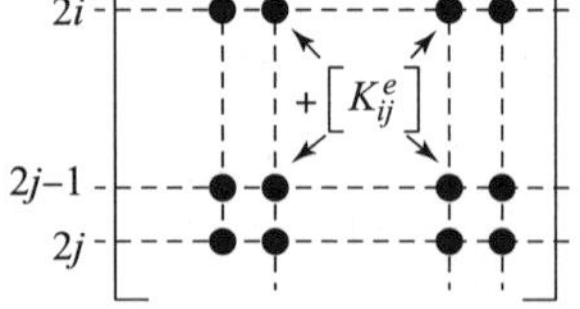

图 3.20　平面二维杆系统刚度矩阵叠加组装示意图

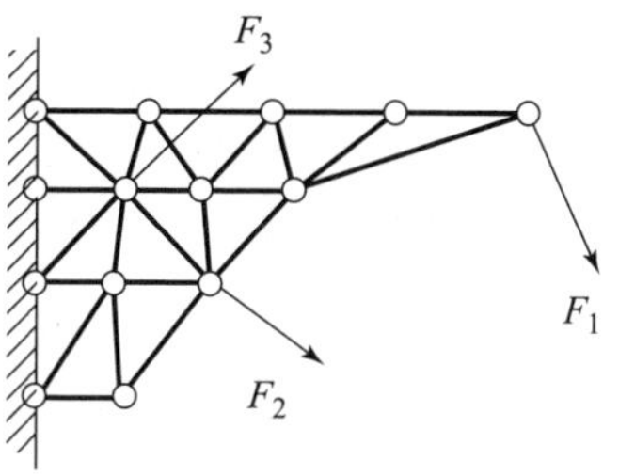

图 3.21　平面桁架系统

至此完成了平面二维杆系统刚度方程的建立，求解该线性系统，则有限元问题得解。

例题 3.7　如图 3.21 所示平面桁架系统，请建立其系统刚度方程，并求解各根杆的受力与位移。

提示：解决该有限元问题的主要步骤如下：

（1）首先对节点进行编号；

（2）组装系统刚度矩阵 $[K]$：本例题的平面二维桁架系统包含 14 个节点，故系统刚度矩阵的规模是 28×28；先为系统刚度矩阵定义初始的 28×28 零矩阵，然后遍历所有杆，计算每根杆在全局坐标系下的单元刚度矩阵，再逐一叠加至系统刚度矩阵中；

（3）写出节点力列式 $\{F\}$ 和节点位移列式 $\{U\}$：本例题中有 4 个节点固定于壁面，于是其对应的 8 个节点位移分量为 0，对应的 8 个节点力分量未知；其他 10 个节点的 20 个节点位移分量均未知，但节点力均为已知，且其中 7 个节点力的 14 个分量均为 0，3 个节点力的 6 个分量由 F_1、F_2、F_3给出；

（4）求解线性方程组 $\{F\}=[K]\{U\}$，即可求得所有杆单元的受力和位移。

3.4　势　能　法

3.4.1　最小势能原理

前述小节介绍的弹簧单元、杆单元受力形式均较为简单，如只能承受拉压载荷和节点集中力作用，而且从根本上讲，这些单元都是一维的（只有长度方向上的维度、截面上的两个维度退化了），因此只能处理一些特殊问题。本节介绍一种更为普遍的有限元推导方法——最小势能原理。

最小势能原理是指：在一个物体可能呈现的所有几何形状中，与满足该物体稳定平衡相对应的真实的形状由总势能泛函取最小值确定。其中，总势能泛函被定义为内部应变能 W 和外力势能 Ω 之和，即

$$\pi_p = W + \Omega \tag{3.46}$$

总势能泛函 π_p的自变量为节点位移列式 $\{U\}$，π_p实质上是向量空间 $\{U\}$ 到能量标量的映射。有限元刚度方程可由总势能泛函取最小值导出，数学表达如下：

$$\frac{\partial \pi_p}{\partial\{U\}} = \{0\} \Rightarrow \{F\} = [K]\{U\} \tag{3.47}$$

式中，$\frac{\partial \pi_p}{\partial\{U\}}$ 是能量标量对向量 $\{U\}$ 的偏导数，具体计算中是 π_p 对 $\{U\}$ 的每一个元素求偏导数，其结果是一个与 $\{U\}$ 规模相同的向量。于是，$\frac{\partial \pi_p}{\partial\{U\}}=\{0\}$ 将得到规模与 $\{U\}$ 相同的方程组，即刚度方程 $\{F\}=[K]\{U\}$。因此，利用最小势能原理建立刚度方程的关键在于写出内部应变能泛函 $W=W(\{U\})$ 和外力势能泛函 $\Omega=\Omega(\{U\})$。

3.4.2 弹簧单元总势能

给出弹簧单元总势能表达式之前，先看一个简单问题，如图 3.22 所示一根弹簧左端节点固定于壁面，右端节点作用一外力 F。静力平衡状态下弹簧伸长了 x，则节点外力 F 做功即外力势能的减少量，$\Omega=-Fx$，弹簧储存的势能即内部应变能 $W=Fx/2=kx^2/2$。于是总势能 $\pi_p=kx^2/2-Fx$。由总势能取最小值可以导出图 3.22 所示弹簧的刚度方程，即 $\frac{\partial \pi_p}{\partial x}=0 \Rightarrow F=kx$。

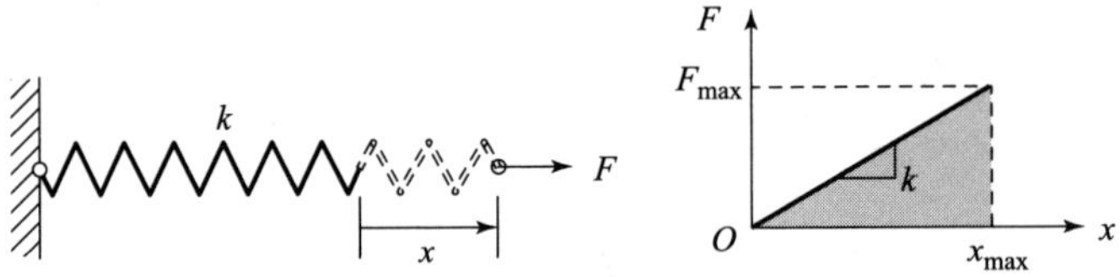

图 3.22 受固定位移约束的弹簧单元的外力势能（左）与内部应变能（右）

针对一般性的一维弹簧单元（见图 3.1），其内部应变能表达为

$$W(\{U\})=\frac{1}{2}k(u_2-u_1)^2 \tag{3.48}$$

外力势能表达为

$$\Omega(\{U\})=-f_{1x}u_1-f_{2x}u_2 \tag{3.49}$$

于是，总势能为

$$\pi_p(\{U\})=\frac{1}{2}k(u_2-u_1)^2-f_{1x}u_1-f_{2x}u_2 \tag{3.50}$$

利用最小势能原理，有

$$\frac{\partial \pi_p}{\partial\{U\}}=\{0\} \Rightarrow \begin{cases} \dfrac{\partial \pi_p}{\partial u_1}=k(-u_2+u_1)-f_{1x}=0 \\ \dfrac{\partial \pi_p}{\partial u_2}=k(u_2-u_1)-f_{2x}=0 \end{cases} \tag{3.51}$$

式（3.51）整理后即一维弹簧单元的刚度方程。

上述针对弹簧单元利用最小势能原理建立刚度方程的例子说明，最小势能原理可以正确建立具有节点集中力作用的弹簧单元的刚度方程。但最小势能原理的普遍性远不止于此，这将会在后续小节中进一步介绍。

3.4.3 杆单元总势能

如图 3.23 所示受广义力作用的一维杆单元，其中f_s是表面分布式力，s 是其作用范围，f_l是线分布式力，l 是其作用范围，f_b是体积力。以下利用最小势能原理推导该单元的刚度方程。

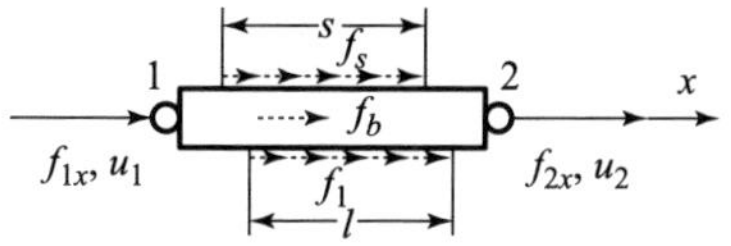

图 3.23 受广义力作用的一维杆单元

该单元的内部应变能为

$$W = \frac{1}{2}\iiint_V \sigma_x \varepsilon_x \mathrm{d}V = \frac{A}{2}\int_L \sigma_x \varepsilon_x \mathrm{d}x \tag{3.52}$$

外力势能为

$$\Omega = -\iiint_V f_b u(x)\mathrm{d}V - \iint_s f_s u(x)\mathrm{d}s - \int_l f_l u(x)\mathrm{d}x - f_{1x}u_1 - f_{2x}u_2 \tag{3.53}$$

为将式（3.52）与式（3.53）表达为节点位移列式 $\{U\}$ 的泛函，引入位移函数和形函数。所谓的位移函数，是指位移 u 在单元上的变化函数，它是单元空间坐标的函数；所谓的形函数，是指单元空间坐标的连续函数，它满足以下两个条件：①在节点 i 处，$N_i(x_i)=1$，在其他节点处 $N_i(x_j)=0$；②所有形函数之和恒等于1，$\sum N_i \equiv 1$。形函数是有限元方法中非常重要的概念，形函数是构造的，当给定单元节点的形函数时，则可获得单元的位移函数，因此位移函数也是构造的。

针对一维杆单元，假设位移沿杆长 x 轴方向线性变化，即

$$u(x) = a_1 + a_2 x \tag{3.54}$$

位移函数在节点处必须取值为相应的节点位移，也即 $u(x_i)=u_i$，于是，根据节点 1、2 的位移为 u_1和 u_2，可得位移函数

$$u(x) = \left(\frac{u_2 - u_1}{L}\right)x + u_1 = N_1 u_1 + N_2 u_2 \tag{3.55}$$

式中，N_1和 N_2分别是线性杆单元对应节点 1 和节点 2 的形函数：

$$\begin{cases} N_1 = 1 - \dfrac{x}{L} \\ N_2 = \dfrac{x}{L} \end{cases} \tag{3.56}$$

实质上相当于选用了一阶形函数 $N_1(x)$ 和 $N_2(x)$，构造了线性变化的位移函

数 $u(x)$。当然我们也可以选用更高阶的形函数来构造更高阶的位移函数，从而获得更高的计算精度，但越高阶形函数所需要的单元节点也越多，导致有限元问题的规模也越大，进而计算耗时也越长。

有了位移函数 $u(x)$ 之后，内部应变能泛函（3.52）和外力势能泛函（3.53）可以进一步改写为节点位移列式 $\{U\}$ 的泛函。首先，根据位移与应变关系，可得杆单元的应变函数：

$$\varepsilon_x = \frac{\mathrm{d}u(x)}{\mathrm{d}x} = \frac{u_2 - u_1}{L} \tag{3.57}$$

由式（3.57）可知，在线性位移函数假设下，杆单元的应变为常数。根据应力－应变关系有

$$\sigma_x = E\varepsilon_x = E\frac{u_2 - u_1}{L} \tag{3.58}$$

于是内部应变能泛函（3.52）可以改写为

$$W = \frac{A}{2}\int_L \sigma_x \varepsilon_x \mathrm{d}x = \frac{AE}{2}\int_0^L \left(\frac{u_2 - u_1}{L}\right)^2 \mathrm{d}x = \frac{AE}{2L}(u_2 - u_1)^2 \tag{3.59}$$

此处需要注意的是，节点位移 u_i 不是空间坐标的函数，因此在单元定义域内对坐标积分时，节点位移 u_i 可视作常数。将位移函数 $u(x)$ 代入外力势能泛函，则式（3.53）可改写为

$$\begin{aligned}\Omega &= -\iiint_V f_b(N_1u_1 + N_2u_2)\mathrm{d}V - \iint_s f_s(N_1u_1 + N_2u_2)\mathrm{d}s - \\ &\quad \int_l f_l(N_1u_1 + N_2u_2)\mathrm{d}x - f_{1x}u_1 - f_{2x}u_2 \\ &= \left(-\iiint_V f_bN_1\mathrm{d}V - \iint_s f_sN_1\mathrm{d}s - \int_l f_lN_1\mathrm{d}x - f_{1x}\right)u_1 + \\ &\quad \left(-\iiint_V f_bN_2\mathrm{d}V - \iint_s f_sN_2\mathrm{d}s - \int_l f_lN_2\mathrm{d}x - f_{2x}\right)u_2\end{aligned} \tag{3.60}$$

于是总势能泛函为

$$\begin{aligned}\pi_p &= \frac{AE}{2L}(u_2 - u_1)^2 + \left(-\iiint_V f_bN_1\mathrm{d}V - \iint_s f_sN_1\mathrm{d}s - \int_l f_lN_1\mathrm{d}x - f_{1x}\right)u_1 + \\ &\quad \left(-\iiint_V f_bN_2\mathrm{d}V - \iint_s f_sN_2\mathrm{d}s - \int_l f_lN_2\mathrm{d}x - f_{2x}\right)u_2\end{aligned} \tag{3.61}$$

利用最小势能原理 $\dfrac{\partial \pi_p}{\partial\{U\}} = \{0\}$，有

$$\begin{cases}\dfrac{AE}{L}(u_1 - u_2) - \iiint_V f_bN_1\mathrm{d}V - \iint_s f_sN_1\mathrm{d}s - \int_l f_lN_1\mathrm{d}x - f_{1x} = 0 \\ \dfrac{AE}{L}(u_2 - u_1) - \iiint_V f_bN_2\mathrm{d}V - \iint_s f_sN_2\mathrm{d}s - \int_l f_lN_2\mathrm{d}x - f_{2x} = 0\end{cases} \tag{3.62}$$

把式（3.62）简化为

$$\begin{cases}\dfrac{AE}{L}(u_1-u_2)=f_{1x}^*\\ \dfrac{AE}{L}(u_2-u_1)=f_{2x}^*\end{cases}\tag{3.63}$$

式中：

$$\begin{cases}f_{1x}^*=\iiint_V f_b N_1\mathrm{d}V+\iint_s f_s N_1\mathrm{d}s+\int_l f_l N_1\mathrm{d}x+f_{1x}\\ f_{2x}^*=\iiint_V f_b N_2\mathrm{d}V+\iint_s f_s N_2\mathrm{d}s+\int_l f_l N_2\mathrm{d}x+f_{2x}\end{cases}\tag{3.64}$$

称之为等价节点力。进一步将式（3.63）改写为矩阵形式：

$$\begin{Bmatrix}f_{1x}^*\\ f_{2x}^*\end{Bmatrix}=\frac{AE}{L}\begin{bmatrix}1&-1\\-1&1\end{bmatrix}\begin{Bmatrix}u_1\\u_2\end{Bmatrix}\tag{3.65}$$

式（3.65）就是受广义力作用的一维杆单元的刚度方程，其形式包含仅受节点集中力作用的情形，这说明最小势能原理是一种更具普遍性的有限元刚度方程推导方法。

例题 3.8　如图 3.24 所示一维杆单元，面积为 A，弹性模量为 E，总长为 L，在 $x\in[0.5L,\ L]$ 内受轴向线性变化载荷 $F=a(x-0.5L)$ 作用，请用势能法写出系统刚度方程，并求解节点 2 位移的 u_2。

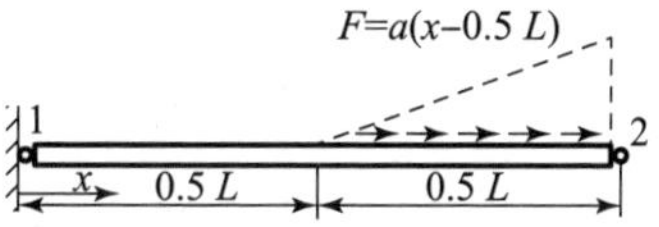

图 3.24　受广义力作用的一维杆单元

解：该杆单元的等价节点力为

$$\begin{Bmatrix}f_{1x}^*\\ f_{2x}^*\end{Bmatrix}=\begin{Bmatrix}\int_0^L FN_1\mathrm{d}x+f_{1x}\\ \int_0^L FN_2\mathrm{d}x+f_{2x}\end{Bmatrix}$$

$$=\begin{Bmatrix}\int_{0.5L}^L a(x-0.5L)\left(1-\dfrac{x}{L}\right)\mathrm{d}x+F_{1x}\\ \int_{0.5L}^L a(x-0.5L)\dfrac{x}{L}\mathrm{d}x\end{Bmatrix}=\begin{Bmatrix}\dfrac{1}{48}aL^2+F_{1x}\\ \dfrac{5}{48}aL^2\end{Bmatrix}\tag{3.66}$$

于是系统刚度方程为

$$\begin{Bmatrix}\dfrac{1}{48}aL^2+F_{1x}\\ \dfrac{5}{48}aL^2\end{Bmatrix}=\frac{AE}{L}\begin{bmatrix}1&-1\\-1&1\end{bmatrix}\begin{Bmatrix}u_1\\u_2\end{Bmatrix}\tag{3.67}$$

载入边界条件，$u_1=0$，可解得

$$u_2=\frac{5}{48}\frac{aL^3}{AE} \tag{3.68}$$

例题 3.9 将例题 3.8 所述问题修改为如图 3.25 所示的由两个杆单元组成的系统，请写出系统刚度方程，并求解节点 2 的位移 u_2。

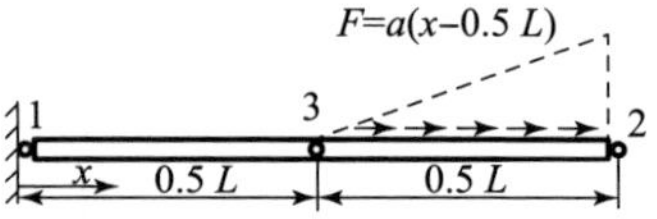

图 3.25 将杆单元一分为二

提示：比较例题 3.8 和例题 3.9，所述力学问题本身并没有任何不同，仅仅只是计算处理方式发生了变化，也就是说例题 3.8 和例题 3.9 是解决同一个力学问题的两种处理方式。

解：针对受广义力作用的杆单元 32，计算其等价节点力。需要注意的是，针对杆单元 32，其单元长度为 $0.5L$，分布力载荷表达式为 $F=ax$，于是，等价节点力为

$$\begin{Bmatrix} f_{3x}^{*} \\ f_{2x}^{*} \end{Bmatrix}=\begin{Bmatrix} \int_0^{0.5L} FN_1\mathrm{d}x+f_{3x}^{(32)} \\ \int_0^{0.5L} FN_2\mathrm{d}x+f_{2x} \end{Bmatrix}$$

$$=\begin{Bmatrix} \int_0^{0.5L} ax\left(1-\dfrac{x}{0.5L}\right)\mathrm{d}x+f_{3x}^{(32)} \\ \int_0^{0.5L} ax\dfrac{x}{0.5L}\mathrm{d}x \end{Bmatrix}=\begin{Bmatrix} \dfrac{1}{24}aL^2+f_{3x}^{(32)} \\ \dfrac{1}{12}aL^2 \end{Bmatrix} \tag{3.69}$$

利用叠加法组装系统刚度矩阵，得系统刚度方程如下：

$$\begin{Bmatrix} f_{1x}^{(13)} \\ \dfrac{1}{12}aL^2 \\ f_{3x}^{(13)}+\dfrac{1}{24}aL^2+f_{3x}^{(32)} \end{Bmatrix}=\begin{Bmatrix} F_{1x} \\ \dfrac{1}{12}aL^2 \\ \dfrac{1}{24}aL^2 \end{Bmatrix}=\frac{AE}{0.5L}\begin{bmatrix} 1 & 0 & -1 \\ 0 & 1 & -1 \\ -1 & -1 & 2 \end{bmatrix}\begin{Bmatrix} u_1 \\ u_2 \\ u_3 \end{Bmatrix} \tag{3.70}$$

需要注意节点 3 上的作用力关系，节点 3 无集中外力，其结果是 $f_{3x}^{(13)}+f^{(32)}{}_{3x}=0$，而节点 3 对应的节点力列式中的项 $f_{3x}^{(13)}+\frac{1}{24}aL^2+f_{3x}^{(32)}\neq 0$，也就是说杆单元 32 上的广义力 F 在节点 3 处产生了一个等价的集中力，其值为 $\frac{1}{24}aL^2$。同样的，杆单元 32 上的广义力 F 在节点 2 处产生了一个等价的集中力，其值为 $\frac{1}{12}aL^2$。

代入边界条件，$u_1=0$，可解得

$$\begin{Bmatrix} u_2 \\ u_3 \end{Bmatrix} = \begin{Bmatrix} \dfrac{5}{48}\dfrac{aL^3}{AE} \\ \dfrac{3}{48}\dfrac{aL^3}{AE} \end{Bmatrix} \tag{3.71}$$

比较例题 3.8 和例题 3.9 的结果：

（1）两种单元处理方式计算的节点 1、2 的位移是一致的。

（2）利用线性插值计算例题 3.8 的杆单元中间位置位移为 $\dfrac{2.5}{48}\dfrac{aL^3}{AE}$，其结果与例题 3.9 中节点 3 的位移并不一致，存在 $-\dfrac{1}{96}\dfrac{aL^3}{AE}$ 的绝对误差，相对误差为 16.6%。实质上这就体现了单元尺寸对有限元方法计算精度的影响，理论上有限元的计算精度随单元尺寸的减小而提高。

例题 3.10　如图 3.26 所示竖直悬挂的弹簧与杆系统，杆下方末端受外力 F 作用。其中，弹簧弹性系数为 k，原长为 L_1，质量不计；杆长度为 L_2，截面积为 A，弹性模量为 E，质量均匀且密度为 ρ（忽略杆伸长对密度和截面积的影响）。

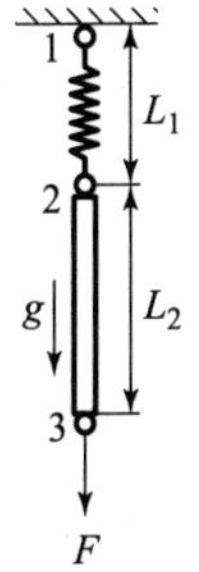

图 3.26　竖直悬挂的弹簧与杆混合系统

a）请写出杆单元节点 2 与节点 3 的等价节点力表达式。

b）请写出系统刚度矩阵。

c）请计算节点 1 的集中外力以及节点 3 的位移。

提示：该问题中的杆单元受体积力 $f_b=\rho g$ 的作用，因此这是一个暗含广义力作用的弹簧单元、杆单元混合的一维问题。

解：a）针对杆单元 23 计算等价节点力：

$$\begin{Bmatrix} f_{2x}^* \\ f_{3x}^* \end{Bmatrix} = \begin{Bmatrix} \iiint_V f_b N_2 \mathrm{d}V + f_{2x}^{(23)} \\ \iiint_V f_b N_3 \mathrm{d}V + f_{3x}^{(23)} \end{Bmatrix} = \begin{Bmatrix} A\int_0^{L_2} \rho g\left(1-\dfrac{x}{L_2}\right)\mathrm{d}x + f_{2x}^{(23)} \\ A\int_0^{L_2} \rho g \dfrac{x}{L_2}\mathrm{d}x + F \end{Bmatrix}$$

$$= \begin{Bmatrix} \dfrac{1}{2}\rho g A L_2 + f_{2x}^{(23)} \\ \dfrac{1}{2}\rho g A L_2 + F \end{Bmatrix} \tag{3.72}$$

b）利用叠加法组装系统刚度矩阵：

$$\begin{bmatrix} k & -k & 0 \\ -k & k+AE/L_2 & -AE/L_2 \\ 0 & -AE/L_2 & AE/L_2 \end{bmatrix} \tag{3.73}$$

c）系统刚度方程为

$$\begin{Bmatrix} F_{1x} \\ \frac{1}{2}\rho g A L_2 \\ F+\frac{1}{2}\rho g A L_2 \end{Bmatrix} = \begin{bmatrix} k & -k & 0 \\ -k & k+AE/L_2 & -AE/L_2 \\ 0 & -AE/L_2 & AE/L_2 \end{bmatrix} \begin{Bmatrix} u_1 \\ u_2 \\ u_3 \end{Bmatrix} \tag{3.74}$$

代入边界条件，$u_1=0$，可解得

$$\begin{Bmatrix} F_{1x} \\ u_2 \\ u_3 \end{Bmatrix} = \begin{Bmatrix} -F-\rho g A L_2 \\ \frac{1}{k}F+\frac{1}{k}\rho g A L_2 \\ \left(\frac{L_2}{AE}+\frac{1}{k}\right)F+\left(\frac{L_2}{2AE}+\frac{1}{k}\right)\rho g A L_2 \end{Bmatrix} \tag{3.75}$$

例题 3.11 如图 3.27 所示一维弹簧与杆混合系统，杆上受均匀体分布式载荷 f_b 作用。其中，弹簧弹性系数为 k，杆长度为 L，截面积为 A，弹性模量为 E。

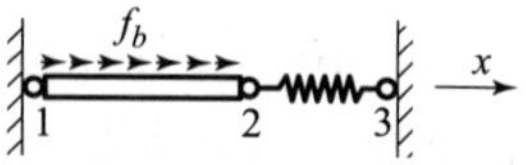

图 3.27 受广义力作用的一维弹簧与杆混合系统

a）请写出杆单元节点 1 与节点 2 的等价节点力表达式。

b）请写出系统刚度方程，并指出其中已知量与未知量。

c）请计算节点 2 的位移。

解：a）针对杆单元 12 计算等价节点力：

$$\begin{Bmatrix} f_{1x}^* \\ f_{2x}^* \end{Bmatrix} = \begin{Bmatrix} \iiint_V f_b N_1 \mathrm{d}V + f_{1x}^{(12)} \\ \iiint_V f_b N_2 \mathrm{d}V + f_{2x}^{(12)} \end{Bmatrix} = \begin{Bmatrix} A\int_0^L f_b\left(1-\frac{x}{L}\right)\mathrm{d}x + F_{1x} \\ A\int_0^L f_b \frac{x}{L}\mathrm{d}x + f_{2x}^{(12)} \end{Bmatrix}$$

$$= \begin{Bmatrix} \frac{LAf_b}{2}+F_{1x} \\ \frac{LAf_b}{2}+f_{2x}^{(12)} \end{Bmatrix} \tag{3.76}$$

b）系统刚度方程为

$$\begin{matrix} ? \\ \surd \\ ? \end{matrix}\begin{Bmatrix} F_{1x}+\frac{LAf_b}{2} \\ \frac{LAf_b}{2} \\ F_{3x} \end{Bmatrix} = \begin{bmatrix} \frac{AE}{L} & -\frac{AE}{L} & 0 \\ -\frac{AE}{L} & \frac{AE}{L}+k & -k \\ 0 & -k & k \end{bmatrix} \begin{Bmatrix} u_1 \\ u_2 \\ u_3 \end{Bmatrix}\begin{matrix} \surd \\ ? \\ \surd \end{matrix} \tag{3.77}$$

其中，节点 1、3 的位移已知（$u_1=u_3=0$），节点 2 的等价外力已知；节点 2

的位移未知，节点 1、3 的集中外力 F_{1x}、F_{3x}未知。

c）求解线性系统（3.77），可得

$$u_2 = \frac{L^2 A f_b}{2(AE + kL)} \tag{3.78}$$

3.5 弹性静力学问题

3.5.1 弹性静力学平衡微分方程

本章前面介绍的弹簧单元、杆单元、受广义力作用的杆单元，都是特殊的简单单元，其特殊之处在于单元的计算域都是一维的（即便将其放置在二维、三维空间里），而实际中的结构、零件、物体一般具有复杂的外形，无法简化为一维问题，于是，需要提出一种更具有普适性的单元，同时建立更为普适性的力学关系。为此，本章从弹性静力学问题入手，介绍一种简单但更为普适的力学关系。

如图 3.28 所示二维弹性静力学问题的受力微分单元，其中 σ 为正应力，τ 为剪/切应力，X_b和 Y_b为体积力。推导连续介质的物理微分方程时，经常需要巧妙地使用连续函数的泰勒级数展开：

$$\begin{aligned}\varphi(x,y) = {} & \varphi(x_0,y_0) + \frac{\partial\varphi}{\partial x}(x-x_0) + \frac{\partial\varphi}{\partial y}(y-y_0) + \\ & \frac{1}{2!}\frac{\partial^2\varphi}{\partial x^2}(x-x_0)^2 + \frac{1}{2!}\frac{\partial^2\varphi}{\partial y^2}(y-y_0)^2 + \\ & \frac{1}{2!}\frac{\partial^2\varphi}{\partial x\partial y}(x-x_0)(y-y_0) + \frac{1}{2!}\frac{\partial^2\varphi}{\partial y\partial x}(x-x_0)(y-y_0) + \cdots\end{aligned} \tag{3.79}$$

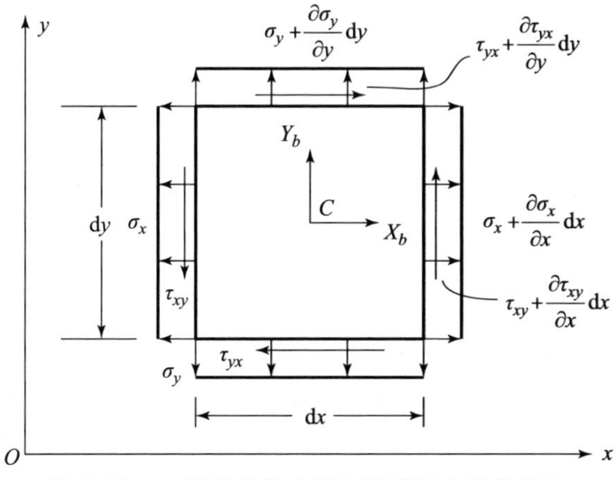

图 3.28 二维弹性静力学问题的受力微分单元

例如，如果微分单元左侧表面的正应力为 σ_x，则可由泰勒级数展开，近似计算右侧表面的正应力，其一阶近似表达为

$$\sigma_x + \frac{\partial \sigma_x}{\partial x}\mathrm{d}x \tag{3.80}$$

类似的做法适用于其他所有的物理量，如 σ_y、τ_{xy}、τ_{yx}，于是有图 3.28 所示的微元体各个表面的应力表达。

计算微元体 x 方向的受力：

(1) 左侧表面的正应力形成的 x 方向作用力：$-\sigma_x \mathrm{d}y\mathrm{d}z$。

(2) 右侧表面的正应力形成的 x 方向作用力：$\left(\sigma_x + \frac{\partial \sigma_x}{\partial x}\mathrm{d}x\right)\mathrm{d}y\mathrm{d}z$。

(3) 下表面的切应力形成的 x 方向作用力：$-\tau_{yx}\mathrm{d}x\mathrm{d}z$。

(4) 上表面的切应力形成的 x 方向作用力：$\left(\tau_{yx} + \frac{\partial \tau_{yx}}{\partial y}\mathrm{d}y\right)\mathrm{d}x\mathrm{d}z$。

(5) 体积力形成的 x 方向作用力：$X_b\mathrm{d}x\mathrm{d}y\mathrm{d}z$。

于是微元体 x 方向的受力平衡关系为

$$\begin{aligned}\sum F_x = & -\sigma_x \mathrm{d}y\mathrm{d}z + \left(\sigma_x + \frac{\partial \sigma_x}{\partial x}\mathrm{d}x\right)\mathrm{d}y\mathrm{d}z \\ & -\tau_{yx}\mathrm{d}x\mathrm{d}z + \left(\tau_{yx} + \frac{\partial \tau_{yx}}{\partial y}\mathrm{d}y\right)\mathrm{d}x\mathrm{d}z + X_b\mathrm{d}x\mathrm{d}y\mathrm{d}z = 0\end{aligned} \tag{3.81}$$

简化上式，可得

$$\frac{\partial \sigma_x}{\partial x} + \frac{\partial \tau_{yx}}{\partial y} + X_b = 0 \tag{3.82a}$$

同样的，由微元体 y 方向的受力平衡关系，可得

$$\frac{\partial \tau_{xy}}{\partial x} + \frac{\partial \sigma_y}{\partial y} + Y_b = 0 \tag{3.82b}$$

另外，由微元体的力矩平衡关系易导出

$$\tau_{xy} = \tau_{yx} \tag{3.82c}$$

实质上这也是剪应力互等定理的结论。式（3.82a）、式（3.82b）和式（3.82c）为二维弹性静力学基本方程。

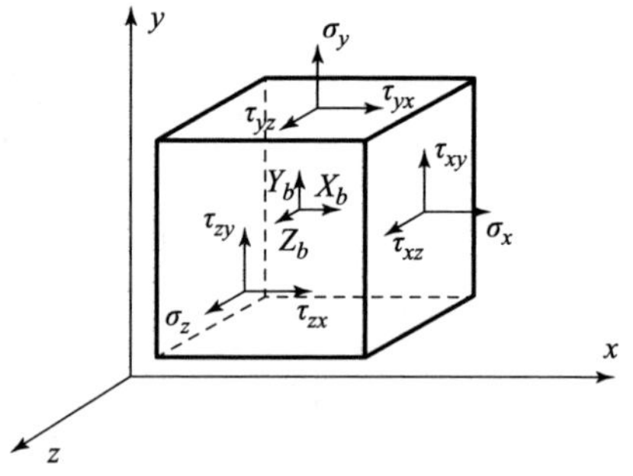

图 3.29　三维弹性静力学问题的受力微元体

同样的，针对如图 3.29 所示的三维弹性静力学问题，其基本方程如下：

$$
\begin{cases}
\dfrac{\partial \sigma_x}{\partial x} + \dfrac{\partial \tau_{yx}}{\partial y} + \dfrac{\partial \tau_{zx}}{\partial z} + X_b = 0 \\
\dfrac{\partial \tau_{xy}}{\partial x} + \dfrac{\partial \sigma_y}{\partial y} + \dfrac{\partial \tau_{zy}}{\partial z} + Y_b = 0 \\
\dfrac{\partial \tau_{xz}}{\partial x} + \dfrac{\partial \tau_{yz}}{\partial y} + \dfrac{\partial \sigma_z}{\partial z} + Z_b = 0 \\
\tau_{xy} = \tau_{yx}; \tau_{xz} = \tau_{zx}; \tau_{yz} = \tau_{zy}
\end{cases}
\tag{3.83}
$$

3.5.2 应变 - 位移关系

连续介质微元体的应变有正应变（ε）和剪应变（γ），其中，正应变是指由正应力引起的线长度伸长或缩短的比例，剪应变是指由剪应力引起的微元体的角度畸变。如图 3.30 所示的二维微元体 $ABCD$ 移动并变形至 $A'B'C'D'$，假设 A 点坐标为（x_0，y_0），位移为（u，v），则由一阶泰勒级数展开近似估计 B 和 D 的位移为：

$$
\begin{aligned}
&A\text{ 点位移：}(u, v) \\
&B\text{ 点位移：}\left(u + \frac{\partial u}{\partial x}\mathrm{d}x, v + \frac{\partial v}{\partial x}\mathrm{d}x\right) \\
&D\text{ 点位移：}\left(u + \frac{\partial u}{\partial y}\mathrm{d}y, v + \frac{\partial v}{\partial y}\mathrm{d}y\right)
\end{aligned}
\tag{3.84}
$$

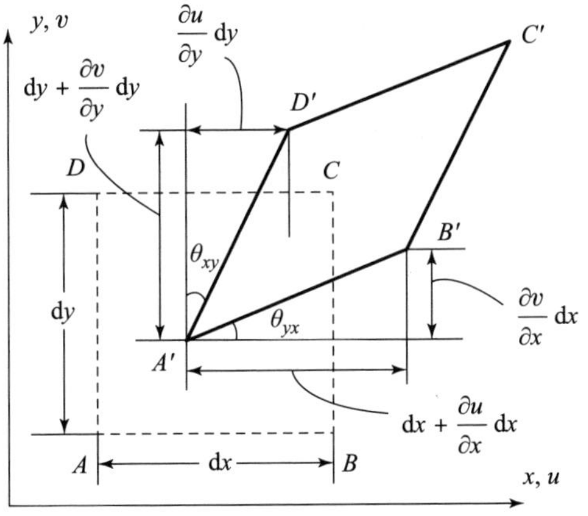

图 3.30 二维微元体变形示意图

于是，微元移动并变形后的 A'、B'、D' 点的坐标为：

$$
\begin{aligned}
&A'\text{点坐标：}(x_0 + u, y_0 + v) \\
&B'\text{点坐标：}\left(x_0 + \mathrm{d}x + u + \frac{\partial u}{\partial x}\mathrm{d}x, y_0 + v + \frac{\partial v}{\partial x}\mathrm{d}x\right)
\end{aligned}
\tag{3.85}
$$

$$D'\text{点坐标：}\left(x_0 + u + \frac{\partial u}{\partial y}\mathrm{d}y, y_0 + \mathrm{d}y + v + \frac{\partial v}{\partial y}\mathrm{d}y\right)$$

于是，微元体 x 方向的正应变为

$$\varepsilon_x = \frac{x_{B'} - x_{A'} - (x_B - x_A)}{x_B - x_A} = \frac{\partial u}{\partial x} \tag{3.86}$$

同理，微元体 y 方向的正应变为

$$\varepsilon_y = \frac{\partial v}{\partial y} \tag{3.87}$$

剪应变是图 3.30 所示的微元体角度变化量，也即

$$\gamma_{xy} = \theta_{xy} + \theta_{yx} \tag{3.88}$$

根据 A'、B'、D'点的坐标，有

$$\tan\theta_{xy} = \frac{x_{D'} - x_{A'}}{y_{D'} - y_{A'}} = \frac{\frac{\partial u}{\partial y}\mathrm{d}y}{\mathrm{d}y + \frac{\partial v}{\partial y}\mathrm{d}y} \tag{3.89}$$

由于本章研究的是小变形有限元问题，因此变形梯度和角度都是小量，于是式（3.89）进一步有

$$\tan\theta_{xy} = \frac{\partial u}{\partial y} \Rightarrow \theta_{xy} = \frac{\partial u}{\partial y} \tag{3.90}$$

同理可求得 θ_{yx}，于是剪应变

$$\gamma_{xy} = \frac{\partial u}{\partial y} + \frac{\partial v}{\partial x} \tag{3.91}$$

上述针对应变的推导方法可以扩展到三维微元体，于是可得三维应变 - 位移关系如下：

$$\begin{cases} \varepsilon_x = \dfrac{\partial u}{\partial x}; & \gamma_{xy} = \dfrac{\partial u}{\partial y} + \dfrac{\partial v}{\partial x} \\ \varepsilon_y = \dfrac{\partial v}{\partial y}; & \gamma_{xz} = \dfrac{\partial u}{\partial z} + \dfrac{\partial w}{\partial x} \\ \varepsilon_z = \dfrac{\partial w}{\partial z}; & \gamma_{yz} = \dfrac{\partial v}{\partial z} + \dfrac{\partial w}{\partial y} \end{cases} \tag{3.92}$$

3.5.3 应力 - 应变关系

应力 - 应变关系在力学中称作本构关系，它揭示了材料在受力作用下的变形响应。三维简单弹性材料的应力 - 应变关系如下：

$$\begin{cases}\varepsilon_x = \dfrac{\sigma_x}{E} - \nu\dfrac{\sigma_y}{E} - \nu\dfrac{\sigma_z}{E} \\ \varepsilon_y = -\nu\dfrac{\sigma_x}{E} + \dfrac{\sigma_y}{E} - \nu\dfrac{\sigma_z}{E} \\ \varepsilon_z = -\nu\dfrac{\sigma_x}{E} - \nu\dfrac{\sigma_y}{E} + \dfrac{\sigma_z}{E} \\ \gamma_{xy} = \dfrac{\tau_{xy}}{G} \\ \gamma_{yz} = \dfrac{\tau_{yz}}{G} \\ \gamma_{zx} = \dfrac{\tau_{zx}}{G}\end{cases} \tag{3.93}$$

式中，ν 是材料的泊松比，E 是材料的弹性模量，G 是剪切模量，且 $G = \dfrac{E}{2(1+\nu)}$。

式（3.93）可整理为

$$\begin{cases}\sigma_x = \dfrac{E}{(1+\nu)(1-2\nu)}[(1-\nu)\varepsilon_x + \nu\varepsilon_y + \nu\varepsilon_z] \\ \sigma_y = \dfrac{E}{(1+\nu)(1-2\nu)}[\nu\varepsilon_x + (1-\nu)\varepsilon_y + \nu\varepsilon_z] \\ \sigma_z = \dfrac{E}{(1+\nu)(1-2\nu)}[\nu\varepsilon_x + \nu\varepsilon_y + (1-\nu)\varepsilon_z] \\ \tau_{xy} = G\gamma_{xy} \\ \tau_{yz} = G\gamma_{yz} \\ \tau_{zx} = G\gamma_{zx}\end{cases} \tag{3.94}$$

写为矩阵形式为

$$\begin{Bmatrix}\sigma_x \\ \sigma_y \\ \sigma_z \\ \tau_{xy} \\ \tau_{yz} \\ \tau_{zx}\end{Bmatrix} = [D]\begin{Bmatrix}\varepsilon_x \\ \varepsilon_y \\ \varepsilon_z \\ \gamma_{xy} \\ \gamma_{yz} \\ \gamma_{zx}\end{Bmatrix} \tag{3.95}$$

式中，$[D]$ 为简单线弹性材料的刚度矩阵：

$$[D]=\frac{E}{(1+\nu)(1-2\nu)}\begin{bmatrix}1-\nu & \nu & \nu & 0 & 0 & 0\\ & 1-\nu & \nu & 0 & 0 & 0\\ & & 1-\nu & 0 & 0 & 0\\ & & & \frac{1-2\nu}{2} & 0 & 0\\ & & & & \frac{1-2\nu}{2} & 0\\ symmetry & & & & & \frac{1-2\nu}{2}\end{bmatrix} \tag{3.96}$$

3.5.4 平面应力与平面应变

平面应力与平面应变是针对特殊场合定义的一种应力、应变状态，是对三维应力或应变状态的一种合理简化。

平面应力状态：垂直于一个平面的正应力和剪应力均为零，则该平面处于平面应力状态。例如图 3.31 所示的一侧面受拉的平板，其应力状态可以考虑为平面应力状态。通常对于厚度很薄的板（z 向尺寸很小），且载荷只作用在 $x-y$ 平面内，可以考虑处于平面应力状态。

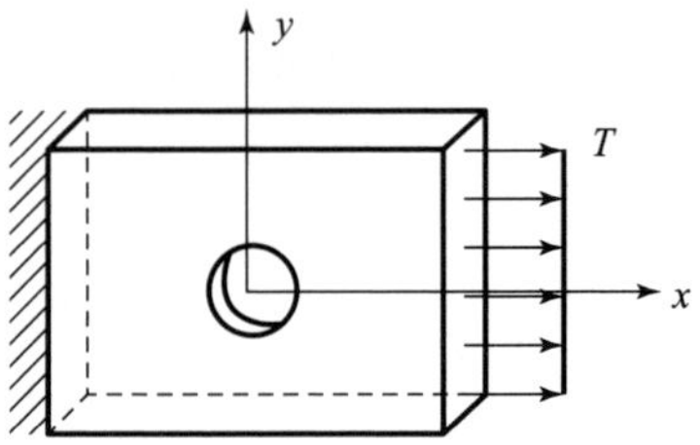

图 3.31　平面应力问题

以 $x-y$ 平面应力为例，有

$$\sigma_z=\tau_{xz}=\tau_{yz}=0 \tag{3.97}$$

将式（3.97）代入 3.4.3 节中的式（3.94），可得平面应力状态下的应力－应变关系：

$$\begin{Bmatrix}\sigma_x\\ \sigma_y\\ \tau_{xy}\end{Bmatrix}=[D]\begin{Bmatrix}\varepsilon_x\\ \varepsilon_y\\ \gamma_{xy}\end{Bmatrix} \tag{3.98}$$

其中材料刚度矩阵

$$[D]=\frac{E}{1-\nu^2}\begin{bmatrix}1 & v & 0\\ v & 1 & 0\\ 0 & 0 & \frac{1-v}{2}\end{bmatrix} \tag{3.99}$$

需要注意的是，$x-y$ 平面应力状态下，z 方向的正应变一般不为零，可由本构关系求得：

$$\sigma_z = \frac{E}{(1+\nu)(1-2\nu)}[\nu\varepsilon_x + \nu\varepsilon_y + (1-\nu)\varepsilon_z] = 0$$

$$\Downarrow$$

$$\varepsilon_z = -\frac{\nu}{1-\nu}(\varepsilon_x + \varepsilon_y) \tag{3.100}$$

平面应变状态：垂直于一个平面的正应变和剪应变均为零，则该平面处于平面应变状态。例如图 3.32 所示受垂向载荷作用的管道，其应变状态可以考虑为平面应变状态。通常对于固定横截面的长物体（z 向尺寸很大），且载荷只作用在 x 和 y 方向上，可以考虑处于平面应变状态。

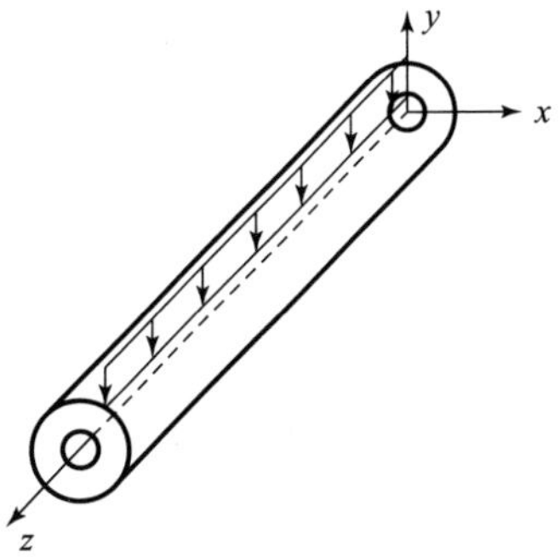

图 3.32　平面应变问题

以 $x-y$ 平面应力为例，有

$$\varepsilon_z = \gamma_{xz} = \gamma_{yz} = 0 \tag{3.101}$$

将式（3.101）代入 3.4.3 节中的式（3.94），可得平面应变状态下的应力 - 应变关系：

$$\begin{Bmatrix} \sigma_x \\ \sigma_y \\ \tau_{xy} \end{Bmatrix} = [D] \begin{Bmatrix} \varepsilon_x \\ \varepsilon_y \\ \gamma_{xy} \end{Bmatrix} \tag{3.102}$$

其中材料刚度矩阵

$$[D] = \frac{E}{(1+v)(1-2v)} \begin{bmatrix} 1-v & v & 0 \\ v & 1-v & 0 \\ 0 & 0 & \frac{1-2v}{2} \end{bmatrix} \tag{3.103}$$

同样需要注意的是，$x-y$ 平面应变状态下，z 方向的正应力一般不为零，且可由本构关系求得：

$$\varepsilon_z = -\nu\frac{\sigma_x}{E} - \nu\frac{\sigma_y}{E} + \frac{\sigma_z}{E} = 0$$

$$\Downarrow$$

$$\sigma_z = \nu(\sigma_x + \sigma_y) \tag{3.104}$$

3.6　平面三角形单元

3.6.1　平面三角形单元刚度矩阵和方程构建思路

如图 3.33 所示平面三角形单元，包含三个节点，且每个节点的位移拥有两个自由度，因此平面三角形单元共拥有6个自由度，于是其单元刚度方程具有如下形式：

$$\begin{Bmatrix} f_{ix} \\ f_{iy} \\ f_{jx} \\ f_{jy} \\ f_{mx} \\ f_{my} \end{Bmatrix} = [K] \begin{Bmatrix} u_i \\ v_i \\ u_j \\ v_j \\ u_m \\ v_m \end{Bmatrix} \tag{3.105}$$

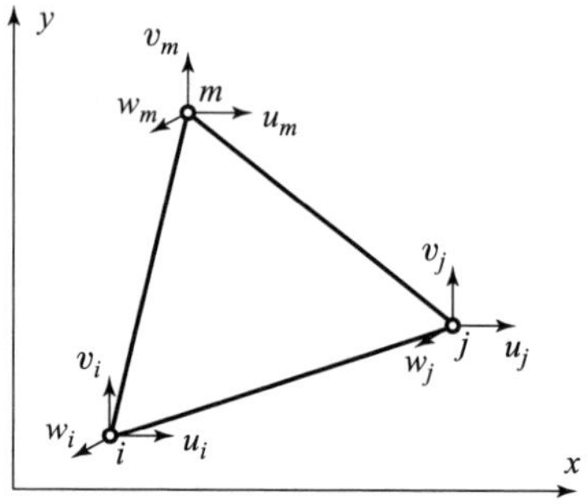

图3.33　平面三角形单元

回顾最小势能原理，需要先得到三角形单元的总势能泛函，且其自变量为单元节点位移：

$$\pi_p = \pi_p(u_i, v_i, u_j, v_j, u_m, v_m) \tag{3.106}$$

单元刚度方程可由总势能泛函对节点位移列式求偏导等于零得到。于是，问题的关键在于如何写出用单元节点位移表达的单元总势能泛函。

三角形单元的总势能包括三角形单元内部应变能和外力势能两部分，其中内部应变能为

$$W = \frac{1}{2} \iiint_V \{\varepsilon\}^{\mathrm{T}} \{\sigma\} \, \mathrm{d}V \tag{3.107}$$

外力势能包括单元的节点力做功以及单元上的分布式力做功：

$$\Omega_p = -\{U^e\}^{\mathrm{T}}\{f^e\} = -\begin{Bmatrix} u_i \\ v_i \\ u_j \\ v_j \\ u_m \\ v_m \end{Bmatrix}^{\mathrm{T}} \begin{Bmatrix} f_{ix} \\ f_{iy} \\ f_{jx} \\ f_{jy} \\ f_{mx} \\ f_{my} \end{Bmatrix} \tag{3.108}$$

$$\Omega_b = -\iiint_V \{U(x,y)\}^{\mathrm{T}} \{f_b\} \, \mathrm{d}V = -\iiint_V \begin{Bmatrix} u(x,y) \\ v(x,y) \end{Bmatrix}^{\mathrm{T}} \begin{Bmatrix} f_{bx} \\ f_{by} \end{Bmatrix} \mathrm{d}V$$

$$\Omega_s = -\iint_S \{U(x,y)\}^{\mathrm{T}} \{f_s\} \, \mathrm{d}S = -\iint_S \begin{Bmatrix} u(x,y) \\ v(x,y) \end{Bmatrix}^{\mathrm{T}} \begin{Bmatrix} f_{sx} \\ f_{sy} \end{Bmatrix} \mathrm{d}S$$

由于应变 $\{\varepsilon\}$ 和应力 $\{\sigma\}$ 之间的关系由材料本构关系直接给出，因此，建立三角形单元刚度方程的关键转变为：如何用节点位移 $\{U^e\}$ 来表达单元内部位移函数 $\{U(x, y)\}$ 和应变 $\{\varepsilon\}$。再回顾上一节介绍的应变－位移关系，应变 $\{\varepsilon\}$ 可由位移函数 $\{U(x, y)\}$ 确定，因此，问题的关键再一次

转变为：如何用节点位移 $\{U^e\}$ 来表达单元内部位移函数 $\{U(x,\ y)\}$。

3.6.2　平面三角形单元位移函数和形函数

假设单元的位移函数为线性函数：

$$\{U(x,y)\}=\begin{Bmatrix}u(x,y)\\v(x,y)\end{Bmatrix}=\begin{bmatrix}1&x&y&0&0&0\\0&0&0&1&x&y\end{bmatrix}\begin{Bmatrix}a_1\\a_2\\a_3\\a_4\\a_5\\a_6\end{Bmatrix}\tag{3.109}$$

式中，a_1，a_2，…，a_6为待定系数。由于位移函数在节点位置的取值必须与该节点位移一致，于是针对三角形单元的节点位移可以建立如下 6 条关系：

$$\{U^e\}=\begin{Bmatrix}u_i\\v_i\\u_j\\v_j\\u_m\\v_m\end{Bmatrix}=\begin{bmatrix}1&x_i&y_i&0&0&0\\0&0&0&1&x_i&y_i\\1&x_j&y_j&0&0&0\\0&0&0&1&x_j&y_j\\1&x_m&y_m&0&0&0\\0&0&0&1&x_m&y_m\end{bmatrix}\begin{Bmatrix}a_1\\a_2\\a_3\\a_4\\a_5\\a_6\end{Bmatrix}\tag{3.110}$$

通过式（3.110）可解得 a_1，a_2，…，a_6，代入式（3.109），可得位移函数：

$$\begin{Bmatrix}u(x,y)\\v(x,y)\end{Bmatrix}=[N]\{U^e\}\tag{3.111}$$

其中 $[N]$ 为单元形函数矩阵：

$$[N]=\begin{bmatrix}N_i&0&N_j&0&N_m&0\\0&N_i&0&N_j&0&N_m\end{bmatrix}\tag{3.112}$$

其中 N_i、N_j、N_m是对应节点的形函数，结合式（3.109）与式（3.110）可得到形函数为

$$\begin{cases}N_i=\dfrac{1}{2A}(\alpha_i+\beta_i x+\gamma_i y)\\[2ex]N_j=\dfrac{1}{2A}(\alpha_j+\beta_j x+\gamma_j y)\\[2ex]N_m=\dfrac{1}{2A}(\alpha_m+\beta_m x+\gamma_m y)\end{cases}\tag{3.113}$$

其中，A（三角形面积）、α、β、γ 均仅由节点坐标确定：

$$A = \frac{1}{2}|x_iy_j + x_jy_m + x_my_i - x_jy_i - x_my_j - x_iy_m|$$

$$\begin{cases}\alpha_i = x_jy_m - y_jx_m \\ \beta_i = y_j - y_m \\ \gamma_i = x_m - x_j\end{cases};\begin{cases}\alpha_j = y_ix_m - x_iy_m \\ \beta_j = y_m - y_i \\ \gamma_j = x_i - x_m\end{cases};\begin{cases}\alpha_m = x_iy_j - y_ix_j \\ \beta_m = y_i - y_j \\ \gamma_m = x_j - x_i\end{cases} \quad (3.114)$$

3.6.3 平面三角形单元应变－位移及应力－应变关系

利用弹性力学的应变－位移关系和上一节推导的线性位移函数，可得平面应力和平面应变问题的应变表达式，如下：

$$\{\varepsilon\} = \begin{Bmatrix}\varepsilon_x \\ \varepsilon_y \\ \gamma_{xy}\end{Bmatrix} = \begin{Bmatrix}\dfrac{\partial u}{\partial x} \\ \dfrac{\partial v}{\partial y} \\ \dfrac{\partial u}{\partial y} + \dfrac{\partial v}{\partial x}\end{Bmatrix} = [B]\{U^e\} \quad (3.115)$$

其中矩阵［B］为

$$[B] = \frac{1}{2A}\begin{bmatrix}\beta_i & 0 & \beta_j & 0 & \beta_m & 0 \\ 0 & \gamma_i & 0 & \gamma_j & 0 & \gamma_m \\ \gamma_i & \beta_i & \gamma_j & \beta_j & \gamma_m & \beta_m\end{bmatrix} \quad (3.116)$$

式（3.116）表明矩阵［B］在三角形单元内为常数（与空间坐标变量无关），于是式（3.115）表达的单元内部应变也是常数。这是由位移函数线性分布假设（所选取的形函数是线性的）导致的，这种三角形单元也称作常应变三角形单元。

平面问题的应力－应变关系：

$$\{\sigma\} = [D]\{\varepsilon\} \quad (3.117)$$

其中，对于平面应力问题刚度矩阵［D］为式（3.99），对于平面应变问题刚度矩阵［D］为式（3.103）。

3.6.4 平面三角形单元刚度矩阵和方程

将上述小节得到的单元位移函数｛U（x，y）｝与单元应变｛ε｝代入单元内部应变能泛函（3.107），有

$$W = \frac{1}{2}\iiint\limits_V \{\varepsilon\}^{\mathrm{T}}[D]\{\varepsilon\}\mathrm{d}V = \frac{1}{2}\{\varepsilon\}^{\mathrm{T}}[D]\{\varepsilon\}At$$

$$= \frac{1}{2}\{U^e\}^{\mathrm{T}}[B]^{\mathrm{T}}[D][B]\{U^e\}At \quad (3.118)$$

式中，t 为三角形单元的厚度，At 即三角形单元的体积。再将单元位移函数 $\{U(x,y)\}$ 与单元应变 $\{\varepsilon\}$ 代入单元外力势能泛函（3.108），有

$$\begin{aligned}\Omega_p &= -\{U^e\}^{\mathrm{T}}\{f^e\}\\ \Omega_b &= -\iiint_V \{U(x,y)\}^{\mathrm{T}}\{f_b\}\,\mathrm{d}V = -\{U^e\}^{\mathrm{T}}\iiint_V [N]^{\mathrm{T}}\{f_b\}\,\mathrm{d}V\\ \Omega_s &= -\iint_S \{U(x,y)\}^{\mathrm{T}}\{f_s\}\,\mathrm{d}S = -\{U^e\}^{\mathrm{T}}\iint_S [N]^{\mathrm{T}}\{f_s\}\,\mathrm{d}S\end{aligned}\tag{3.119}$$

于是，单元总势能表达为

$$\begin{aligned}\pi_p = {}&\frac{1}{2}\{U^e\}^{\mathrm{T}}[B]^{\mathrm{T}}[D][B]\{U^e\}At - \\ &\{U^e\}^{\mathrm{T}}\left(\iiint_V [N]^{\mathrm{T}}\{f_b\}\,\mathrm{d}V + \iint_S [N]^{\mathrm{T}}\{f_s\}\,\mathrm{d}S + \{f^e\}\right)\end{aligned}\tag{3.120}$$

利用最小势能原理 $\dfrac{\partial \pi_p}{\partial\{U^e\}} = \{0\}$，即可得到单元的刚度方程：

$$\iiint_V [N]^{\mathrm{T}}\{f_b\}\,\mathrm{d}V + \iint_S [N]^{\mathrm{T}}\{f_s\}\,\mathrm{d}S + \{f^e\} = At[B]^{\mathrm{T}}[D][B]\{U^e\}\tag{3.121}$$

于是，三角形单元的刚度矩阵为

$$[K^e] = At[B]^{\mathrm{T}}[D][B]\tag{3.122}$$

该矩阵的规模为 6×6，可分块表示为

$$[K^e] = \begin{bmatrix}[k_{ii}] & [k_{ij}] & [k_{im}]\\ [k_{ji}] & [k_{jj}] & [k_{jm}]\\ [k_{mi}] & [k_{mj}] & [k_{mm}]\end{bmatrix}_{6\times6}\tag{3.123}$$

式中，

$$\begin{aligned}&[k_{kl}] = [B_k]^{\mathrm{T}}[D][B_l]At,\ (k,l = \{i,j,m\})\\ &[B_i] = \frac{1}{2A}\begin{bmatrix}\beta_i & 0\\ 0 & \gamma_i\\ \gamma_i & \beta_i\end{bmatrix};[B_j] = \frac{1}{2A}\begin{bmatrix}\beta_j & 0\\ 0 & \gamma_j\\ \gamma_j & \beta_j\end{bmatrix};[B_m] = \frac{1}{2A}\begin{bmatrix}\beta_m & 0\\ 0 & \gamma_m\\ \gamma_m & \beta_m\end{bmatrix}\end{aligned}\tag{3.124}$$

3.6.5　平面三角形系统

假设一个平面三角形系统包含 N 个节点、M 个三角形单元，则系统刚度矩阵的规模是 $2N\times2N$，于是根据 $\{F\}=[K]\{U\}$ 可直接写出系统刚度方程

的形式：

$$\begin{Bmatrix} F_{1x} \\ F_{1y} \\ \vdots \\ F_{Nx} \\ F_{Ny} \end{Bmatrix}_{2N\times 1} = \begin{bmatrix} & & \\ & K & \\ & & \end{bmatrix}_{2N\times 2N} \begin{Bmatrix} u_1 \\ v_1 \\ \vdots \\ u_N \\ v_N \end{Bmatrix}_{2N\times 1} \tag{3.125}$$

式中，$\{F\}$ 是系统的等价节点力列式，可根据系统的外力载荷条件直接给出；$\{U\}$ 是系统的节点位移列式，可根据系统的位移约束条件给出其中的已知位移。系统刚度矩阵 $[K]$ 依然可以利用前述介绍的刚度矩阵叠加法进行构建，其组装规则如下：遍历系统中所有三角形单元，计算单元刚度矩阵 $[K^e]$，然后将该单元刚度矩阵的 36 个元素叠加到系统刚度矩阵的第 $2i-1$、$2i$、$2j-1$、$2j$、$2m-1$、$2m$ 行与第 $2i-1$、$2i$、$2j-1$、$2j$、$2m-1$、$2m$ 列形成的 6×6 的交叉点上，如图 3.34 所示。

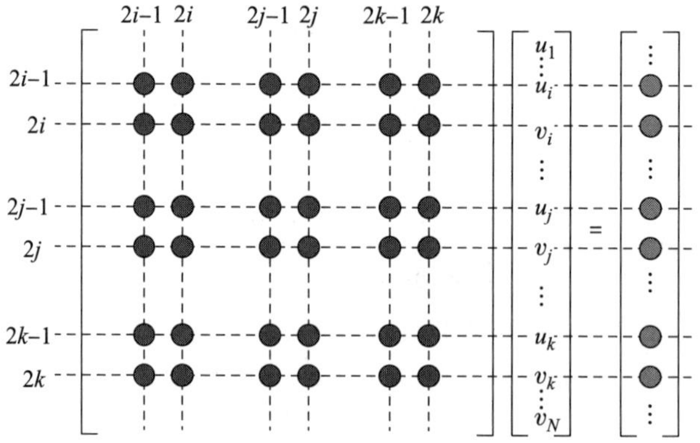

图 3.34 平面三角形系统刚度矩阵叠加组装示意图

组装完成系统刚度矩阵后，求解系统刚度方程，则有限元问题得解。

3.7 四面体单元

3.7.1 四面体单元位移函数和形函数

如图 3.35 所示三维空间中的四面体单元，包含 4 个节点，且每个节

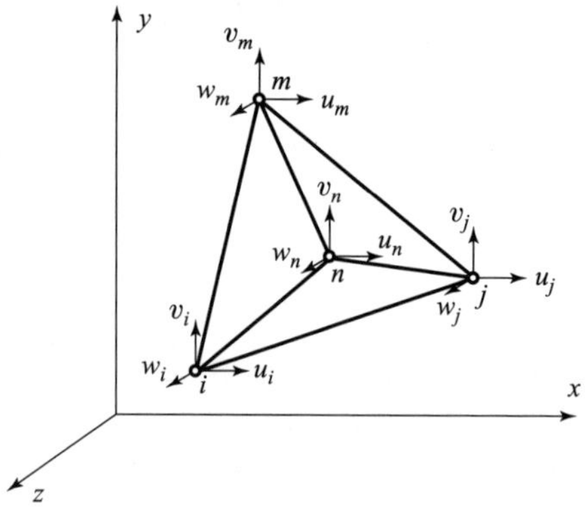

图 3.35 四面体单元

点的位移拥有三个自由度，因此三维空间四面体单元共拥有 12 个自由度。

类似于平面三角形单元，假设四面体单元的位移函数为线性函数：

$$\{U(x,y,z)\} = \begin{Bmatrix} u(x,y,z) \\ v(x,y,z) \\ w(x,y,z) \end{Bmatrix} = \begin{bmatrix} 1 & x & y & z & 0 & 0 & 0 & 0 & 0 & 0 & 0 & 0 \\ 0 & 0 & 0 & 0 & 1 & x & y & z & 0 & 0 & 0 & 0 \\ 0 & 0 & 0 & 0 & 0 & 0 & 0 & 0 & 1 & x & y & z \end{bmatrix} \begin{Bmatrix} a_1 \\ a_2 \\ a_3 \\ a_4 \\ a_5 \\ a_6 \\ a_7 \\ a_8 \\ a_9 \\ a_{10} \\ a_{11} \\ a_{12} \end{Bmatrix} \tag{3.126}$$

式中，a_1，a_2，…，a_{12}为待定系数。同样根据节点位移，可以建立如下 12 条关系：

$$\{U^e\} = \begin{Bmatrix} u_i \\ v_i \\ w_i \\ u_j \\ v_j \\ w_j \\ u_m \\ v_m \\ w_m \\ u_n \\ v_n \\ w_n \end{Bmatrix} = \begin{bmatrix} 1 & x_i & y_i & z_i & 0 & 0 & 0 & 0 & 0 & 0 & 0 & 0 \\ 0 & 0 & 0 & 0 & 1 & x_i & y_i & z_i & 0 & 0 & 0 & 0 \\ 0 & 0 & 0 & 0 & 0 & 0 & 0 & 0 & 1 & x_i & y_i & z_i \\ 1 & x_j & y_j & z_j & 0 & 0 & 0 & 0 & 0 & 0 & 0 & 0 \\ 0 & 0 & 0 & 0 & 1 & x_j & y_j & z_j & 0 & 0 & 0 & 0 \\ 0 & 0 & 0 & 0 & 0 & 0 & 0 & 0 & 1 & x_j & y_j & z_j \\ 1 & x_m & y_m & z_m & 0 & 0 & 0 & 0 & 0 & 0 & 0 & 0 \\ 0 & 0 & 0 & 0 & 1 & x_m & y_m & z_m & 0 & 0 & 0 & 0 \\ 0 & 0 & 0 & 0 & 0 & 0 & 0 & 0 & 1 & x_m & y_m & z_m \\ 1 & x_n & y_n & z_n & 0 & 0 & 0 & 0 & 0 & 0 & 0 & 0 \\ 0 & 0 & 0 & 0 & 1 & x_n & y_n & z_n & 0 & 0 & 0 & 0 \\ 0 & 0 & 0 & 0 & 0 & 0 & 0 & 0 & 1 & x_n & y_n & z_n \end{bmatrix} \begin{Bmatrix} a_1 \\ a_2 \\ a_3 \\ a_4 \\ a_5 \\ a_6 \\ a_7 \\ a_8 \\ a_9 \\ a_{10} \\ a_{11} \\ a_{12} \end{Bmatrix} \tag{3.127}$$

将式（3. 126）、式（3. 127）采用矩阵标记，简写如下：

$$\begin{cases}\{U\} = [X]\{a\} \\ \{U^e\} = [X^e]\{a\}\end{cases} \tag{3.128}$$

式中，$[X]$、$[X^e]$ 分别为式（3.126）、式（3.127）右侧系数矩阵，$\{a\}$ 为待定系数列式。于是，位移函数可写为

$$\{U\} = [N]\{U^e\} \tag{3.129}$$

其中，单元形函数矩阵 $[N]$ 为

$$[N] = [X][X^e]^{-1} \tag{3.130}$$

3.7.2 四面体单元应变－位移及应力－应变关系

三维小变形应变表达如下：

$$\{\varepsilon\} = \begin{Bmatrix}\varepsilon_x \\ \varepsilon_y \\ \varepsilon_z \\ \gamma_{xy} \\ \gamma_{yz} \\ \gamma_{zx}\end{Bmatrix} = \begin{Bmatrix}\dfrac{\partial u}{\partial x} \\ \dfrac{\partial v}{\partial y} \\ \dfrac{\partial w}{\partial z} \\ \dfrac{\partial u}{\partial y}+\dfrac{\partial v}{\partial x} \\ \dfrac{\partial v}{\partial z}+\dfrac{\partial w}{\partial y} \\ \dfrac{\partial w}{\partial x}+\dfrac{\partial u}{\partial z}\end{Bmatrix} = \begin{bmatrix}\dfrac{\partial}{\partial x} & 0 & 0 \\ 0 & \dfrac{\partial}{\partial y} & 0 \\ 0 & 0 & \dfrac{\partial}{\partial z} \\ \dfrac{\partial}{\partial y} & \dfrac{\partial}{\partial x} & 0 \\ 0 & \dfrac{\partial}{\partial z} & \dfrac{\partial}{\partial y} \\ \dfrac{\partial}{\partial z} & 0 & \dfrac{\partial}{\partial x}\end{bmatrix}\begin{Bmatrix}u \\ v \\ w\end{Bmatrix} = [S]\{U\} \tag{3.131}$$

式中，$[S]$ 是微分算子矩阵。将式（3.129）、式（3.130）代入式（3.131）可得

$$\{\varepsilon\} = [S][X][X^e]^{-1}\{U^e\} = [B]\{U^e\} \tag{3.132}$$

微分算子矩阵 $[S]$ 作用于线性坐标函数矩阵 $[X]$，将得到常数矩阵，因此，矩阵 $[B]$ 也为常数矩阵。经过简单而烦琐的推导计算，可得矩阵 $[B]$：

$$[B] = \frac{1}{6V}\begin{bmatrix}\beta_1 & 0 & 0 & \beta_2 & 0 & 0 & \beta_3 & 0 & 0 & \beta_4 & 0 & 0 \\ 0 & \gamma_1 & 0 & 0 & \gamma_2 & 0 & 0 & \gamma_3 & 0 & 0 & \gamma_4 & 0 \\ 0 & 0 & \delta_1 & 0 & 0 & \delta_2 & 0 & 0 & \delta_3 & 0 & 0 & \delta_4 \\ \gamma_1 & \beta_1 & 0 & \gamma_2 & \beta_2 & 0 & \gamma_3 & \beta_3 & 0 & \gamma_4 & \beta_4 & 0 \\ 0 & \delta_1 & \gamma_1 & 0 & \delta_2 & \gamma_2 & 0 & \delta_3 & \gamma_3 & 0 & \delta_4 & \gamma_4 \\ \delta_1 & 0 & \beta_1 & \delta_2 & 0 & \beta_2 & \delta_3 & 0 & \beta_3 & \delta_4 & 0 & \beta_4\end{bmatrix} \tag{3.133}$$

式中，V 为四面体单元体积，系数 β_i、γ_i 和 δ_i（$i=1$，2，3，4）如下[1]：

$$\beta_1 = -\begin{vmatrix} 1 & y_2 & z_2 \\ 1 & y_3 & z_3 \\ 1 & y_4 & z_4 \end{vmatrix};\quad \gamma_1 = \begin{vmatrix} 1 & x_2 & z_2 \\ 1 & x_3 & z_3 \\ 1 & x_4 & z_4 \end{vmatrix};\quad \delta_1 = -\begin{vmatrix} 1 & x_2 & y_2 \\ 1 & x_3 & y_3 \\ 1 & x_4 & y_4 \end{vmatrix} \tag{3.134a}$$

$$\beta_2 = \begin{vmatrix} 1 & y_1 & z_1 \\ 1 & y_3 & z_3 \\ 1 & y_4 & z_4 \end{vmatrix};\quad \gamma_2 = -\begin{vmatrix} 1 & x_1 & z_1 \\ 1 & x_3 & z_3 \\ 1 & x_4 & z_4 \end{vmatrix};\quad \delta_2 = \begin{vmatrix} 1 & x_1 & y_1 \\ 1 & x_3 & y_3 \\ 1 & x_4 & y_4 \end{vmatrix} \tag{3.134b}$$

$$\beta_3 = -\begin{vmatrix} 1 & y_1 & z_1 \\ 1 & y_2 & z_2 \\ 1 & y_4 & z_4 \end{vmatrix};\quad \gamma_3 = \begin{vmatrix} 1 & x_1 & z_1 \\ 1 & x_2 & z_2 \\ 1 & x_4 & z_4 \end{vmatrix};\quad \delta_3 = -\begin{vmatrix} 1 & x_1 & y_1 \\ 1 & x_2 & y_2 \\ 1 & x_4 & y_4 \end{vmatrix} \tag{3.134c}$$

$$\beta_4 = \begin{vmatrix} 1 & y_1 & z_1 \\ 1 & y_2 & z_2 \\ 1 & y_3 & z_3 \end{vmatrix};\quad \gamma_4 = -\begin{vmatrix} 1 & x_1 & z_1 \\ 1 & x_2 & z_2 \\ 1 & x_3 & z_3 \end{vmatrix};\quad \delta_4 = \begin{vmatrix} 1 & x_1 & y_1 \\ 1 & x_2 & y_2 \\ 1 & x_3 & y_3 \end{vmatrix} \tag{3.134d}$$

三维弹性力学问题的应力－应变关系：

$$\{\sigma\} = [D]\{\varepsilon\} \tag{3.135}$$

其中，矩阵［D］是材料刚度矩阵，对于简单材料，刚度矩阵为常数矩阵，表达为式（3.96）。

3.7.3　四面体单元刚度矩阵和方程

四面体单元的内部应变能泛函为

$$\begin{aligned} W &= \frac{1}{2}\iiint_V \{\varepsilon\}^{\mathrm{T}}\{\sigma\}\,\mathrm{d}V = \frac{1}{2}\iiint_V \{\varepsilon\}^{\mathrm{T}}[D]\{\varepsilon\}\,\mathrm{d}V \\ &= \frac{1}{2}\{U^e\}^{\mathrm{T}}[B]^{\mathrm{T}}[D][B]\{U^e\}\iiint_V \mathrm{d}V \\ &= \frac{1}{2}\{U^e\}^{\mathrm{T}}[B]^{\mathrm{T}}[D][B]\{U^e\}V \end{aligned} \tag{3.136}$$

于是，四面体单元总势能表达为

$$\begin{aligned} \pi_p &= \frac{1}{2}\{U^e\}^{\mathrm{T}}[B]^{\mathrm{T}}[D][B]\{U^e\}V \\ &\quad - \{U^e\}^{\mathrm{T}}\left(\iiint_V [N]^{\mathrm{T}}\{f_b\}\,\mathrm{d}V + \iint_S [N]^{\mathrm{T}}\{f_s\}\,\mathrm{d}S + \{f^e\}\right) \end{aligned} \tag{3.137}$$

利用最小势能原理，可得四面体单元的刚度方程：

$$\iiint_V [N]^{\mathrm{T}}\{f_b\}\,\mathrm{d}V + \iint_S [N]^{\mathrm{T}}\{f_s\}\,\mathrm{d}S + \{f^e\} = V[B]^{\mathrm{T}}[D][B]\{U^e\} \tag{3.138}$$

于是，四面体单元的刚度矩阵为

$$[K^e] = V[B]^{\mathrm{T}}[D][B] \tag{3.139}$$

3.7.4 四面体系统

假设一个三维四面体单元系统包含 N 个节点、M 个四面体单元，则系统刚度矩阵的规模是 $3N\times3N$，于是根据 $\{F\}=[K]\{U\}$ 可直接写出系统刚度方程的形式：

$$\begin{Bmatrix} F_{1x} \\ F_{1y} \\ F_{1z} \\ \vdots \\ F_{Nx} \\ F_{Ny} \\ F_{Nz} \end{Bmatrix}_{3N\times1} = \begin{bmatrix} \\ & K & \\ \\ \end{bmatrix}_{3N\times3N} \begin{Bmatrix} u_1 \\ v_1 \\ w_1 \\ \vdots \\ u_N \\ v_N \\ w_N \end{Bmatrix}_{3N\times1} \tag{3.140}$$

系统刚度矩阵 $[K]$ 依然可以利用前述介绍的刚度矩阵叠加法进行构建，其组装规则如下：遍历系统中所有四面体单元，计算单元刚度矩阵 $[K^e]$，然后将该单元刚度矩阵的 144 个元素叠加到系统刚度矩阵的第 $3i-2$、$3i-1$、$3i$、$3j-2$、$3j-1$、$3j$、$3m-2$、$3m-1$、$3m$、$3n-2$、$3n-1$、$3n$ 行与第 $3i-2$、$3i-1$、$3i$、$3j-2$、$3j-1$、$3j$、$3m-2$、$3m-1$、$3m$、$3n-2$、$3n-1$、$3n$ 列形成的 12×12 的交叉点上。组装完成系统刚度矩阵后，求解系统刚度方程，则有限元问题得解。

需要说明的是，本章介绍的有限元单元还相对简单，除此之外常用的有限元单元还有平面四边形单元、三维金字塔单元、三维六面体单元等。本章介绍的形函数也是最简单的线性函数，然而在一些复杂单元或者高阶单元中，形函数往往不是线性的，进而得到的单元应变也往往不是常值。关于更复杂、更高阶的有限元单元刚度矩阵的推导过程，感兴趣的同学可以阅读其他相关的有限元方法原理书籍[2,3]。

习题

3.1　如图 E3.1 所示一维弹簧系统，已知节点 1 位移为 δ_1，节点 2、3 分别受水平力 F_{2x}、F_{3x}。

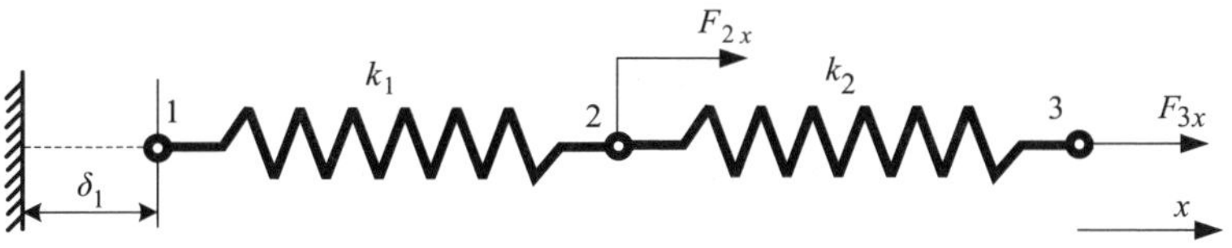

图 E3.1

a）请写出系统刚度矩阵；

b）请写出系统刚度方程，并指出其中的未知量。

3.2　如图 E3.2 所示一维弹簧系统，包含四根弹簧（弹性系数如图所示），滑块受水平外力作用，已知滑块产生位移 δ。

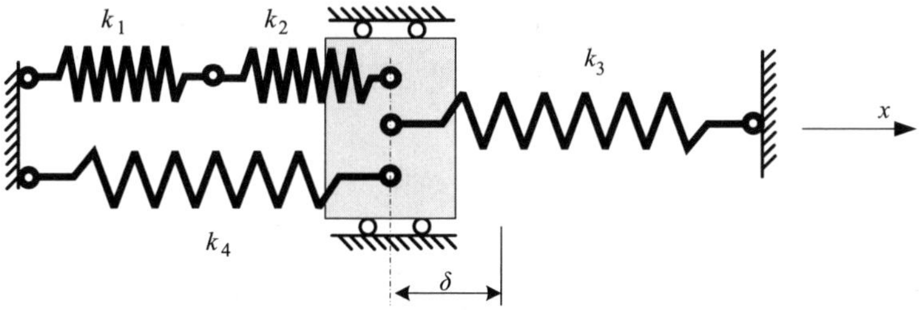

图 E3.2

a）请对该一维弹簧系统节点编号，并写出系统刚度矩阵；

b）请写出系统刚度方程，并指出其中的已知量与未知量。

3.3　如图 E3.3 所示一维弹簧与杆混合系统，已知右侧滑块受水平力 F。其中，杆的长度均为 L，截面积均为 A，弹性模量均为 E，弹簧的弹性系数均为 k。

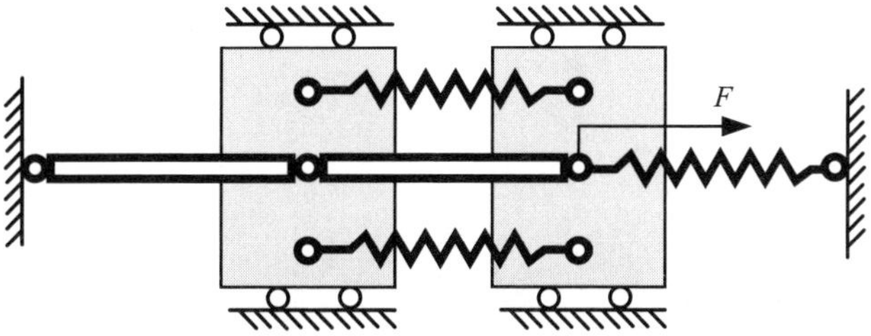

图 E3.3

a）请对该一维弹簧与杆混合系统节点编号，并写出系统刚度矩阵；

b）请写出系统刚度方程，并指出其中的已知量与未知量。

3.4　如图 E3.4 所示一维弹簧与杆混合系统，已知右端杆单元受均匀分布式线载荷 f_l、节点 4 受已知外力 F。

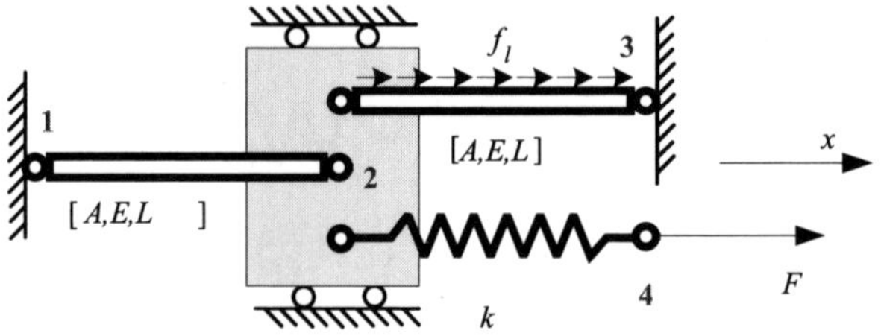

图 E3.4

a）计算节点 2 和 3 的系统等价节点外力；

b）写出系统刚度矩阵；

c）写出系统刚度方程，并指出已知量和未知量。

3.5　如图 3.21 所示平面桁架系统，请自拟节点坐标、杆截面积、弹性模量等参数，尝试编写计算机程序，求解各节点外力及位移。

参考文献

[1] D. L. Logan. A First Course in the Finite Element Method, SI Edition, Fifth Edition [M]. 张荣华，王蓝婧，李继荣，等译．北京：电子工业出版社，2014.

[2] O. C. Zienkiewicz, R. L. Taylor. The Finite Element Method (Fifth Edition), Volume 1: The Basis [M]. 曾攀，等译．北京：清华大学出版社，2008.

[3] 王勖成．有限单元法 [M]. 北京：清华大学出版社，2003.

第四章
设计优化方法

4.1　设计优化概述

优化设计（Optimization Design）是计算机辅助工程（CAE）中的一项重要内容。前期，在计算机辅助设计（CAD）阶段，我们完成了零部件的几何尺寸初步设计、结构初步设计等内容。但由于传统设计方法受到经验、计算方法和手段等条件的限制，得到的往往不是最佳设计方案。因此，我们还要对设计结果进行各方面的优化。

机械优化设计，是指在进行机械产品设计时，优化设计参数，使得在满足约束条件的前提下，达到使某项或某几项设计指标最优的设计过程。目前，优化设计方法已广泛应用于各个工程领域。如机械产品几何尺寸及结构设计，在满足性能要求下使得用料最少，成本最低等；机械加工工艺过程设计，在限定的设备条件下使生产率最高。

要有效解决一个机械优化设计问题，首先要将对应的工程问题抽象为数学问题，之后建立其数学模型，即用优化设计的数学表达式描述工程设计问题。之后根据优化问题的不同类别，选用合适的优化问题求解方法对其进行求解。本章先从最优化设计问题及模型出发，介绍了相应的数学基础知识，之后主要介绍机械优化设计所涉及的最基本最常用的几类优化方法。当然，优化方法有很多种，本章主要集中在无约束优化方法中的最速下降法、牛顿法、最小二乘法、高斯牛顿法、信赖阈法，有约束优化求解方法中的罚函数法以及线性规划问题求解方法中的图解法、单纯形法、应用单纯形法的人工变量法、对偶单纯形法、敏感性分析、参数线性规划，这些方法也是其他各种优化方法的基础。

4.1.1　最优化设计问题及模型

在阐述优化问题的基本概念和模型前，先看几个简单的实例。

例题 4.1 如图 4.1 所示，用一块边长为 a 的正方形铁皮做一个无盖长方体容器，需将正方形铁皮的 4 个角各剪裁掉一个边长为 x 的小正方形，应如何裁剪可使做成的容器的容积最大？

例题 4.2 设计一开口矩形储料箱，容积为 2.4 m^3，其宽度不得小于 1.6 m，如何设计储料箱的长、宽、高，使得其用料最省？

例题 4.3 如图 4.2 所示，设计一圆形截面悬臂杆的尺寸。该悬臂杆自由端作用有集中轴向载荷 P，悬臂杆的长度允许取值范围为 $l_1 \leqslant l \leqslant l_2$，直径的允许值范围为 $d_1 \leqslant d \leqslant d_2$，其中 l_1、l_2、d_1、d_2 为常数。要求在满足强度、刚度条件下，悬臂杆的体积最小。

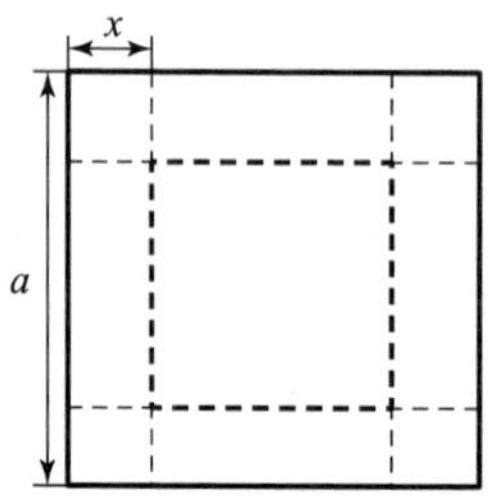

图 4.1 铁皮容器最优化设计

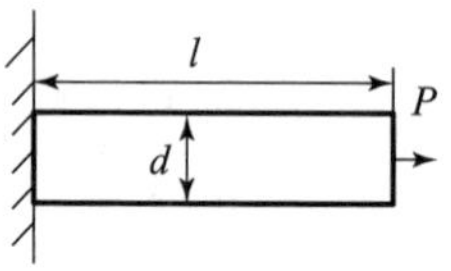

图 4.2 悬臂杆尺寸最优化设计

上述例题都是典型的机械优化设计问题。由例题可知，机械优化设计可以解决设计方案参数的最佳选择问题。这种选择不仅需保证多参数的组合方案满足各种设计的约束要求，而且还要使得设计指标达到最优值。

要有效解决一个机械优化设计问题，首先要将对应的工程问题抽象为数学问题，之后建立其数学模型，即用优化设计的数学表达式描述工程设计问题。然后，按照数学模型的特点选择合适的优化求解方法和计算程序，运用计算机求解，获得最优设计方案。因此，建立合理、有效、实用的数学模型是实现优化设计的根本保证。

一般而言，数学模型的建立过程因面向的优化问题不同而不同、如机械结构参数优化问题、机构运动参数优化问题、工艺参数优化问题、生产过程规划问题等。本书中，我们将优化设计的数学模型定义为三个要素所组成，分别是设计变量、目标函数和约束条件，接下来详细介绍。

1）设计变量

设计变量属于设计参数，它是在优化过程中不断变化的量，也是在优化设计问题中需要求解的具体设计值。当设计变量变化到某个数值后，使得设计目标达到最优。在机械设计优化中，设计变量一般是一些相互独立的参数，它们的取值都是实数。根据设计要求，大多数设计变量被认为是有界连续变量，称为连续量。例如，几何外形尺寸（如长、宽、高、厚等）、某些点的坐标值、速度、加速度、效率、温度、力、力矩等。但在一些情况下，有的设计变量取值是跳跃式的量，如齿轮的齿数和模数，丝杠的直径和螺距等，凡属这种跳跃式的量称为离散变量。对于离散变量，在优化设计过程中常常先把它视为连续量，在求得连续量的优化结果后再进行圆整或标准化，以求得一个实用的最优方案。

与设计变量相对应的是设计常量，在优化过程中不变，这是因为，对于某个具体的优化设计问题，并不是要求对所有的基本参数都用优化方法进行修改、调整，有些参数是可以根据客观规律、具体条件或已有数据等预先给定的设计参数，如材料的力学性能、机器的工作情况系数等，可以根据已有的经验预先取为定值。这样，对这个设计方案来说，它们就成为设计常量。

优化设计的目的，就是寻找设计变量的一种组合和每个设计变量的具体数值，使工程中所需的设计指标最优。

如例题 4.1 中的设计变量为铁皮 4 个角所裁掉的小正方形边长 x；例题 4.2 中的设计变量为储料箱的长、宽、高；例题 4.3 中的设计变量为圆形截面悬臂杆的长度 l 和直径 d。

2）目标函数

目标函数是机械优化设计所需要针对的特定目标，一般是“最”字所对应的优化目的，如材料最省、成本最低，质量最轻等。它是根据这个特定目标建立起来的、以设计变量为自变量的、一个可计算的函数。

优化设计的过程实际上是寻求目标函数最小值或最大值的过程。因为求目标函数的最小值可转换为求负的最大值，故目标函数统一描述为

$$\max z(\boldsymbol{X}) = z(x_1, x_2, \cdots, x_n) \tag{4.1}$$

式中，$\boldsymbol{X} = (x_1, x_2, \cdots, x_n)$ 为此问题的设计变量。

3）约束条件

在实际的工程问题中，设计变量不能任意选择，必须满足某些规定功能和其他要求。为产生一个可接受的设计而对设计变量取值施加的种种限制称为约束条件。约束条件一般表示为设计变量的不等式约束函数和等式约束函数形式：

$$g_i(\boldsymbol{X}) = g_i(x_1, x_2, \cdots, x_n) \geqslant (= / \leqslant) b_i \quad i = 1, 2, \cdots, m \tag{4.2}$$

式中，m、n 分别表示施加于该项设计的不等式或等式约束条件的数目以及约束变量的数目。

约束条件一般分为边界约束和性能约束两种。

（1）边界约束又称区域约束，表示设计变量的物理限制和取值范围。如

例题4.2中储料箱的设计，设储料箱的长、宽、高分别为x_1、x_2、x_3，即设计变量，则可得边界约束条件为

$$\begin{aligned} g_1(\boldsymbol{X}) &= x_1x_2x_3 = 2.4 \\ g_2(\boldsymbol{X}) &= x_2 - 1.6 \geqslant 0 \\ g_3(\boldsymbol{X}) &= x_1 > 0 \\ g_4(\boldsymbol{X}) &= x_2 > 0 \\ g_5(\boldsymbol{X}) &= x_3 > 0 \end{aligned} \tag{4.3}$$

例题4.3中圆形截面悬臂杆的尺寸设计，其中设计变量为长度l和直径d，则可得边界约束条件为

$$\begin{aligned} g_1(\boldsymbol{X}) &= g_1(l,d) = d - d_1 \geqslant 0 \\ g_2(\boldsymbol{X}) &= g_2(l,d) = d_2 - d \geqslant 0 \\ g_3(\boldsymbol{X}) &= g_3(l,d) = l - l_1 \geqslant 0 \\ g_4(\boldsymbol{X}) &= g_3(l,d) = l_2 - l \geqslant 0 \end{aligned} \tag{4.4}$$

（2）性能约束又称性态约束，是由某种设计性能或指标推导出来的一种约束条件。例如零件的加工应力、应变的限制，对振动频率、振幅的限制，对传动效率、温升、噪声、输出扭矩波动最大值等的限制，对运动学参数如位移、速度、转速、加速度的限制等。这类约束条件，一般总可以根据设计规范中的设计公式或通过物理学和力学的基本分析得出的约束函数来表示。

如例题4.3中圆形截面悬臂杆的尺寸设计，除了满足上述边界条件外，还需要在受力情况下满足强度和刚度条件。这就属于性能约束。

设悬臂杆的屈服强度为δ_s，弹性模量为E，拉伸刚度为k，则该悬臂杆的尺寸除了需要满足式（4.4）的边界约束外，还需要满足如下性能约束，也就是要满足强度和刚度的条件：

$$\begin{aligned} g_5(\boldsymbol{X}) &= g_5(l,d) = \frac{4P}{\pi d^2} \geqslant 0 \\ g_6(\boldsymbol{X}) &= g_6(l,d) = \frac{\pi d^2 E}{4l} \geqslant 0 \end{aligned} \tag{4.5}$$

只要是满足约束条件的设计参数，都可看作表示满足设计要求的一个可行方案。

综上，机械设计优化问题的数学模型是由设计变量、目标函数和约束条件这三个要素组成的。当遇到一个优化问题时，首先就是建立其数学模型，将其表示为式（4.6）的形式。

$$\begin{aligned} &\max/\min z(\boldsymbol{X}) = z(x_1,x_2,\cdots,x_n) \\ &\text{s. t. } g_i(\boldsymbol{X}) = g_i(x_1,x_2,\cdots,x_n) \geqslant (=/\leqslant) b_i \quad i = 1,2,\cdots,m \end{aligned} \tag{4.6}$$

实际的机械优化问题要复杂得多，而数学模型的正确性与合理性直接影响设计的最终质量。因此，当将一个复杂的机械优化问题抽象为数学模型时，首先需要弄清问题的本质，明确要达到的目标和可能的条件，选用或建立适当的数学、物理、力学模型来描述问题。本节对一般优化设计问题的基本概念做概括性的说明，主要是突出其数学实质，为后续各章节优化方法的讨论做必要的准备。

建立数学模型后，根据优化问题的不同类别，选用合适的优化问题求解方法对其进行求解。从不同的角度出发，优化问题可以分成不同的类别，如无约束优化问题、约束优化问题、线性规划问题、非线性规划问题等。

在建立优化数学模型后，怎样求解该数学模型，找出其最优解，也是机械优化设计的一个重要内容。求解优化数学模型的方法称为优化方法。根据上述对优化问题的分类，有一些特定的优化方法对其进行求解。

例如，解无约束非线性优化问题的方法有数值法和解析法两大类。数值迭代方法则是利用函数在某一局部区域的某些性质和函数值，采用某种算法逐步逼近到函数极值点的方法，如单纯形法、鲍威尔法等。解析法是运用数学解析方法，利用目标函数的性态（如可微性）来求优的方法，如梯度法、共轭梯度法、牛顿法、变尺度法等。

求解有约束非线性优化问题的方法，大致可分成三种：直接法、间接法和用约束线性优化去逼近约束非线性优化进行求解的方法。直接法是直接处理约束的求解方法，包括复合形法、可行方向法等；间接法是将约束优化问题通过一定形式的变换转化为一系列无约束优化问题，然后用无约束优化方法求解，如罚函数法、约束消元法等；用约束线性优化去逼近约束非线性优化进行求解的方法，顾名思义，是指将有约束的非线性优化问题转化为约束线性优化问题，之后对这个逼近的约束线性优化问题进行求解，如逼近规划法等。

所以，当针对具体问题选择合适有效的优化方法时，首先需要考虑此优化问题是有约束的优化问题还是无约束的优化问题，之后考虑目标函数和约束函数的非线性程度、是否可微等，之后观察优化设计问题的规模，如设计变量数目和约束条件数目的多少，再结合各种优化方法的收敛速度、计算效率、稳定性、可靠性，以及解的精确性，综合考虑，选择合适有效的优化方法，对优化问题进行求解。

当然，优化方法有很多种，本章主要介绍机械优化设计所涉及的最基本最常用的几类方法，这些方法也是其他各种优化方法的基础。

在介绍具体的优化方法之前，需先介绍优化方法的数学基础。

4.1.2 优化方法的数学基础

在上一节阐述完优化设计问题及其模型后，我们可知，机械优化设计问题通过建立相对应的数学模型，将实际工程问题转化为多元函数的求极值问题。例如，无约束优化问题就是在没有限制的条件下，对设计变量求目标函数的极值点，有可能是极大点，也有可能是极小点。有约束优化问题则是在设计变量满足约束限制的条件下，求目标函数的极值点，有可能是极大点，也有可能是极小点。因此，在建立完优化数学模型后，求解优化问题则可转化为数学上的极值求解问题。为了便于学习后续各小节所列举的优化方法，有必要先对各优化方法所涉及的数学基础进行概略介绍。本小节主要介绍无约束优化方法中需要涉及的向量范数与矩阵范数、函数的方向导数与梯度、多元函数的泰勒展开、海赛矩阵及正定矩阵、凸集与凸函数等。

1. 向量范数与矩阵范数

通过范数可以定义距离，而通过距离可以讨论极限和收敛的问题。同时研究线性方程组近似解的误差估计和迭代法的收敛性，也需要引入范数进行度量。

向量范数定义：

对 n 维实空间 $\mathbf{R}^n$ 中任意向量 $\boldsymbol{X}$，都有一个非负实数 $\|\boldsymbol{X}\|$ 与之相对应，并满足以下非负性、齐次性和三角不等式关系：

（1）（非负性）$\|\boldsymbol{X}\| \geqslant 0$，$\|\boldsymbol{X}\| = 0$ 当且仅当 $\boldsymbol{X} = 0$ 时成立；

（2）（齐次性）对任意实数 $a \in \mathbf{R}$，$\|a\boldsymbol{X}\| = |a|\,\|\boldsymbol{X}\|$；

（3）（三角不等式）对任意 $Y \in \mathbf{R}^n$，$\|\boldsymbol{X}+\boldsymbol{Y}\| \leqslant \|\boldsymbol{X}\| + \|\boldsymbol{Y}\|$。

则称 $\|\boldsymbol{X}\|$ 为向量 $\boldsymbol{X}$ 的范数。

进一步，假设 $\boldsymbol{X} = (x_1, x_2, \cdots, x_n)^{\mathrm{T}}$，对任意的数 $p \geqslant 1$，称

$$\|\boldsymbol{X}\|_p = \left(\sum_{i=1}^{n} |x_i|^p\right)^{\frac{1}{p}} \tag{4.7}$$

为向量 $\boldsymbol{X}$ 的 p 范数。

$\mathbf{R}^n$ 空间常见的范数主要包括：

1－范数：$\|\boldsymbol{X}\|_1 = \sum_{i=1}^{n} |x_i| = |x_1| + |x_2| + \cdots + |x_n|$；

2－范数：$\|\boldsymbol{X}\|_2 = \left(\sum_{i=1}^{n} |x_i|^2\right)^{\frac{1}{2}} = \sqrt{x_1^2 + x_2^2 + \cdots + x_n^2}$；

∞－范数：$\|\boldsymbol{X}\|_\infty = \max_{1 \leqslant i \leqslant n} |x_i|$。

矩阵范数定义：

设 $\boldsymbol{A}$ 是 $m\times n$ 矩阵，$\boldsymbol{A}\in\mathbf{R}^{m\times n}$，$\boldsymbol{X}\in\mathbf{R}^{n}$，$\|\boldsymbol{X}\|$ 为 $\mathbf{R}^{n}$ 中的范数，称

$$\|\boldsymbol{A}\| = \max_{\boldsymbol{X}\in\mathbf{R}^{n},\ \|\boldsymbol{X}\|\neq 0}\frac{\|\boldsymbol{AX}\|}{\|\boldsymbol{X}\|} = \max_{\boldsymbol{X}\in\mathbf{R}^{n},\ \|\boldsymbol{X}\|=1}\|\boldsymbol{AX}\| \tag{4.8}$$

为矩阵 $\boldsymbol{A}$ 的从属于该向量范数的范数，或称为矩阵 $\boldsymbol{A}$ 的算子，记作 $\|\boldsymbol{A}\|$。

常用的矩阵范数有 1－范数、∞－范数、2－范数（谱范数），下面分别给出其表达式：

1－范数：$\|\boldsymbol{A}\|_1 = \max\limits_{\boldsymbol{X}\in\mathbf{R}^{n},\ \|\boldsymbol{X}\|\neq 0}\dfrac{\|\boldsymbol{AX}\|_1}{\|\boldsymbol{X}\|_1} = \max\limits_{1\leqslant j\leqslant n}\sum\limits_{i=1}^{m}|a_{ij}|$，实际上是列元素绝对值之和的最大值，也称为矩阵 $\boldsymbol{A}$ 的列范数。

∞－范数：$\|\boldsymbol{A}\|_\infty = \max\limits_{\boldsymbol{X}\in\mathbf{R}^{n},\ \|\boldsymbol{X}\|\neq 0}\dfrac{\|\boldsymbol{AX}\|_\infty}{\|\boldsymbol{X}\|_\infty} = \max\limits_{1\leqslant i\leqslant m}\sum\limits_{j=1}^{n}|a_{ij}|$，实际上是行元素绝对值之和的最大值，也称为矩阵 $\boldsymbol{A}$ 的行范数。

2－范数：$\|\boldsymbol{A}\|_2 = \max\limits_{\substack{\boldsymbol{X}\in\mathbf{R}^{n}\\ \|\boldsymbol{X}\|\neq 0}}\dfrac{\|\boldsymbol{AX}\|_2}{\|\boldsymbol{X}\|_2} = \sqrt{\lambda_{\max}(\boldsymbol{A}^{\mathrm{T}}\boldsymbol{A})}$，其中 $\lambda_{\max}$ 为 $\boldsymbol{A}^{\mathrm{T}}\boldsymbol{A}$ 的特征值中绝对值的最大值，也称谱范数。

F－范数：$\|\boldsymbol{A}\|_F = \left(\sum\limits_{i=1}^{m}\sum\limits_{j=1}^{n}a_{ij}^2\right)^{\frac{1}{2}}$。

例题 4.4　已知矩阵 $\boldsymbol{A}=\begin{pmatrix}1 & 2 & 0\\ -1 & 2 & -1\\ 0 & 1 & 1\end{pmatrix}$，求矩阵 $\boldsymbol{A}$ 的 1－范数、∞－范数、2－范数（谱范数）。

解：1－范数：$\|\boldsymbol{A}\|_1 = \max\limits_{1\leqslant j\leqslant n}\sum\limits_{i=1}^{n}|a_{ij}| = \max\limits_{1\leqslant j\leqslant n}\{2,5,2\} = 5$；

∞－范数：$\|\boldsymbol{A}\|_\infty = \max\limits_{1\leqslant i\leqslant n}\sum\limits_{j=1}^{n}|a_{ij}| = \max\limits_{1\leqslant i\leqslant n}\{3,4,2\} = 4$；

2－范数（谱范数）：先计算 $\boldsymbol{A}^{\mathrm{T}}\boldsymbol{A}=\begin{pmatrix}1 & -1 & 0\\ 2 & 2 & 1\\ 0 & -1 & 1\end{pmatrix}\cdot\begin{pmatrix}1 & 2 & 0\\ -1 & 2 & -1\\ 0 & 1 & 1\end{pmatrix}=\begin{pmatrix}2 & 0 & 1\\ 0 & 9 & -1\\ 1 & -1 & 2\end{pmatrix}$，再计算特征值：$\lambda_1=9.143$，$\lambda_2=2.921$，$\lambda_3=0.936$，得到 $\lambda_{\max}=9.143$，所以 $\|\boldsymbol{A}\|_2=\sqrt{\lambda_{\max}(\boldsymbol{A}^{\mathrm{T}}\boldsymbol{A})}=3.024$。

2. 函数的方向导数与梯度

函数的方向导数与梯度是后续介绍无约束优化问题极值条件以及求解方法的数学基础。许多优化方法，如最速下降法、牛顿法等，在求解过程中都

需要先求解目标函数的导数与梯度。

1）偏导数

设有二元函数为$f(x_1,x_2)$，则其在$\boldsymbol{x}_0(x_{10},x_{20})$点处的偏导数为

$$\left.\frac{\partial f}{\partial x_1}\right|_{\boldsymbol{x}_0}=\lim_{\Delta x_1\to 0}\frac{f(x_{10}+\Delta x_1,x_{20})-f(x_{10},x_{20})}{\Delta x_1} \tag{4.9}$$

$$\left.\frac{\partial f}{\partial x_2}\right|_{\boldsymbol{x}_0}=\lim_{\Delta x_2\to 0}\frac{f(x_{10},x_{20}+\Delta x_2)-f(x_{10},x_{20})}{\Delta x_2} \tag{4.10}$$

偏导数的几何意义为，设$\boldsymbol{P}_0(x_{10},x_{20},f(x_{10},x_{20}))$是曲面$z=f(x_1,x_2)$上的一点，过$\boldsymbol{P}_0$做平面$x_2=x_{20}$，则与曲面$z=f(x_1,x_2)$相交，形成一条曲线，记为$z=f(x_1,x_{20})$，则偏导数$\left.\frac{\partial f}{\partial x_1}\right|_{\boldsymbol{x}_0}$就是这条曲线在点$\boldsymbol{P}_0$处切线$\boldsymbol{P}_0\boldsymbol{T}_{x_1}$对$x_1$轴的斜率。同样的，偏导数$\left.\frac{\partial f}{\partial x_2}\right|_{\boldsymbol{x}_0}$的几何意义是曲面被平面$x_1=x_{10}$所截的曲线在点$\boldsymbol{P}_0$处的切线$\boldsymbol{P}_0\boldsymbol{T}_{x_2}$对$x_2$轴的斜率。如图4.3所示。

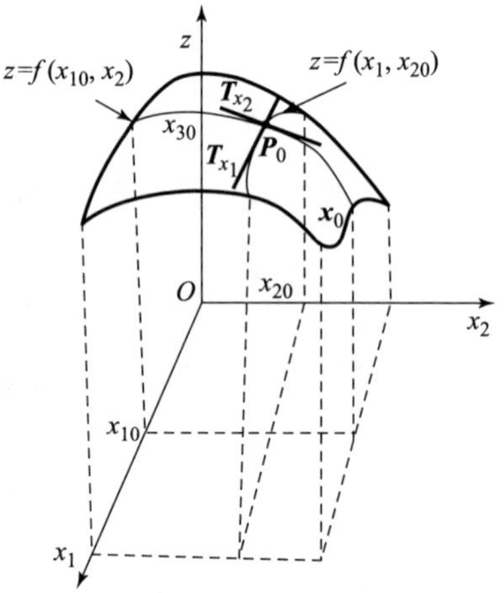

图4.3　二元函数偏导数几何意义

2）方向导数

偏导数反映了函数沿着坐标轴方向的变化率，但在很多情况下，仅仅知道函数沿坐标轴的变化率是不够的，还需要知道函数沿着某一指定方向的变化率。

由上述介绍可知，$\left.\frac{\partial f}{\partial x_1}\right|_{\boldsymbol{x}_0}$和$\left.\frac{\partial f}{\partial x_2}\right|_{\boldsymbol{x}_0}$分别是$f(x_1,x_2)$在$\boldsymbol{x}_0$点处分别沿坐标轴$x_1$和$x_2$两个方向的变化率。那么，函数$f(x_1,x_2)$在$\boldsymbol{x}_0(x_{10},x_{20})$点处沿某一方向$\boldsymbol{d}$的变化率如图4.4所示，为

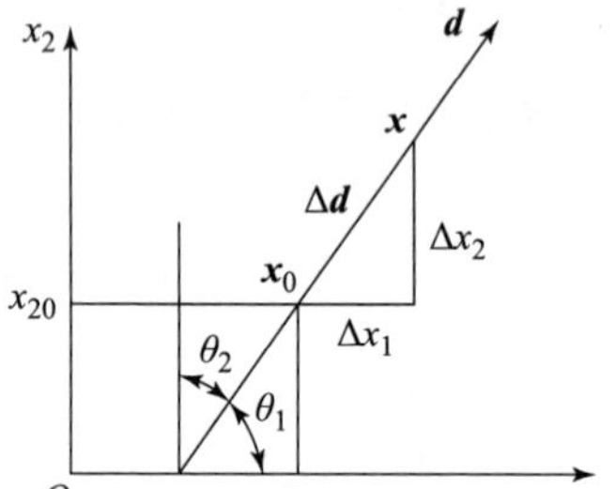

图4.4　二维空间中的方向

$$\begin{aligned}\left.\frac{\partial f}{\partial \boldsymbol{d}}\right|_{\boldsymbol{x}_0}&=\lim_{\Delta \boldsymbol{d}\to 0}\frac{f(x_{10}+\Delta x_1,x_{20}+\Delta x_2)-f(x_{10},x_{20})}{\Delta \boldsymbol{d}}\\&=\lim_{\Delta \boldsymbol{d}\to 0}\frac{f(x_{10}+\Delta x_1,x_{20})-f(x_{10},x_{20})}{\Delta x_1}\frac{\Delta x_1}{\Delta \boldsymbol{d}}+\\&\quad\lim_{\Delta \boldsymbol{d}\to 0}\frac{f(x_{10}+\Delta x_1,x_{20}+\Delta x_2)-f(x_{10}+\Delta x_1,x_{20})}{\Delta x_2}\frac{\Delta x_2}{\Delta \boldsymbol{d}}\end{aligned}$$

$$= \left.\frac{\partial f}{\partial x_1}\right|_{x_0}\cos\theta_1 + \left.\frac{\partial f}{\partial x_2}\right|_{x_0}\cos\theta_2 \tag{4.11}$$

它称为该函数沿某一方向 $\boldsymbol{d}$ 的方向导数，则关于方向导数的存在及计算，有以下定理。

如果函数 $f(x_1,x_2)$ 在 $\boldsymbol{x}_0(x_{10},x_{20})$ 点可微分，那么函数在该点沿任一方向 $\boldsymbol{d}$ 的方向导数存在，且有

$$\left.\frac{\partial f}{\partial \boldsymbol{d}}\right|_{x_0} = \left.\frac{\partial f}{\partial x_1}\right|_{x_0}\cos\theta_1 + \left.\frac{\partial f}{\partial x_2}\right|_{x_0}\cos\theta_2 \tag{4.12}$$

式中，$\cos\theta_1$ 和 $\cos\theta_2$ 是方向 $\boldsymbol{d}$ 的方向余弦。

同理，一个三元函数 $f(x_1,x_2,x_3)$ 在 $\boldsymbol{x}_0(x_{10},x_{20},x_{30})$ 点处沿 $\boldsymbol{d}$ 方向的方向导数 $\left.\frac{\partial f}{\partial \boldsymbol{d}}\right|_{x_0}$ 可表示为如下形式：

$$\left.\frac{\partial f}{\partial \boldsymbol{d}}\right|_{x_0} = \left.\frac{\partial f}{\partial x_1}\right|_{x_0}\cos\theta_1 + \left.\frac{\partial f}{\partial x_2}\right|_{x_0}\cos\theta_2 + \left.\frac{\partial f}{\partial x_3}\right|_{x_0}\cos\theta_3 \tag{4.13}$$

式中，$\cos\theta_1$、$\cos\theta_2$ 和 $\cos\theta_3$ 是三维空间中方向 $\boldsymbol{d}$ 的方向余弦，如图 4.5 所示。

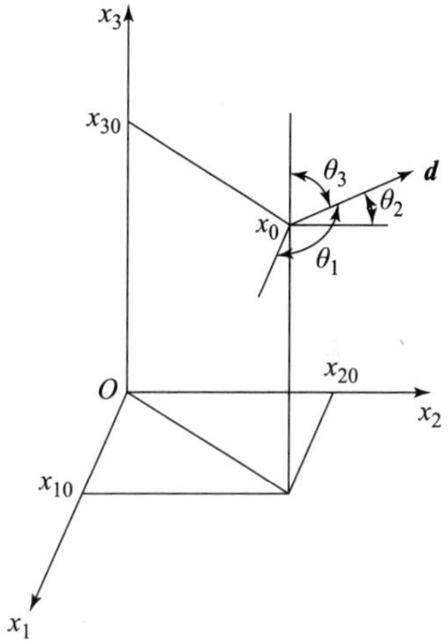

图 4.5　三维空间中的方向

以此类推，可得 n 元函数 $f(x_1,x_2,\cdots,x_n)$ 在 $\boldsymbol{x}_0(x_{10},x_{20},\cdots,x_{n0})$ 点处沿 $\boldsymbol{d}$ 方向的方向导数为

$$\begin{aligned}\left.\frac{\partial f}{\partial \boldsymbol{d}}\right|_{x_0} &= \left.\frac{\partial f}{\partial x_1}\right|_{x_0}\cos\theta_1 + \left.\frac{\partial f}{\partial x_2}\right|_{x_0}\cos\theta_2 + \cdots + \left.\frac{\partial f}{\partial x_n}\right|_{x_0}\cos\theta_n \\ &= \sum_{i=1}^{n}\left.\frac{\partial f}{\partial x_i}\right|_{x_0}\cos\theta_i \end{aligned}\tag{4.14}$$

式中，θ_i 为 $\boldsymbol{d}$ 方向和各个坐标轴 x_i 方向之间的夹角。

3）梯度

梯度是与方向导数有关联的一个概念。以二元函数为例，设二元函数 $f(x_1,x_2)$ 在平面区域 D 内具有一阶连续偏导数，则对于每一点 $\boldsymbol{x}_0(x_{10},x_{20}) \in D$，都可定义一个向量

$$\left.\frac{\partial f}{\partial x_1}\right|_{x_0}\boldsymbol{i} + \left.\frac{\partial f}{\partial x_2}\right|_{x_0}\boldsymbol{j} \tag{4.15}$$

该向量称为 $f(x_1,x_2)$ 在 $\boldsymbol{x}_0$ 点处的梯度，记作 gra $\boldsymbol{d}f(x_{10},x_{20})$ 或 $\nabla f(x_{10},x_{20})$。

那么，方向导数与梯度的关系可由以下推导得出。二元函数 $f(x_1,x_2)$ 沿

某一方向 $\boldsymbol{d}$ 处的方向导数 $\left.\frac{\partial f}{\partial \boldsymbol{d}}\right|_{x_0}$ 的表达式如下：

$$\left.\frac{\partial f}{\partial \boldsymbol{d}}\right|_{x_0} = \left.\frac{\partial f}{\partial x_1}\right|_{x_0}\cos\theta_1 + \left.\frac{\partial f}{\partial x_2}\right|_{x_0}\cos\theta_2 = \left(\frac{\partial f}{\partial x_1}\ \frac{\partial f}{\partial x_2}\right)_{x_0}\begin{pmatrix}\cos\theta_1\\ \cos\theta_2\end{pmatrix} \tag{4.16}$$

由梯度的定义，令

$$\nabla f(\boldsymbol{x}_0) = \begin{pmatrix}\frac{\partial f}{\partial x_1}\\ \frac{\partial f}{\partial x_2}\end{pmatrix}_{x_0} = \left(\frac{\partial f}{\partial x_1}\quad \frac{\partial f}{\partial x_2}\right)_{x_0}^{\mathrm{T}} \tag{4.17}$$

$\boldsymbol{d} \equiv \begin{pmatrix}\cos\theta_1\\ \cos\theta_2\end{pmatrix}$ 为 $\boldsymbol{d}$ 方向单位矢量，则有

$$\begin{aligned}\left.\frac{\partial f}{\partial \boldsymbol{d}}\right|_{x_0} &= \nabla f(\boldsymbol{x}_0)^{\mathrm{T}}\boldsymbol{d}\\ &= \|\nabla f(\boldsymbol{x}_0)\|\cos\theta\end{aligned} \tag{4.18}$$

式中，$\|\nabla f(\boldsymbol{x}_0)\|$ 为梯度矢量 $\nabla f(\boldsymbol{x}_0)$ 的模，θ 为梯度矢量与 $\boldsymbol{d}$ 的方向夹角。

由式（4.18）可知，函数 $f(x_1,x_2)$ 在 $\boldsymbol{x}_0$ 点处沿某一方向 $\boldsymbol{d}$ 的方向导数 $\left.\frac{\partial f}{\partial \boldsymbol{d}}\right|_{x_0}$ 等于函数在该点处的梯度 $\nabla f(\boldsymbol{x}_0)$ 与 $\boldsymbol{d}$ 方向单位矢量的内积。

这一关系式（4.18）表明了函数在一点的梯度与函数在这点的方向导数间的关系：

①当 $\theta = 0$，即梯度矢量与 $\boldsymbol{d}$ 的方向相同时，函数在这个方向的方向导数达到最大值，也就是梯度的模。也可以理解为，函数在这一点的梯度向量为方向是函数在这点的方向导数取最大值的方向，它的模为方向导数的最大值。

②当 $\theta = \pi$，即梯度矢量与 $\boldsymbol{d}$ 的方向相反时，函数在这个方向的方向导数达到最小值。

③当 $\theta = \frac{\pi}{2}$，即梯度矢量与 $\boldsymbol{d}$ 的方向正交时，则函数的变化率为零。

如图 4.6 所示，在 $x_1 - x_2$ 平面内画出 $f(x_1,x_2)$ 的等值线，即这条线上所有点所对应的函数值相等，即有

$$f(x_1,x_2) = r \tag{4.19}$$

r 为一系列常数，可知，在 $\boldsymbol{x}_0$ 点处等值线的切线方向 $\boldsymbol{d}$ 是函数变化率为零的方向，则梯度 $\nabla f(\boldsymbol{x}_0)$ 和切线方向 $\boldsymbol{d}$ 垂直，从而推得梯度方向为等值线的法线方向。那么，梯度 $\nabla f(\boldsymbol{x}_0)$ 方向为函数变化率最大方向，也就是最速上升方向。负梯度 $-\nabla f(\boldsymbol{x}_0)$ 方向为函数变化率最小方向，即最速下降方向。与梯度成锐角的方向为函数上升方向，与负梯度成锐角的方向为函数下降方向。

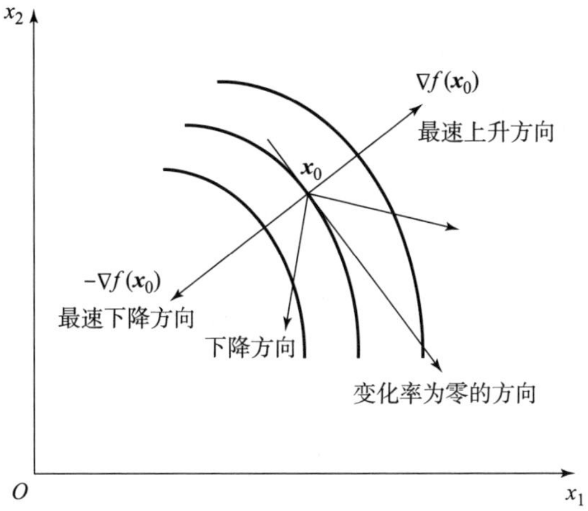

图 4.6　梯度方向与等值线的关系

例题 4.5　求二元函数 $f(x_1,x_2)=3x_1^2+x_2^2-5x_1-2x_2+7$ 在 $\boldsymbol{x}_0=(0,\ 0)^{\mathrm{T}}$ 处函数变化率最大的方向和数值。

解：函数变化率最大的方向是梯度方向，函数变化率最大的数值是梯度的模，因此，此题即求二元函数 $f(x_1,x_2)$ 在 $\boldsymbol{x}_0$ 点处的梯度方向和数值，

$$\nabla f(\boldsymbol{x}_0)=\begin{pmatrix}\dfrac{\partial f}{\partial x_1}\\[2ex]\dfrac{\partial f}{\partial x_2}\end{pmatrix}_{\boldsymbol{x}_0}=\begin{pmatrix}6x_1-5\\2x_2-2\end{pmatrix}_{\boldsymbol{x}_0}=\begin{pmatrix}-5\\-2\end{pmatrix}$$

$$\|\nabla f(\boldsymbol{x}_0)\|=\sqrt{\left(\frac{\partial f}{\partial x_1}\right)^2+\left(\frac{\partial f}{\partial x_2}\right)^2}=\sqrt{(-5)^2+(-2)^2}$$

例题 4.6　求二元函数 $f(x_1,x_2)=4x_1^2-x_2^2+2x_1x_2-3$ 在 $\boldsymbol{x}_0=(1,\ 2)^{\mathrm{T}}$ 处的梯度方向和数值。

解：

$$\nabla f(\boldsymbol{x}_0)=\begin{pmatrix}\dfrac{\partial f}{\partial x_1}\\[2ex]\dfrac{\partial f}{\partial x_2}\end{pmatrix}_{\boldsymbol{x}_0}=\begin{pmatrix}8x_1+2x_2\\-2x_2+2x_1\end{pmatrix}_{\boldsymbol{x}_0}=\begin{pmatrix}12\\-2\end{pmatrix}$$

$$\|\nabla f(\boldsymbol{x}_0)\|=\sqrt{\left(\frac{\partial f}{\partial x_1}\right)^2+\left(\frac{\partial f}{\partial x_2}\right)^2}=\sqrt{(12)^2+(-2)^2}$$

由二元函数的梯度定义，可以将其推广到多元函数，则对于多元函数 $f(x_1,x_2,\cdots,x_n)$ 在 $\boldsymbol{x}_0(x_{10},x_{20},\cdots,x_{n0})$ 点处的梯度 $\nabla f(\boldsymbol{x}_0)$，可定义为

$$\nabla f(\boldsymbol{x}_0) \equiv \begin{pmatrix} \dfrac{\partial f}{\partial x_1} \\ \dfrac{\partial f}{\partial x_2} \\ \vdots \\ \dfrac{\partial f}{\partial x_n} \end{pmatrix}_{\boldsymbol{x}_0} = \begin{pmatrix} \dfrac{\partial f}{\partial x_1} & \dfrac{\partial f}{\partial x_2} & \cdots & \dfrac{\partial f}{\partial x_n} \end{pmatrix}^{\mathrm{T}}_{\boldsymbol{x}_0} \tag{4.20}$$

对于 $f(x_1, x_2, \cdots, x_n)$ 在 $\boldsymbol{x}_0$ 点处沿某一方向 $\boldsymbol{d}$ 的方向导数可表示为

$$\begin{aligned} \left.\frac{\partial f}{\partial \boldsymbol{d}}\right|_{\boldsymbol{x}_0} &= \sum_{i=1}^{n} \left.\frac{\partial f}{\partial x_i}\right|_{\boldsymbol{x}_0} \cos\theta_i = \nabla f(\boldsymbol{x}_0)^{\mathrm{T}} \boldsymbol{d} \\ &= \| \nabla f(\boldsymbol{x}_0) \| \cos(\nabla f, \boldsymbol{d}) \end{aligned} \tag{4.21}$$

式中，

$$\boldsymbol{d} \equiv \begin{pmatrix} \cos\theta_1 \\ \cos\theta_2 \\ \vdots \\ \cos\theta_n \end{pmatrix} \tag{4.22}$$

为 $\boldsymbol{d}$ 方向上的单位矢量。

$$\| \nabla f(\boldsymbol{x}_0) \| = \left[\sum_{i=1}^{n} \left(\frac{\partial f}{\partial x_i} \right)^2_{\boldsymbol{x}_0} \right]^{\frac{1}{2}} \tag{4.23}$$

为梯度 $\nabla f(\boldsymbol{x}_0)$ 的模。

$$\boldsymbol{p} = \frac{\nabla f(\boldsymbol{x}_0)}{\| \nabla f(\boldsymbol{x}_0) \|} \tag{4.24}$$

为梯度方向单位矢量。

函数的方向导数与梯度是后续求解优化问题所用到的数学基础之一。因为通过建立优化问题的数学模型，可以将其转化为数学上的求极值问题，后续在介绍无约束优化问题的极值条件时，将用到这一节所讲到的数学概念。并且，通过梯度的定义及介绍，也可以发现它的一些性质，例如，是函数变化率最大的方向，这在后续介绍的优化方法，如最速下降法、牛顿法中都有涉及。

3. 多元函数泰勒展开、海赛（Hessian）矩阵与正定矩阵

多元函数泰勒展开、海赛矩阵及正定矩阵的概念在优化方法中十分重要，许多优化方法的原理或者收敛性证明都是以它们为基础的。

一元函数 $f(x)$ 在 $\boldsymbol{x}_0$ 的某邻域内具有直到 $(n+1)$ 阶导数，则对该邻域内的任一 x，有下面的 n 阶泰勒展开式：

$$f(x)=f(x_0)+f'(x_0)\Delta x+\frac{1}{2}f''(x_0)\Delta x^2+\cdots+\frac{1}{n!}f^{(n)}(x_0)\Delta x^n+\frac{1}{(n+1)!}f^{(n+1)}(x_0+\theta\Delta x)\Delta x^{n+1}(0<\theta<1) \tag{4.25}$$

式中，$\Delta x\equiv x-x_0$，$\Delta x^2\equiv(x-x_0)^2$，依次类推，$\Delta x^n\equiv(x-x_0)^n$。

同理，二元函数 $f(x_1,x_2)$ 在 $\boldsymbol{x}_0(x_{10},x_{20})$ 点处的 n 阶泰勒展开式为

$$\begin{aligned}f(x_1,x_2)=&f(x_{10},x_{20})+\left(\Delta x_1\frac{\partial}{\partial x_1}+\Delta x_2\frac{\partial}{\partial x_2}\right)f(x_{10},x_{20})+\\&\frac{1}{2!}\left(\Delta x_1\frac{\partial}{\partial x_1}+\Delta x_2\frac{\partial}{\partial x_2}\right)^2f(x_{10},x_{20})+\cdots\\&\frac{1}{n!}\left(\Delta x_1\frac{\partial}{\partial x_1}+\Delta x_2\frac{\partial}{\partial x_2}\right)^nf(x_{10},x_{20})+\\&\frac{1}{(n+1)!}\left(\Delta x_1\frac{\partial}{\partial x_1}+\Delta x_2\frac{\partial}{\partial x_2}\right)^{n+1}f(x_{10}+\theta\Delta x_1,x_{20}+\theta\Delta x_2)\\&(0<\theta<1)\end{aligned} \tag{4.26}$$

其中，$\Delta x_1\equiv x_1-x_{10}$，$\Delta x_2\equiv x_2-x_{20}$，

$$\left(\Delta x_1\frac{\partial}{\partial x_1}+\Delta x_2\frac{\partial}{\partial x_2}\right)f(x_{10},x_{20})\text{ 表示 }\left.\frac{\partial f}{\partial x_1}\right|_{x_0}\Delta x_1+\left.\frac{\partial f}{\partial x_2}\right|_{x_0}\Delta x_2,$$

$\left(\Delta x_1\frac{\partial}{\partial x_1}+\Delta x_2\frac{\partial}{\partial x_2}\right)^2f(x_{10},x_{20})$ 表示 $\left.\frac{\partial^2 f}{\partial x_1{}^2}\right|_{x_0}\Delta x_1^2+2\left.\frac{\partial^2 f}{\partial x_1\partial x_2}\right|_{x_0}\Delta x_1\Delta x_2+\left.\frac{\partial^2 f}{\partial x_2{}^2}\right|_{x_0}\Delta x_2^2$，一般地，$\left(\Delta x_1\frac{\partial}{\partial x_1}+\Delta x_2\frac{\partial}{\partial x_2}\right)^mf(x_{10},x_{20})$ 表示 $\sum_{p=0}^{m}C_m^p\Delta x_1^p\Delta x_2{}^{m-p}\left.\frac{\partial^m f}{\partial x_1{}^p\partial x_2{}^{m-p}}\right|_{(x_{10},x_{20})}$。

当将函数的泰勒展开式取到二次项时，可得到二次函数的形式。优化计算经常把目标函数表示成二次函数，以便使问题的分析得到简化。所以，我们经常用到的是函数的二阶泰勒展开式。

那么，一元函数 $f(x)$ 在 $x=x_0$ 点处的二阶泰勒展开式为

$$f(x)=f(x_0)+f'(x_0)\Delta x+\frac{1}{2}f''(x_0)\Delta x^2 \tag{4.27}$$

式中，$\Delta x\equiv x-x_0$，$\Delta x^2\equiv(x-x_0)^2$。

二元函数 $f(x_1,x_2)$ 在 $\boldsymbol{x}_0(x_{10},x_{20})$ 点处的二阶泰勒展开式为

$$\begin{aligned}f(x_1,x_2)=&f(x_{10},x_{20})+\left.\frac{\partial f}{\partial x_1}\right|_{x_0}\Delta x_1+\left.\frac{\partial f}{\partial x_2}\right|_{x_0}\Delta x_2+\\&\frac{1}{2}\left(\left.\frac{\partial^2 f}{\partial x_1{}^2}\right|_{x_0}\Delta x_1^2+2\left.\frac{\partial^2 f}{\partial x_1\partial x_2}\right|_{x_0}\Delta x_1\Delta x_2+\left.\frac{\partial^2 f}{\partial x_2^2}\right|_{x_0}\Delta x_2^2\right)\end{aligned} \tag{4.28}$$

式中，$\Delta x_1 \equiv x_1 - x_{10}$，$\Delta x_2 \equiv x_2 - x_{20}$。

若将式（4.28）展开式写成矩阵形式，则有

$$f(\boldsymbol{x}) = f(\boldsymbol{x}_0) + \left(\frac{\partial f}{\partial x_1} \quad \frac{\partial f}{\partial x_2}\right)_{\boldsymbol{x}_0} \begin{pmatrix} \Delta x_1 \\ \Delta x_2 \end{pmatrix} + \frac{1}{2}(\Delta x_1 \quad \Delta x_2) \begin{pmatrix} \frac{\partial^2 f}{\partial x_1^2} & \frac{\partial^2 f}{\partial x_1 \partial x_2} \\ \frac{\partial^2 f}{\partial x_2 \partial x_1} & \frac{\partial^2 f}{\partial x_2^2} \end{pmatrix}_{\boldsymbol{x}_0} \begin{pmatrix} \Delta x_1 \\ \Delta x_2 \end{pmatrix}$$

$$= f(\boldsymbol{x}_0) + \nabla f(\boldsymbol{x}_0)^{\mathrm{T}} \Delta \boldsymbol{x} + \frac{1}{2} \Delta \boldsymbol{x}^{\mathrm{T}} \boldsymbol{H}(\boldsymbol{x}_0) \Delta \boldsymbol{x} \tag{4.29}$$

式中，$\boldsymbol{H}(\boldsymbol{x}_0) \equiv \begin{pmatrix} \frac{\partial^2 f}{\partial x_1^2} & \frac{\partial^2 f}{\partial x_1 \partial x_2} \\ \frac{\partial^2 f}{\partial x_2 \partial x_1} & \frac{\partial^2 f}{\partial x_2^2} \end{pmatrix}_{\boldsymbol{x}_0}$，$\Delta \boldsymbol{x} \equiv \begin{pmatrix} \Delta x_1 \\ \Delta x_2 \end{pmatrix}$。

$\boldsymbol{H}(\boldsymbol{x}_0)$ 称为函数 $f(x_1, x_2)$ 在 $\boldsymbol{x}_0$ 点处的海赛矩阵。它是由函数 $f(x_1, x_2)$ 在 $\boldsymbol{x}_0$ 点处的二阶偏导数所组成的方阵。由于函数的二次连续性，有

$$\left.\frac{\partial^2 f}{\partial x_1 \partial x_2}\right|_{\boldsymbol{x}_0} = \left.\frac{\partial^2 f}{\partial x_2 \partial x_1}\right|_{\boldsymbol{x}_0} \tag{4.30}$$

所以 $\boldsymbol{H}(\boldsymbol{x}_0)$ 矩阵为对称方阵。

那么对于 n 元函数 $f(x_1, x_2, \cdots, x_n)$，如果函数 $f(\boldsymbol{x})$ 的所有二阶偏导都存在，则称如下的 $n \times n$ 阶方阵为 $f(\boldsymbol{x})$ 在 $\boldsymbol{x}_0$ 点处的海赛矩阵，

$$\boldsymbol{H}(\boldsymbol{x}_0) = \begin{pmatrix} \frac{\partial^2 f}{\partial x_1^2} & \frac{\partial^2 f}{\partial x_1 \partial x_2} & \cdots & \frac{\partial^2 f}{\partial x_1 \partial x_n} \\ \frac{\partial^2 f}{\partial x_2 \partial x_1} & \frac{\partial^2 f}{\partial x_2^2} & \cdots & \frac{\partial^2 f}{\partial x_2 \partial x_n} \\ \vdots & \vdots & & \vdots \\ \frac{\partial^2 f}{\partial x_n \partial x_1} & \frac{\partial^2 f}{\partial x_n \partial x_2} & \cdots & \frac{\partial^2 f}{\partial x_n^2} \end{pmatrix}_{\boldsymbol{x}_0} \tag{4.31}$$

那么，我们可以写出多元函数 $f(x_1, x_2, \cdots, x_n)$ 在 $\boldsymbol{x}_0$ 点处的二阶泰勒展开式的矩阵形式为

$$f(\boldsymbol{x}) = f(\boldsymbol{x}_0) + \nabla f(\boldsymbol{x}_0)^{\mathrm{T}} \Delta \boldsymbol{x} + \frac{1}{2} \Delta \boldsymbol{x}^{\mathrm{T}} \boldsymbol{H}(\boldsymbol{x}_0) \Delta \boldsymbol{x} \tag{4.32}$$

式中

$$\nabla f(\boldsymbol{x}_0) = \left(\frac{\partial f}{\partial x_1} \quad \frac{\partial f}{\partial x_2} \quad \cdots \quad \frac{\partial f}{\partial x_n}\right)_{\boldsymbol{x}_0}^{\mathrm{T}} \tag{4.33}$$

为函数 $f(\boldsymbol{x})$ 在 $\boldsymbol{x}_0$ 点处的梯度。

在优化计算中，当某点附近的函数值采用泰勒展开式做近似表达时，研

究该点邻域的极值问题需要分析二次型函数是否正定。那么，什么是二次型函数呢？在线性代数中，将一个 n 元函数的二次齐次多项式称为二次型。

例如，n 个变量 $x_1,x_2,\cdots,x_n$ 的二次齐次多项式为

$$\begin{aligned} f(x_1,x_2,\cdots,x_n) = d_{11}x_1^2 + d_{12}x_1x_2 + \cdots + d_{1n}x_1x_n + \\ d_{22}x_2^2 + d_{23}x_2x_3 + \cdots + d_{2n}x_2x_n + \\ \cdots + d_{nn}x_n^2 \end{aligned} \tag{4.34}$$

为方便研究，令

$$\begin{aligned} d_{ii} &= a_{ii}, i = 1,2,\cdots,n \\ a_{ij} &= a_{ji} = \frac{1}{2}d_{ij}, i < j \end{aligned} \tag{4.35}$$

则 $d_{ij}x_ix_j = a_{ij}x_ix_j + a_{ji}x_jx_i,(i<j)$，那么，式（4.34）可表示为对称形式，

$$\begin{aligned} f(x_1,x_2,\cdots,x_n) &= a_{11}x_1^2 + a_{12}x_1x_2 + \cdots + a_{1n}x_1x_n + \\ &\quad a_{21}x_2x_1 + a_{22}x_2^2 + \cdots + a_{2n}x_2x_n + \\ &\quad \cdots + \\ &\quad x_n(a_{n1}x_1 + a_{n2}x_2 + \cdots + a_{nn}x_n) \\ &= (x_1,x_2,\cdots,x_n)\begin{bmatrix} a_{11} & a_{12} & \cdots & a_{1n} \\ a_{21} & a_{22} & \cdots & a_{2n} \\ \vdots & \vdots & & \vdots \\ a_{n1} & a_{n2} & \cdots & a_{nn} \end{bmatrix}\begin{bmatrix} x_1 \\ x_2 \\ \vdots \\ x_n \end{bmatrix} \end{aligned} \tag{4.36}$$

记

$$\boldsymbol{A} = \begin{bmatrix} a_{11} & a_{12} & \cdots & a_{1n} \\ a_{21} & a_{22} & \cdots & a_{2n} \\ \vdots & \vdots & & \vdots \\ a_{n1} & a_{n2} & \cdots & a_{nn} \end{bmatrix}, \boldsymbol{X} = \begin{bmatrix} x_1 \\ x_2 \\ \vdots \\ x_n \end{bmatrix} \tag{4.37}$$

则式（4.36）的矩阵形式为 $f(x_1,x_2,\cdots,x_n) = \boldsymbol{X}^{\mathrm{T}}\boldsymbol{A}\boldsymbol{X}$。其中，矩阵 $\boldsymbol{A}$ 称为二次型的对应矩阵。

那么，如何判断一个矩阵是否是正定矩阵呢？

（1）求出 $\boldsymbol{A}$ 的所有特征值。若 $\boldsymbol{A}$ 的特征值均为正数，则 $\boldsymbol{A}$ 是正定的；若 $\boldsymbol{A}$ 的特征值均为负数，则 $\boldsymbol{A}$ 为负定的；

（2）计算 $\boldsymbol{A}$ 的各阶主子式。若 $\boldsymbol{A}$ 的各阶主子式均大于零，则 $\boldsymbol{A}$ 是正定的；若 $\boldsymbol{A}$ 的各阶主子式中，奇数阶主子式为负，偶数阶为正，则 $\boldsymbol{A}$ 为负定的。

对于优化问题，分析某点邻域的极值问题需要分析二次型函数是否正定，根据二次型函数的定义，也就是分析（4.32）中的 $\Delta \boldsymbol{x}^{\mathrm{T}}\boldsymbol{H}(\boldsymbol{x}_0)\Delta \boldsymbol{x}$ 是否正定。

例题 4.7 求函数

$$f(x_1,x_2)=2x_1^2-x_1x_2-x_2^2-6x_1-3x_2$$

在 $\boldsymbol{x}_0=\begin{pmatrix}x_{10}\\x_{20}\end{pmatrix}=\begin{pmatrix}1\\-2\end{pmatrix}$ 点处的二阶泰勒展开式。

解：二阶泰勒展开式为

$$f(x_1,x_2)=f(x_{10},x_{20})+\nabla f(\boldsymbol{x}_0)^{\mathrm{T}}(\boldsymbol{x}-\boldsymbol{x}_0)+\frac{1}{2}(\boldsymbol{x}-\boldsymbol{x}_0)^{\mathrm{T}}\boldsymbol{H}(\boldsymbol{x}_0)(\boldsymbol{x}-\boldsymbol{x}_0)$$

将 $\boldsymbol{x}_0$ 的具体数值代入，有

$$f(x_{10},x_{20})=0$$

$$\nabla f(\boldsymbol{x}_0)=\begin{pmatrix}\dfrac{\partial f}{\partial x_1}\\[2ex]\dfrac{\partial f}{\partial x_2}\end{pmatrix}_{\boldsymbol{x}_0}=\begin{pmatrix}4x_1-x_2-6\\-x_1-2x_2-3\end{pmatrix}_{\boldsymbol{x}_0}=\begin{pmatrix}0\\0\end{pmatrix}$$

$$\boldsymbol{H}(\boldsymbol{x}_0)=\begin{pmatrix}\dfrac{\partial^2 f}{\partial x_1^2} & \dfrac{\partial^2 f}{\partial x_1\partial x_2}\\[2ex]\dfrac{\partial^2 f}{\partial x_2\partial x_1} & \dfrac{\partial^2 f}{\partial x_2^2}\end{pmatrix}_{\boldsymbol{x}_0}=\begin{pmatrix}4 & -1\\-1 & -2\end{pmatrix}$$

所以得 $f(x_1,x_2)=\dfrac{1}{2}(x_1-x_{10}\quad x_2-x_{20})\boldsymbol{H}(\boldsymbol{x}_0)\begin{pmatrix}x_1-x_{10}\\x_2-x_{20}\end{pmatrix}$

$$=\frac{1}{2}(x_1-1\quad x_2+2)\begin{pmatrix}4 & -1\\-1 & -2\end{pmatrix}\begin{pmatrix}x_1-1\\x_2+2\end{pmatrix}$$

$$=2x_1^2-6x_1-x_1x_2-3x_2-x_2^2$$

例题 4.8 求函数

$$f(x_1,x_2)=3x_1^2+3x_2^2-4x_1-2x_2$$

在 $\boldsymbol{x}_0=\begin{pmatrix}x_{10}\\x_{20}\end{pmatrix}=\begin{pmatrix}2\\1\end{pmatrix}$ 点处的二阶泰勒展开式。

解：二阶泰勒展开式为

$$f(x_1,x_2)=f(x_{10},x_{20})+\nabla f(\boldsymbol{x}_0)^{\mathrm{T}}(\boldsymbol{x}-\boldsymbol{x}_0)+\frac{1}{2}(\boldsymbol{x}-\boldsymbol{x}_0)^{\mathrm{T}}\boldsymbol{H}(\boldsymbol{x}_0)(\boldsymbol{x}-\boldsymbol{x}_0)$$

将 $\boldsymbol{x}_0$ 的具体数值代入，有

$$f(x_{10},x_{20})=5$$

$$\nabla f(\boldsymbol{x}_0)=\begin{pmatrix}\dfrac{\partial f}{\partial x_1}\\[2ex]\dfrac{\partial f}{\partial x_2}\end{pmatrix}_{\boldsymbol{x}_0}=\begin{pmatrix}6x_1-4\\6x_2-2\end{pmatrix}_{\boldsymbol{x}_0}=\begin{pmatrix}8\\4\end{pmatrix}$$

$$\boldsymbol{H}(\boldsymbol{x}_0)=\begin{pmatrix}\dfrac{\partial^2 f}{\partial x_1^2} & \dfrac{\partial^2 f}{\partial x_1\partial x_2}\\ \dfrac{\partial^2 f}{\partial x_2\partial x_1} & \dfrac{\partial^2 f}{\partial x_2^2}\end{pmatrix}_{\boldsymbol{x}_0}=\begin{pmatrix}6&0\\0&6\end{pmatrix}$$

所以得

$$\begin{aligned}f(x_1,x_2)&=f(x_{10},x_{20})+\nabla f(\boldsymbol{x}_0)^{\mathrm{T}}\begin{pmatrix}x_1-x_{10}\\x_2-x_{20}\end{pmatrix}+\frac{1}{2}(x_1-x_{10}\quad x_2-x_{20})\\&\qquad\boldsymbol{H}(\boldsymbol{x}_0)\begin{pmatrix}x_1-x_{10}\\x_2-x_{20}\end{pmatrix}\\&=5+(8\quad 4)\begin{pmatrix}x_1-2\\x_2-1\end{pmatrix}+\frac{1}{2}(x_1-2\quad x_2-1)\begin{pmatrix}6&0\\0&6\end{pmatrix}\begin{pmatrix}x_1-2\\x_2-1\end{pmatrix}\\&=3x_1^2-4x_1+3x_2^2-2x_2\end{aligned}$$

4. 凸集与凸函数

先给出下面的定义：

线性组合：$\sum_{i=1}^{m}\lambda_i x_i$，其中 $\lambda_i\in\mathbf{R},x_i\in\mathbf{R}^n,i=1,2,\cdots,m$。

仿射组合：$\sum_{i=1}^{m}\lambda_i x_i$，其中 $\lambda_i\in\mathbf{R},x_i\in\mathbf{R}^n,i=1,2,\cdots,m$，且 $\sum_{i=1}^{m}\lambda_i=1$。

凸组合：$\sum_{i=1}^{m}\lambda_i x_i$，其中 $\lambda_i\in\mathbf{R}^+,x_i\in\mathbf{R}^n,i=1,2,\cdots,m$，且 $\sum_{i=1}^{m}\lambda_i=1$。

设集合 $S\subset\mathbf{R}^n$，若对任意两点 $x_1,x_2\in S$，以及 $0\leqslant\lambda\leqslant1$，存在 $\lambda x_1+(1-\lambda)x_2\in S$，则称集合 S 为凸集。

常见的凸集有单点集 $\{x\}$，空集 $\varnothing$，欧氏空间 $\mathbf{R}^n$ 等。任意多个凸集的交集为凸集；如果 S 是凸集，$\alpha\in\mathbf{R}$，则 $\alpha S=\{y\mid y=\alpha x,x\in S\}$ 也是一个凸集。另外，假设 S_1 和 S_2 是 $\mathbf{R}^n$ 上的凸集，则 S_1+S_2 及 S_1-S_2 均为凸集。

设函数 $f(\boldsymbol{x})$ 为定义在凸集 S 上的 n 维实函数，如果任取 S 中的两个不同点 x_1,x_2，以及 $\lambda\in[0,1]$，都有 $f(\lambda x_1+(1-\lambda)x_2)\leqslant\lambda f(x_1)+(1-\lambda)f(x_2)$，则称 $f(\boldsymbol{x})$ 是定义在集合 S 上的凸函数；如果 $f(\lambda x_1+(1-\lambda)x_2)<\lambda f(x_1)+(1-\lambda)f(x_2)$，则称 $f(\boldsymbol{x})$ 是定义在集合 S 上的严格凸函数。

从几何上来看，对于二元函数 $f(\boldsymbol{x})$，在几何上 $\lambda f(x_1)+(1-\lambda)f(x_2)$，$0\leqslant\lambda\leqslant1$ 表示连接 $(x_1,f(x_1)),(x_2,f(x_2))$ 的线段，$f(\lambda x_1+(1-\lambda)x_2)$ 表示在点 $\lambda x_1+(1-\lambda)x_2$ 处的函数值。所以，二元凸函数表示连接函数图形上任意两点的线段，总是位于这两点之间曲线弧的上方。如图 4.7 所示。

凸函数的判别定理（一阶条件）：假设 $f(x)$ 在凸集 $S\subseteq\mathbf{R}^n$ 上可微，则

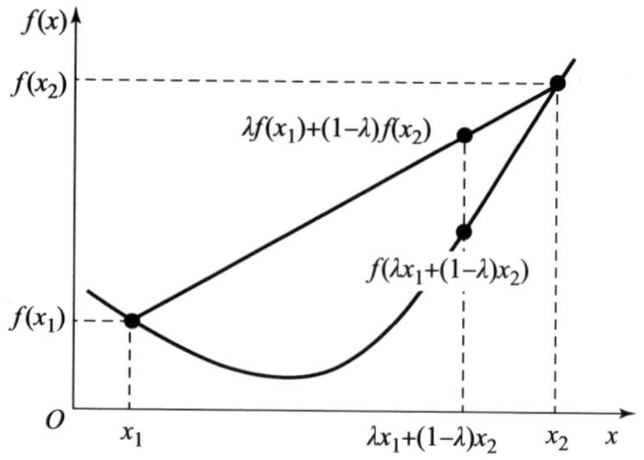

图 4.7　凸函数几何示意

$f(x)$ 在 S 上为凸函数的充要条件是对任意的 $x,y \in S$，都有 $f(y) \geqslant f(x) + \nabla f(x)^{\mathrm{T}}(y-x)$。

凸函数的判别定理（二阶条件）：设在开凸集 $S \subseteq \mathbf{R}^n$ 内 $f(x)$ 二阶可微，则 $f(x)$ 是 S 内的凸函数的充要条件为：对任意 $x \in S$, $f(\boldsymbol{x})$ 的海塞矩阵半正定。

4.2　无约束优化求解方法

根据 4.1.1 节的介绍可知，无约束优化问题即不带约束条件的优化问题。即求 n 维设计变量

$$\boldsymbol{x} = (x_1 \quad x_2 \quad \cdots \quad x_n)^{\mathrm{T}}$$

使目标函数 $f(\boldsymbol{x}) \to \min$，而对 $\boldsymbol{x}$ 没有任何限制条件。

一般来说，在实际的机械优化工程问题中，都会有一定的限制条件，在一定的限制条件下追求某一指标为最小、最大、性能最优等，所以它们都属于有约束的优化问题。但也有些实际问题，是一个无约束的优化问题，或者是虽然有些约束条件，但只有在非常接近最终极值点的情况下，其他范围都可以按无约束问题来处理。

这节将首先介绍无约束问题的极值条件，之后将介绍几种常用的求解无约束优化问题的优化方法，包括最速下降法、牛顿法、高斯牛顿法、信赖阈法以及在拟合求解中最常用的最小二乘法。无约束优化问题的解法是优化设计方法的基本组成部分，也是有约束优化方法的基础。

4.2.1　无约束问题的极值条件

由 4.1.1 节可知，建立优化问题的数学模型后，优化即使目标函数取得

极小值或极大值。由于在目标函数前加负号后，求负的极大值，即可转化为求新目标函数的极小值，因此，后续在讨论优化方法时，都将统一转化为求极小值进行求解。那么，无约束优化问题是，在无任何限制条件下，使目标函数取得极小值。极值条件就是指使目标函数取得极小值时，所对应的设计变量的值称为极值点，所应满足的条件。

对于可导的一元函数$f(\boldsymbol{x})$，在给定区间内某点$\boldsymbol{x} = \boldsymbol{x}_0$处取得极值，其必要条件是

$$f'(\boldsymbol{x}_0) = 0 \tag{4.38}$$

即函数的极值必须在驻点处取得。此条件是必要的，但不充分，也就是说驻点不一定就是极值点。检验驻点是否为极值点，一般用二阶导数的正负号来判断。

(1) 若$f''(\boldsymbol{x}_0) > 0$，则$\boldsymbol{x}_0$为极小值点。

(2) 若$f''(\boldsymbol{x}_0) < 0$，则$\boldsymbol{x}_0$为极大值点。

(3) 若$f''(\boldsymbol{x}_0) = 0$，则$\boldsymbol{x}_0$是否为极值点还需逐次检验其更高阶导数的正负号。若其开始不为零的导数阶数为偶次，则为极值点；若为奇次，则为拐点，而不是极值点。

对于二元函数$f(x_1, x_2)$，若在$\boldsymbol{x}_0(x_{10}, x_{20})$点处取得极值，其充要条件是

$$\left.\frac{\partial f}{\partial x_1}\right|_{\boldsymbol{x}_0} = \left.\frac{\partial f}{\partial x_2}\right|_{\boldsymbol{x}_0} = 0 \tag{4.39}$$

即

$$\nabla f(\boldsymbol{x}_0) = 0 \tag{4.40}$$

以及其海赛矩阵$H(x_0)$的各阶主子式均大于零，即对于

$$\boldsymbol{H}(\boldsymbol{x}_0) = \begin{pmatrix} \dfrac{\partial^2 f}{\partial x_1^2} & \dfrac{\partial^2 f}{\partial x_1 \partial x_2} \\ \dfrac{\partial^2 f}{\partial x_2 \partial x_1} & \dfrac{\partial^2 f}{\partial x_2^2} \end{pmatrix}_{\boldsymbol{x}_0} \tag{4.41}$$

要求

$$\left.\frac{\partial^2 f}{\partial x_1^2}\right|_{\boldsymbol{x}_0} > 0 \tag{4.42}$$

$$|\boldsymbol{H}(\boldsymbol{x}_0)| = \begin{vmatrix} \dfrac{\partial^2 f}{\partial x_1^2} & \dfrac{\partial^2 f}{\partial x_1 \partial x_2} \\ \dfrac{\partial^2 f}{\partial x_2 \partial x_1} & \dfrac{\partial^2 f}{\partial x_2^2} \end{vmatrix}_{\boldsymbol{x}_0} > 0 \tag{4.43}$$

证明如下：取二元函数$f(x_1, x_2)$在$\boldsymbol{x}_0$点处的二阶泰勒展开式近似$f(x_1,$

x_2)，忽略它的高阶项。又因为 $\left.\frac{\partial f}{\partial x_1}\right|_{x_0}=\left.\frac{\partial f}{\partial x_2}\right|_{x_0}=0$,则

$$f(x_1,x_2)=f(x_{10},x_{20})+\frac{1}{2}\left[\left.\frac{\partial^2 f}{\partial x_1^2}\right|_{x_0}\Delta x_1^2+2\left.\frac{\partial^2 f}{\partial x_1\partial x_2}\right|_{x_0}\Delta x_1\Delta x_2+\left.\frac{\partial^2 f}{\partial x_2^2}\right|_{x_0}\Delta x_2^2\right] \tag{4.44}$$

设
$$A=\left.\frac{\partial^2 f}{\partial x_1^2}\right|_{x_0},B=\left.\frac{\partial^2 f}{\partial x_1\partial x_2}\right|_{x_0},C=\left.\frac{\partial^2 f}{\partial x_2^2}\right|_{x_0} \tag{4.45}$$

则
$$\begin{aligned}f(x_1,x_2)&=f(x_{10},x_{20})+\frac{1}{2}(A\Delta x_1^2+2B\Delta x_1\Delta x_2+C\Delta x_2^2)\\&=f(x_{10},x_{20})+\frac{1}{2A}[(A\Delta x_1+B\Delta x_2)^2+(AC-B^2)\Delta x_2^2]\end{aligned} \tag{4.46}$$

若 $f(x_1,x_2)$ 在 $\boldsymbol{x}_0$ 点处取得极小值，则要求在 $\boldsymbol{x}_0$ 点附近的一切点 $\boldsymbol{x}$ 均需满足

$$f(x_1,x_2)-f(x_{10},x_{20})>0 \tag{4.47}$$

即
$$\frac{1}{2A}[(A\Delta x_1+B\Delta x_2)^2+(AC-B^2)\Delta x_2^2]>0 \tag{4.48}$$

即
$$A>0,AC-B^2>0 \tag{4.49}$$

即
$$\left.\frac{\partial^2 f}{\partial x_1^2}\right|_{x_0}>0 \tag{4.50}$$

$$\left[\frac{\partial^2 f}{\partial x_1^2}\frac{\partial^2 f}{\partial x_2^2}-\left(\frac{\partial^2 f}{\partial x_1\partial x_2}\right)^2\right]_{x_0}>0 \tag{4.51}$$

此条件即表示,$f(x_1,x_2)$ 在 $\boldsymbol{x}_0$ 点处的海赛矩阵 $\boldsymbol{H}(\boldsymbol{x}_0)$ 的各阶主子式均大于零。

例题 4.9 求函数 $f(x)=(x_1-1)^2+(x_2-1)^2$ 的极值。

解：首先，根据极值的充要条件求驻点，即

$$\nabla f(\boldsymbol{x})=\begin{pmatrix}\frac{\partial f}{\partial x_1}\\ \frac{\partial f}{\partial x_2}\end{pmatrix}=\begin{pmatrix}2x_1-2\\2x_2-2\end{pmatrix}=0$$

得驻点为

$$\boldsymbol{x}_0=\begin{pmatrix}x_{10}\\x_{20}\end{pmatrix}=\begin{pmatrix}1\\1\end{pmatrix}$$

由于

$$H(x_0)=\begin{pmatrix}\dfrac{\partial^2 f}{\partial x_1^2} & \dfrac{\partial^2 f}{\partial x_1\partial x_2}\\ \dfrac{\partial^2 f}{\partial x_2\partial x_1} & \dfrac{\partial^2 f}{\partial x_2^2}\end{pmatrix}_{x_0}=\begin{pmatrix}2 & 0\\ 0 & 2\end{pmatrix}$$

则 $H(x_0)$ 的一阶主子式

$$\left.\frac{\partial^2 f}{\partial x_1^2}\right|_{x_0}=2$$

和二阶主子式

$$|H(x_0)|=\begin{vmatrix}2 & 0\\ 0 & 2\end{vmatrix}=4$$

均大于零，故 $H(x_0)$ 为正定矩阵。

$$x_0=\begin{pmatrix}1\\ 1\end{pmatrix}$$

为最小值点，相应的极值为

$$f(x_0)=0$$

对于多元函数 $f(x_1,\ x_2,\ \cdots,\ x_n)$，若在 x^* 点处取得极值，则极值存在的充要条件为

$$\nabla f(x^*)=\begin{pmatrix}\dfrac{\partial f}{\partial x_1} & \dfrac{\partial f}{\partial x_2} & \cdots & \dfrac{\partial f}{\partial x_n}\end{pmatrix}^{\mathrm{T}}_{x^*}=0 \tag{4.52}$$

且

$$H(x^*)=\begin{pmatrix}\dfrac{\partial^2 f}{\partial x_1^2} & \dfrac{\partial^2 f}{\partial x_1\partial x_2} & \cdots & \dfrac{\partial^2 f}{\partial x_1\partial x_n}\\ \dfrac{\partial^2 f}{\partial x_2\partial x_1} & \dfrac{\partial^2 f}{\partial x_2^2} & \cdots & \dfrac{\partial^2 f}{\partial x_1^2}\\ \vdots & \vdots & & \vdots\\ \dfrac{\partial^2 f}{\partial x_n\partial x_1} & \dfrac{\partial^2 f}{\partial x_n\partial x_2} & \cdots & \dfrac{\partial^2 f}{\partial x_n^2}\end{pmatrix}_{x^*} \tag{4.53}$$

正定，即要求 $H(x^*)$ 的各阶主子式均大于零，即

$$\left.\frac{\partial^2 f}{\partial x_1^2}\right|_{x^*}>0$$

$$\begin{pmatrix}\dfrac{\partial^2 f}{\partial x_1^2} & \dfrac{\partial^2 f}{\partial x_1\partial x_2}\\ \dfrac{\partial^2 f}{\partial x_2\partial x_1} & \dfrac{\partial^2 f}{\partial x_2^2}\end{pmatrix}_{x^*}>0 \tag{4.54}$$

$$\begin{pmatrix} \frac{\partial^2 f}{\partial x_1^2} & \frac{\partial^2 f}{\partial x_1 \partial x_2} & \frac{\partial^2 f}{\partial x_1 \partial x_3} \\ \frac{\partial^2 f}{\partial x_2 \partial x_1} & \frac{\partial^2 f}{\partial x_2^2} & \frac{\partial^2 f}{\partial x_2 \partial x_3} \\ \frac{\partial^2 f}{\partial x_3 \partial x_1} & \frac{\partial^2 f}{\partial x_3 \partial x_2} & \frac{\partial^2 f}{\partial x_3^2} \end{pmatrix}_{\boldsymbol{x}^*} > 0$$

$$\vdots$$

$$|\boldsymbol{H}(\boldsymbol{x}^*)| > 0$$

一个自然的想法是，当遇到一个无约束优化问题的求解，通过建立数学模型，就把无约束优化问题的求解转化为求解一个多元函数的极值问题时，可否直接应用此极值条件来确定极值点位置？也就是是否可以通过令目标函数的导数（如果可导）为零，把求函数极值的问题变成求解方程 $\nabla f = 0$ 的问题。即求 $\boldsymbol{x}$，使其满足如下式子。

$$\begin{cases} \frac{\partial f}{\partial x_1} = 0 \\ \frac{\partial f}{\partial x_2} = 0 \\ \quad \vdots \\ \frac{\partial f}{\partial x_n} = 0 \end{cases} \tag{4.55}$$

其实，式（4.55）是一个含有 n 个未知数和 n 个方程的方程组。由于大部分误差函数非常复杂，故使目标函数对决策变量求偏导后 $\left(\frac{\partial f}{\partial x_1}, \frac{\partial f}{\partial x_2}, \cdots, \frac{\partial f}{\partial x_n}\right)$，一般情况下是非线性的。对于非线性方程组，除了一些特殊情况外，一般来说其求解也是一个难题，很难用解析方法求解的，需要采用数值计算方法逐步求出非线性联立方程组的解。所谓的解析解法，就是把研究对象用数学方程（数学模型）描述出来，然后再用数学解析方法（如微分、变分法等）求出优化解。但在很多情况下，优化设计问题的数学描述比较复杂，因此，不便于甚至是不可能用解析方法求解；另外，有时对象本身的机理无法用数学方程描述。而只能通过大量试验数据用插值或拟合方法构造一个近似数式，再来求其优化解，并通过试验来验证或直接以数学原理为指导。因此，对于复杂的目标函数，用求其导数为零的方法有可能无法解出解析解，并且后续海赛矩阵本身也不易求得，它的正定性判定也非常复杂。所以，我们在此介绍多元函数的极值条件仅具有理论意义。对于实际的无约束优化问题求解，常用数值迭代计算方法直接求解无约束极值问题。它是指从任取一点出发通过少量探索性的计算，并根据计算结果的比较逐步改进而求得优化解。这种方法属于近似的、迭代性质的数值解法。数值解法不仅可以用于求复杂函数的优化解，也可以用于处理没有数学解析表达式的优化设计问题。因此，它是实际问题中常用的方法，很受人们的重视。

其基本思想是给定一个初值 $\boldsymbol{x}^0$ 作为初始点，这个初值可以是经验估计的或者随机指定的（随机的话有可能会影响后续的收敛速度），对应的目标函数值为 $f(\boldsymbol{x}^0)$。然后改变（增大或减少）$\boldsymbol{x}^0$ 的值，得到一个新的值 $\boldsymbol{x}^1$，如果 $f(\boldsymbol{x}^0) > f(\boldsymbol{x}^1)$，那么说明迭代的方向是朝着目标函数值减小的方向。

转变为数学描述语言，即从给定的初始点 $\boldsymbol{x}^0$ 出发，沿某一搜索方向 $\boldsymbol{d}^0$ 进行搜索，确定最佳步长 α_0，使目标函数值沿 $\boldsymbol{d}^0$ 方向下降最大。依此方式按下述公式不断进行，形成迭代的下降算法。

$$\begin{aligned}\boldsymbol{x}^{k+1} &= \boldsymbol{x}^k + \Delta\boldsymbol{x}^k \\ &= \boldsymbol{x}^k + \alpha_k\boldsymbol{d}^k \quad (k = 0,1,2,\cdots)\end{aligned} \tag{4.56}$$

式中，$\boldsymbol{d}^k$ 是第 $k+1$ 次搜索或迭代方向，称为搜索或迭代方向，它是根据数学原理由目标函数和约束条件的局部信息状态形成的。各种无约束优化方法，它们都是需要确定迭代过程中的一个增量 $\Delta\boldsymbol{x}^k$，而这些方法的区别就在于确定其搜索方向 $\boldsymbol{d}^k$ 的方法不同。所以，搜索方向的构成问题乃是无约束优化方法的关键。同样的，使 $f(\boldsymbol{x}^{k+1}) = f(\boldsymbol{x}^k + \alpha_k\boldsymbol{d}^k)$ 取极值的 $\alpha_k = \alpha^*$ 的方法也是不同的。$\boldsymbol{d}^k$ 和 α_k 的形成和确定方法不同就派生出不同的 n 维无约束优化问题的数值解法，例如本节后续将要介绍的最速下降法、牛顿法、高斯牛顿法、信赖域法等。如此循环迭代多次，直到达到终止条件结束迭代。迭代终止准则一般有下列三种：

（1）当相邻两迭代点 $\boldsymbol{x}^k$ 和 $\boldsymbol{x}^{k+1}$ 的间距充分小时，终止迭代计算。用两相邻迭代点间矢量的长度来表示，即 $\|\boldsymbol{x}^{k+1} - \boldsymbol{x}^k\| \leqslant \varepsilon$，式中 ε 为迭代精度。

（2）当相邻迭代点的目标函数值下降量或相对下降量已达充分小，即可终止迭代，即 $\|f(\boldsymbol{x}^{k+1}) - f(\boldsymbol{x}^k)\| \leqslant \varepsilon$，或 $\dfrac{\|f(\boldsymbol{x}^{k+1}) - f(\boldsymbol{x}^k)\|}{\|f(\boldsymbol{x}^k)\|} \leqslant \varepsilon$。

（3）当目标函数在迭代点的梯度已达到充分小时，终止迭代，即 $\|\nabla f(\boldsymbol{x}^k)\| \leqslant \varepsilon$。

那么，按照迭代公式（4.56），可以绘制对无约束优化问题进行极小值计算的迭代算法粗的流程框图，如图 4.8 所示。一般的无约束优化方法迭代过程大致都是按图 4.8 所示的流程，其中重要的两个步骤就是如何形成 $\boldsymbol{d}$ 和确定 α。显然，对于不同的无约束优化方法的具体流程图，只要改变形成 $\boldsymbol{d}$ 和确定 α 这两个框中的内容即可。

实际上，按照上述迭代方法进行求解，很多时候找到的所谓全局最小值，

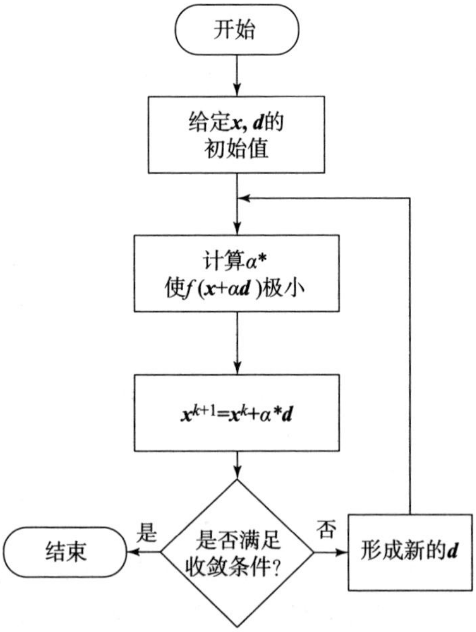

图 4.8　无约束极小值算法的粗框图

其实只是局部最小值。例如，如图 4.9 所示，局部最小值的前后函数值都比这个值大，所以它陷入了局部最小值。但这并不是我们想要的，那有没有保证局部最小值一定是全局最小值的情况呢?

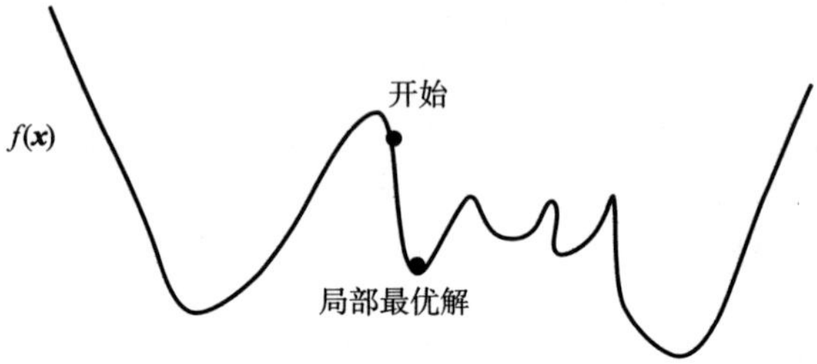

图 4.9　陷入局部最优解

如果一个函数是凸函数，那么它只有一个极小值点，也就是最小值点。凸函数的概念在 4.1.2 节中已经进行了介绍。如何判断一个函数是否是凸函数?

对于一元二次可微函数，如果它的二阶导数是正的，那么该函数就是严格凸函数。

对于多元二次可微函数，当它的海赛矩阵正定时，就是严格凸函数。

几个非负凸函数的和仍然是凸函数。

当然，也存在不是凸函数的函数，只有一个极小值点，即全局最小值的情况。如图 4.10 所示，这两个函数不是凸函数，但它们只有一个极小值。

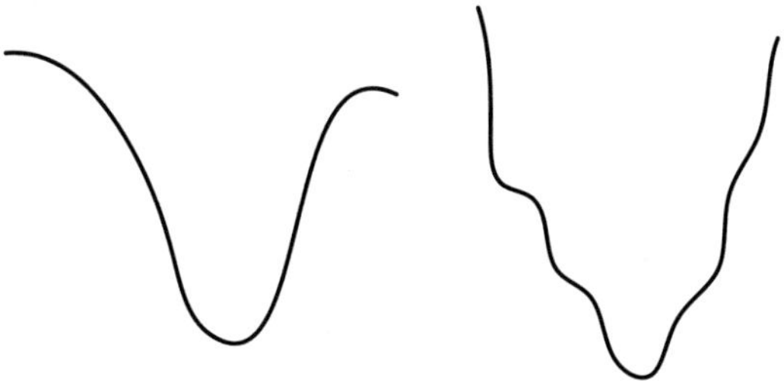

图 4.10　两个非凸函数

所以，在用数值迭代解法求解无约束优化问题时，除了需要确定最佳迭代步长 α 和迭代方向 $\boldsymbol{d}$ 之外，迭代初始点 $\boldsymbol{x}^0$ 的选择也很重要，要防止迭代过程陷入局部最小值。

4.2.2　最速下降法

最速下降法又称为梯度法，是最简单最古老的方法之一，很多方法都是以这个方法为基础进行改进和修正来的。就如同下山，选择从梯度最陡峭的方向下山会很快。这是从山顶走到山脚路程最短、时间最快的方法。找最陡峭位置就是找梯度。

假设无约束优化问题的目标函数 $f(\boldsymbol{x})$ 有一阶连续偏导，且具有极小点 $\boldsymbol{x}^*$；以 $\boldsymbol{x}^k$ 表示极小点的第 k 次近似，为了求其第 $k+1$ 次近似点 $\boldsymbol{x}^{k+1}$，在 $\boldsymbol{x}^k$ 点沿方向 $\boldsymbol{d}^k$ 作射线 $\boldsymbol{x}^{k+1} = \boldsymbol{x}^k + \alpha\boldsymbol{d}^k$，其中 α 为迭代步长。

现将 $f(\boldsymbol{x}^{k+1})$ 在 $\boldsymbol{x}^k$ 处作泰勒展开，则有

$$f(\boldsymbol{x}^{k+1}) = f(\boldsymbol{x}^k + \alpha\boldsymbol{d}^k) = f(\boldsymbol{x}^k) + \alpha\nabla f(\boldsymbol{x}^k)^{\mathrm{T}}\boldsymbol{d}^k + o(\alpha) \tag{4.57}$$

式中，$o(\alpha)$ 是 α 的高阶无穷小项。对于充分小的 α，只要

$$\nabla f(\boldsymbol{x}^k)^{\mathrm{T}}\boldsymbol{d}^k < 0 \tag{4.58}$$

即可保证 $f(\boldsymbol{x}^{k+1}) = f(\boldsymbol{x}^k + \alpha\boldsymbol{d}^k) < f(\boldsymbol{x}^k)$。此时，目标函数得到了改善，再逐步减小。接下来，考察不同的方向 $\boldsymbol{d}^k$，假设 $\boldsymbol{d}^k$ 的模不为零，并且 $\nabla f(\boldsymbol{x}^k)$ 不为零，那么使得式（4.58）成立的 $\boldsymbol{d}^k$ 有无穷多个，那么哪个是最优的呢？即寻求使得 $\nabla f(\boldsymbol{x}^k)^{\mathrm{T}}\boldsymbol{d}^k$ 取最小值的 $\boldsymbol{d}^k$。

由于 $\nabla f(\boldsymbol{x}^k)^{\mathrm{T}}\boldsymbol{d}^k = \|\nabla f(\boldsymbol{x}^k)\| \cdot \|\boldsymbol{d}^k\|\cos\theta$，当 $\boldsymbol{d}^k$ 与 $\nabla f(\boldsymbol{x}^k)$ 的方向相反时（即 $\cos 180° = -1$），$\nabla f(\boldsymbol{x}^k)^{\mathrm{T}}\boldsymbol{d}^k$ 取最小值。$\boldsymbol{d}^k = -\nabla f(\boldsymbol{x}^k)$ 被称为负梯度方向，在 $\boldsymbol{x}^k$ 的某一小的邻域内，负梯度方向是使函数值下降最快的方向。为了得到下一个近似点，在确定搜索方向 $\boldsymbol{d}^k$ 后，还要确定步长 α。α 的计算可以采

用试算法，即首先选取一个 α 值进行试算，看它是否满足不等式 $f(\boldsymbol{x}^{k+1}) = f(\boldsymbol{x}^k + \alpha\boldsymbol{d}^k) < f(\boldsymbol{x}^k)$；如果满足就迭代下去，否则缩小 α 使不等式成立。由于采用负梯度方向，故满足该不等式的 α 总是存在的。另一种方法是通过在负梯度方向上的一维搜索，来确定使得 $f(\boldsymbol{x}^{k+1}) = f(\boldsymbol{x}^k + \alpha\boldsymbol{d}^k)$ 最小的 α。

最速下降法的基本迭代步骤如下：

（1）给定一个初始点 $\boldsymbol{x}^0$ 及其收敛精度 ε，若 $\|\nabla f(\boldsymbol{x}^0)\| \leqslant \varepsilon$，则 $\boldsymbol{x}^0$ 即极小点。若 $\|\nabla f(\boldsymbol{x}^k)\| > \varepsilon$，求步长 α_0，并计算 $\boldsymbol{x}^1 = \boldsymbol{x}^0 - \alpha_0 \nabla f(\boldsymbol{x}^0)$。求步长可以用一维搜索法、微分法等。

（2）反复迭代，若 $\|\nabla f(\boldsymbol{x}^k)\| \leqslant \varepsilon$，则 $\boldsymbol{x}^k$ 为极小点，否则继续求取步长 α_k 并计算 $\boldsymbol{x}^{k+1} = \boldsymbol{x}^k - \alpha_k \nabla f(\boldsymbol{x}^k)$。如此反复，直到达到要求的精度。

若 $f(\boldsymbol{x})$ 具有二阶连续偏导，在 $\boldsymbol{x}^k$ 处将 $f(\boldsymbol{x}^{k+1})$ 作二阶泰勒展开，即

$$f[\boldsymbol{x}^k - \alpha \nabla f(\boldsymbol{x}^k)] = f(\boldsymbol{x}^k) - \nabla f(\boldsymbol{x}^k)^{\mathrm{T}}\alpha \nabla f(\boldsymbol{x}^k) + \frac{1}{2}\alpha \nabla f(\boldsymbol{x}^k)^{\mathrm{T}} H(\boldsymbol{x}^k)\alpha \nabla f(\boldsymbol{x}^k) \tag{4.59}$$

对 α 求导并令其为零，则有最佳步长

$$\alpha_k = \frac{\nabla f(\boldsymbol{x}^k)^{\mathrm{T}} \nabla f(\boldsymbol{x}^k)}{\nabla f(\boldsymbol{x}^k)^{\mathrm{T}} \boldsymbol{H}(\boldsymbol{x}^k) \nabla f(\boldsymbol{x}^k)} \tag{4.60}$$

可见，最佳步长不仅与梯度有关，还与海赛矩阵有关。

其迭代流程，如图 4.11 所示。

例题 4.10 试用最速下降法求 $f(\boldsymbol{x}) = (x_1 - 1)^2 + (x_2 - 1)^2$ 的极小点，$\varepsilon = 0.1$。

解：取初始点 $\boldsymbol{x}^0 = (0,0)^{\mathrm{T}}$，则 $\nabla f(\boldsymbol{x}^0) = (-2, -2)^{\mathrm{T}}$

$$\|\nabla f(\boldsymbol{x}^0)\|^2 = [\sqrt{(-2)^2 + (-2)^2}]^2 = 8 > \varepsilon$$

$$\boldsymbol{H}(\boldsymbol{x}) = \begin{bmatrix} 2 & 0 \\ 0 & 2 \end{bmatrix}$$

$$\alpha_0 = \frac{\nabla f(\boldsymbol{x}^0)^{\mathrm{T}} \nabla f(\boldsymbol{x}^0)}{\nabla f(\boldsymbol{x}^0)^{\mathrm{T}} \boldsymbol{H}(\boldsymbol{x}^0) \nabla f(\boldsymbol{x}^0)} = \frac{1}{2}$$

$$\boldsymbol{x}^1 = \boldsymbol{x}^0 - \alpha_0 \nabla f(\boldsymbol{x}^0) = \begin{bmatrix} 0 \\ 0 \end{bmatrix} - \frac{1}{2}\begin{bmatrix} -2 \\ -2 \end{bmatrix} = \begin{bmatrix} 1 \\ 1 \end{bmatrix}$$

$$\|\nabla f(\boldsymbol{x}^1)\|^2 = [\sqrt{0^2 + 0^2}]^2 = 0 < \varepsilon$$

满足迭代终止条件，迭代终止。因此，当 $\boldsymbol{x}^1 = [1 \quad 1]^{\mathrm{T}}$ 时，$f(\boldsymbol{x})$ 具有最小值 0。

例题 4.11 试用最速下降法求 $f(\boldsymbol{x}) = 7x_1 + 5x_2 - x_1^2 - 4x_1x_2 - x_2^2$ 的极大点。

解：该二次函数的绝对最优解（通过求 $f(\boldsymbol{x})$ 的偏导数为零，联立解方程

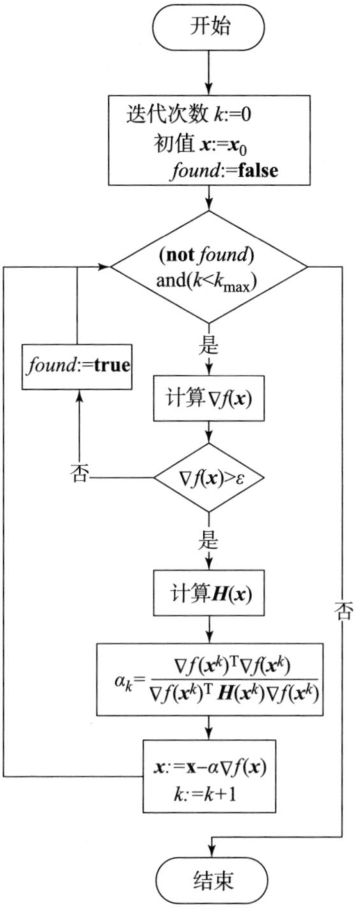

图 4.11　最速下降法迭代流程图

可得）$x^* = \left(\frac{1}{2}, \frac{3}{2}\right)^T$。

用最速下降法求解的迭代过程如下：

取初始点 $x^0 = (0,0)^T$，则 $\nabla f(x^0) = (7-2x_1-4x_2, 5-4x_1-2x_2)^T = (7,5)^T$

则下一个迭代点 x^1 的计算过程如下：

$$\alpha_0 = \frac{\nabla f(x^0)^T \nabla f(x^0)}{\nabla f(x^0)^T H(x^0) \nabla f(x^0)} = -0.17$$

于是有 $x^1 = x^0 - \alpha_0 \nabla f(x^0) = (1.21, 0.86)^T$，同理可进行后续的迭代计算。

第二次迭代：$\nabla f(x^1) = (1.12, -1.57), \alpha_1 = 0.56, x^2 = (0.58, 1.74)$

第三次迭代：$\nabla f(x^2) = (-1.14, -0.82), \alpha_1 = -0.17, x^2 = (0.38, 1.60)$

第四次迭代：$\nabla f(\boldsymbol{x}^3)=(-0.18,0.26),\alpha_1=0.56,\boldsymbol{x}^4=(0.49,1.46)$

第五次迭代：$\nabla f(\boldsymbol{x}^4)=(0.19,0.13),\alpha_1=-0.17,\boldsymbol{x}^5=(0.52,1.48)$

第六次迭代：$\nabla f(\boldsymbol{x}^5)=(0.03,-0.04)$，
$\|\nabla f(\boldsymbol{x}^5)\|\approx 0.051$

由于已经很小，因此迭代可以结束。

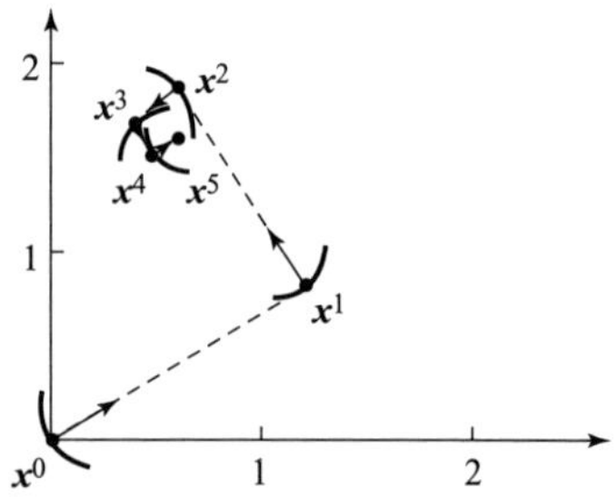

图 4.12　最速下降法迭代过程

如图 4.12 所示其迭代过程，可发现任何两个迭代相邻点的梯度方向是正交的。其实，在最速下降法中，相邻两个迭代点上的函数梯度是互相垂直的，证明如下：

根据最速下降法的迭代过程，在求 $f(\boldsymbol{x}^{k+1})$ 时有

$$f(\boldsymbol{x}^{k+1})=f[\boldsymbol{x}^k-\alpha_k\nabla f(\boldsymbol{x}^k)]=\min_{\alpha} f[\boldsymbol{x}^k-\alpha\nabla f(\boldsymbol{x}^k)]=\min_{\alpha}\varphi(\alpha) \tag{4.61}$$

根据上一节函数极值的必要条件可得需满足下式：

$$\varphi'(\alpha)=-[\nabla f[\boldsymbol{x}^k-\alpha_k\nabla f(\boldsymbol{x}^k)]]^{\mathrm{T}}\nabla f(\boldsymbol{x}^k)=0 \tag{4.62}$$

即
$$[\nabla f(\boldsymbol{x}^{k+1})]^{\mathrm{T}}\nabla f(\boldsymbol{x}^k)=0 \tag{4.63}$$

即
$$(\boldsymbol{d}^{k+1})^{\mathrm{T}}\boldsymbol{d}^k=0 \tag{4.64}$$

因此，在最速下降法中，相邻两个迭代点上的函数梯度是互相垂直的。这就是说在最速下降法中，迭代点在向函数极小值点靠近的过程中，走的是曲折的路线。由上述例题可以看出，当二次函数的等值线为同心椭圆时，采用最速下降法，其搜索路径呈直角锯齿状，最初几步函数值变化显著，但是迭代到最优点附近时，函数值的变化程度非常小。也就是说，在 $\boldsymbol{x}$ 点处的梯度方向，仅在 $\boldsymbol{x}$ 点的一个小邻域内才具有最速的性质，而对于整个优化过程来说，却不一定最快。因此，最速下降法经常与其他方法联合使用，在前期使用最速下降法，而在接近最优点使用其他方法。

我们对最速下降法进行总结，它是一个求解极值问题的古老算法，此法直观、简单。采用的是函数的负梯度方向作为下一步的搜索方向。初始值的选择以及步长的选取会影响其是否收敛与收敛速度。例如，初值选择不当会出现图 4.12 所示这种锯齿状的情况；如果步长设置得很大，有可能找不到最优值，一直在最优值附近振荡，如果设置的步长很小，迭代次数就会增多。但应用最速下降法可以使目标函数在开始几步下降很快，并且其他一些更有效的优化方法，都是在对它进行改进或在它的启发下获得的。

4.2.3　牛顿型法

牛顿法和最速下降法一样，也是求解极值问题的古老算法之一。下面是

牛顿法迭代公式的推导。

对于多元函数$f(\boldsymbol{x})$，设$\boldsymbol{x}^k$为$f(\boldsymbol{x})$极小值点$\boldsymbol{x}^*$的一个近似点，在$\boldsymbol{x}^k$点处将$f(\boldsymbol{x})$进行泰勒展开，保留二次项，得

$$f(\boldsymbol{x}) \approx \varphi(\boldsymbol{x}) = f(\boldsymbol{x}^k) + \nabla f(\boldsymbol{x}^k)^{\mathrm{T}}(\boldsymbol{x} - \boldsymbol{x}^k) + \frac{1}{2}(\boldsymbol{x} - \boldsymbol{x}^k)^{\mathrm{T}}\boldsymbol{H}(\boldsymbol{x}^k)(\boldsymbol{x} - \boldsymbol{x}^k) \tag{4.65}$$

设$\boldsymbol{x}^{k+1}$为$\varphi(\boldsymbol{x})$的极小值点，它作为$f(\boldsymbol{x})$极小值点$\boldsymbol{x}^*$的下一个近似点，根据极值必要条件

$$\nabla\varphi(\boldsymbol{x}^{k+1}) = 0 \tag{4.66}$$

即

$$\nabla f(\boldsymbol{x}^k) + \boldsymbol{H}(\boldsymbol{x}^k)(\boldsymbol{x}^{k+1} - \boldsymbol{x}^k) = 0 \tag{4.67}$$

得

$$\boldsymbol{x}^{k+1} = \boldsymbol{x}^k - \boldsymbol{H}(\boldsymbol{x}^k)^{-1}\nabla f(\boldsymbol{x}^k) \quad (k = 0,1,2,\cdots) \tag{4.68}$$

式（4.68）即牛顿法的迭代公式，则其迭代流程如图4.13所示。

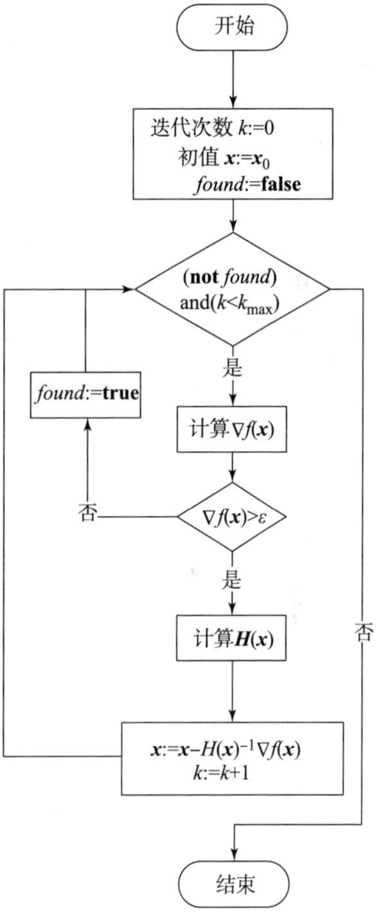

图4.13　牛顿法迭代流程

对于二次函数，$f(\boldsymbol{x})$的上述泰勒展开式不是近似的，而是精确的。海赛矩阵$\boldsymbol{H}(\boldsymbol{x}^k)$是一个常矩阵，其中各元素均为常数。因此，无论从任何点出发，只需一步就可找到极小值点。

其实，我们发现最速下降法可以认为是泰勒展开式中只取到了一阶项，二阶项后面的部分丢弃。而在牛顿法中，泰勒展开中取到的是二阶导数项。那为什么牛顿法不会像最速下降法那样出现锯齿振荡的情况呢？

如图4.14所示的$\boldsymbol{x}_n$、$\boldsymbol{x}_m$两点，它们的一阶导数值都一样，但是它们的二阶导数值不同。$\boldsymbol{x}_n$的二阶导数值更大，$\boldsymbol{x}_m$的二阶导数值更小。因为二阶导数值可以看成一阶导数值的变化量，也就是梯度的变化情况。如图4.14所示$\boldsymbol{x}_n$、$\boldsymbol{x}_m$两点的切线值差不多，但$\boldsymbol{x}_n$的梯度变化值比$\boldsymbol{x}_m$的梯度变化值要快。我们看牛顿法的变化量$\Delta\boldsymbol{x}^k = -\boldsymbol{H}(\boldsymbol{x}^k)^{-1}\nabla f(\boldsymbol{x}^k)$，既有海赛矩阵又有一阶导数。因此，$\boldsymbol{x}_n$的海赛矩阵大些，迈的步长就短些；$\boldsymbol{x}_m$的海赛矩阵小，所以迈的步长长些。因此，牛顿法是在迭代变化率大时，步长短些，在变化率小时步长就大些就平滑些。

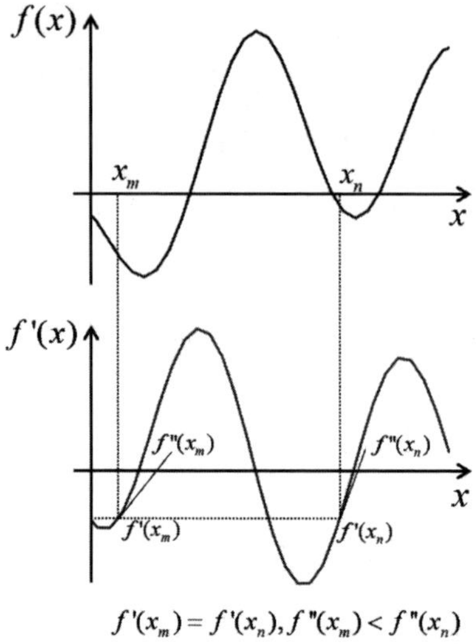

图 4.14　牛顿法的优势

可以看出，牛顿法迭代优化时既利用了梯度，又利用了梯度变化的速度（二阶导数）的信息。但是牛顿法因为要计算海赛矩阵、逆运算等操作，所以会消耗很大的计算量。

例题 4.12　用牛顿法求 $f(\boldsymbol{x}) = \frac{1}{2}x_1^2 + \frac{3}{2}x_2^2 - x_1 . x_2 - 2x_1$ 的极小值。

解：取初始点 $\boldsymbol{x}^0 = (0 \quad 0)^{\mathrm{T}}$，则初始点处的函数梯度、海赛矩阵及其逆矩阵分别是

$$\nabla f(\boldsymbol{x}^0) = \begin{pmatrix} x_1 - x_2 - 2 \\ 3x_2 - x_1 \end{pmatrix}_{\boldsymbol{x}^0} = \begin{pmatrix} -2 \\ 0 \end{pmatrix}$$

$$\boldsymbol{H}(\boldsymbol{x}^0) = \begin{pmatrix} 1 & -1 \\ -1 & 3 \end{pmatrix}$$

$$\boldsymbol{H}(\boldsymbol{x}^0)^{-1} = \begin{pmatrix} \frac{3}{2} & \frac{1}{2} \\ \frac{1}{2} & \frac{1}{2} \end{pmatrix}$$

代入牛顿法迭代公式，得

$$\boldsymbol{x}^1 = \boldsymbol{x}^0 - \boldsymbol{H}(\boldsymbol{x}^0)^{-1} \nabla f(\boldsymbol{x}^0) = \begin{pmatrix} 0 \\ 0 \end{pmatrix} - \begin{pmatrix} \frac{3}{2} & \frac{1}{2} \\ \frac{1}{2} & \frac{1}{2} \end{pmatrix} \begin{pmatrix} -2 \\ 0 \end{pmatrix} = \begin{pmatrix} 3 \\ 1 \end{pmatrix}$$

$$\nabla f(\boldsymbol{x}^1) = \begin{pmatrix} x_1 - x_2 - 2 \\ 3x_2 - x_1 \end{pmatrix}_{\boldsymbol{x}^1} = \begin{pmatrix} 0 \\ 0 \end{pmatrix}$$

从而经过一次迭代即求得极小值点 $\boldsymbol{x}^* = (3, 1)$ 及函数极小值 $f(\boldsymbol{x}^*) = -3$。

如果 $f(\boldsymbol{x})$ 不是二次函数，则利用式（4.71）求得的极小值点只是 $f(\boldsymbol{x})$ 的近似极小值点。并且，从牛顿法迭代公式的推演中可以看到，迭代点的位置是按照极值条件确定的，其中并未含有沿下降方向搜寻的概念。因此对于非二次函数，如果采用式（4.71）牛顿法迭代公式，有时会使函数值上升，即出现 $f(\boldsymbol{x}^{k+1}) > f(\boldsymbol{x}^k)$ 的现象。在这种情况下，常按下式选取搜索方向和步长。

$$\boldsymbol{d}^k = -\boldsymbol{H}(\boldsymbol{x}^k)^{-1}\nabla f(\boldsymbol{x}^k) \tag{4.69}$$

$$\boldsymbol{x}^{k+1} = \boldsymbol{x}^k + \alpha_k \boldsymbol{d}^k = \boldsymbol{x}^k - \alpha_k[\nabla^2 f(\boldsymbol{x}^k)]^{-1}\nabla f(\boldsymbol{x}^k) \quad (k = 0,1,2,\cdots) \tag{4.70}$$

$$\alpha_k : \min f(\boldsymbol{x}^k + \alpha_k \boldsymbol{d}^k) \tag{4.71}$$

式（4.69）所示的搜索方向称为牛顿方向，按式（4.71）确定的 α_k 称为沿牛顿方向进行一维搜索的最佳步长，也称为阻尼因子。这种方法称为阻尼牛顿法。

这样，原来的牛顿法就相当于阻尼牛顿法的步长 α_k 取为固定值 1 的情况。阻尼牛顿法对初始点的选取并没有苛刻的要求。

阻尼牛顿法的计算步骤如下：

（1）给定初始点 $\boldsymbol{x}^0$，收敛精度 ε，置 $k = 0$；

（2）计算 $\nabla f(\boldsymbol{x}^k)$，若 $\|\nabla f(\boldsymbol{x}^k)\| < \varepsilon$ 成立，$\boldsymbol{x}^* = \boldsymbol{x}^{k+1}$，迭代停止；否则转到步骤（3）；

（3）计算 $\boldsymbol{H}(\boldsymbol{x}^k)$、$\boldsymbol{H}(\boldsymbol{x}^k)^{-1}$ 和 $\boldsymbol{d}^k = -\boldsymbol{H}(\boldsymbol{x}^k)^{-1}\nabla f(\boldsymbol{x}^k)$；

（4）沿 $\boldsymbol{d}^k$ 进行一维搜索，决定步长 α_k，$\alpha_k : \min f(\boldsymbol{x}^k + \alpha_k \boldsymbol{d}^k)$ 为沿 $\boldsymbol{d}^k$ 进行一维搜索的最佳步长。

（5）令 $\boldsymbol{x}^{k+1} = \boldsymbol{x}^k + \alpha_k \boldsymbol{d}^k$，$k = k+1$，返回步骤（2）。

阻尼牛顿法迭代过程如图 4.15 所示。

例题 4.13　试用阻尼牛顿法求 $f(\boldsymbol{x}) = 4x_1^2 + 3x_2^2 - 2x_1 - 4x_1x_2$ 的极小值。

解：取初始点 $\boldsymbol{x}^0 = (0, 0)^{\mathrm{T}}$，则初始点处的函数梯度、海赛矩阵及其逆矩阵分别是

$$\nabla f(\boldsymbol{x}^0) = \begin{pmatrix} 8x_1 - 4x_2 - 2 \\ 6x_2 - 4x_1 \end{pmatrix}_{\boldsymbol{x}^0} = \begin{pmatrix} -2 \\ 0 \end{pmatrix}$$

$$\boldsymbol{H}(\boldsymbol{x}^0) = \begin{pmatrix} 8 & -4 \\ -4 & 6 \end{pmatrix}$$

$$\boldsymbol{H}(\boldsymbol{x}^0)^{-1} = \begin{pmatrix} \dfrac{3}{16} & \dfrac{1}{8} \\ \dfrac{1}{8} & \dfrac{1}{4} \end{pmatrix}$$

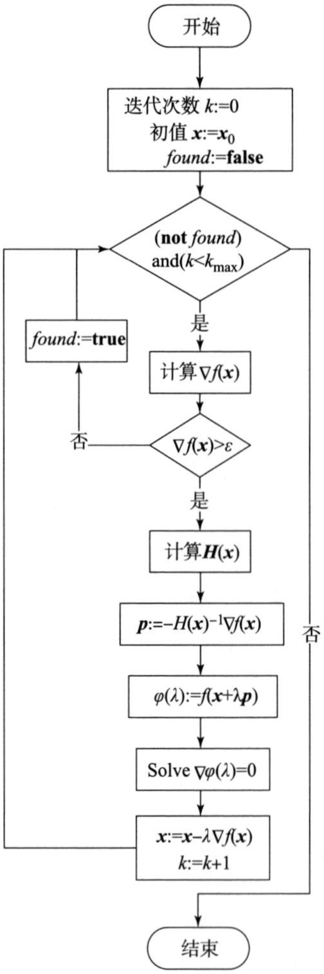

图 4.15　阻尼牛顿法迭代过程

于是有
$$d^0 = -H(x^0)^{-1}\nabla f(x^0) = \begin{pmatrix} \frac{3}{8} \\ \frac{1}{4} \end{pmatrix}$$

$$\varphi(\alpha_0) = f(x^0 + \alpha_0 d^0) = f\left(0 + \frac{3}{8}\alpha_0, 0 + \frac{1}{4}\alpha_0\right) = \frac{3}{8}\alpha_0^2 - \frac{3}{4}\alpha_0$$

令
$$\nabla\varphi(\alpha_0) = 0，得\ \alpha_0 = 1$$

故
$$x^1 = x^0 + \alpha_0 d^0 = \begin{pmatrix} \frac{3}{8} \\ \frac{1}{4} \end{pmatrix}$$

$$\nabla f(\boldsymbol{x}^1) = \begin{pmatrix} 0 \\ 0 \end{pmatrix}$$

即利用阻尼牛顿法，经过迭代一次就达到了函数 $f(\boldsymbol{x})$ 的极小值点 $\boldsymbol{x}^* = \left(\frac{3}{8}, \frac{1}{4}\right)$，对应的极小值为 $f(\boldsymbol{x}^*) = -\frac{3}{8}$。

牛顿法和阻尼牛顿法统称为牛顿型法。这类方法的主要缺点是每次迭代都要计算函数的海赛矩阵，并对该矩阵求逆。这样计算量很大，特别是矩阵求逆，当维数高时计算量更大。最速下降法的收敛速度比牛顿法慢，而牛顿法又存在上述缺点。针对这些缺点，近年来人们研究了很多改进算法。

4.2.4　最小二乘问题

1801 年，意大利天文学家皮亚齐发现了第一颗小行星谷神星。经过 40 天的跟踪观测后，由于谷神星运行至太阳背后，皮亚齐失去了谷神星的位置。随后全世界的科学家利用皮亚齐的观测数据开始寻找谷神星，但是根据大多数人计算的结果来寻找谷神星都没有结果。时年 24 岁的高斯也计算了谷神星的轨道。奥地利天文学家奥伯斯根据高斯计算出来的轨道重新发现了谷神星。高斯使用的最小二乘法发表于 1809 年他的著作《天体运动论》中。

最小二乘法（又称最小平方法）是一种数学优化技术，它通过最小化误差的平方和寻找数据的最佳函数匹配。最小二乘问题可以表述为

$$\min_{x} F(\boldsymbol{x}) = \sum_{i=1}^{m} f_i^2(\boldsymbol{x}) \tag{4.72}$$

其核心思想就是通过最小化误差的平方和，使得拟合对象无限接近目标对象。其实，$f(\boldsymbol{x})$ 是一个误差函数，它是将变量代入需要拟合的函数后所得到的函数值与真实值之间的差。可以看出，最小二乘解决的是一类问题，就是需要拟合现有对象的问题。许多工程问题常常需要根据已知的实验数据，来找出这些实验数据内在函数关系的近似表达式。通常把这样得到的函数近似表达式叫作经验公式，经验公式建立后，就可以把生产、设计或实验中所积累的某些经验提高到理论上加以分析。例如，最小二乘法进行直线拟合、最小二乘法进行多项式（曲线）拟合、机器学习中线性回归的最小二乘法、系统辨识中的最小二乘辨识法、参数估计中的最小二乘法，等等。

在解决最小二乘问题时，主要需要思考三个问题，分别是怎么列出误差方程、怎么最小化误差方程以及怎么验证结果的准确性。根据针对所求的参数，最小化误差方程是否是线性的，将最小二乘问题分为线性最小二乘问题和非线性最小二乘问题。我们先讨论线性最小二乘问题。

在式（4.72）中，设

$$f_i(\boldsymbol{x}) = \boldsymbol{p}_i^{\mathrm{T}} - b_i, i = 1,2,\cdots,m \tag{4.73}$$

式中，$\boldsymbol{p}_i$ 是 n 维列向量，b_i 是实数。我们可以用矩阵乘积形式来表达式（4.72）。令

$$\boldsymbol{A} = \begin{bmatrix} \boldsymbol{p}_1^{\mathrm{T}} \\ \vdots \\ \boldsymbol{p}_m^{\mathrm{T}} \end{bmatrix}, \boldsymbol{b} = \begin{bmatrix} b_1 \\ \vdots \\ b_m \end{bmatrix}$$

$\boldsymbol{A}$ 是 $m \times n$ 的矩阵，$\boldsymbol{b}$ 是 m 维列向量，则

$$\begin{aligned} F(\boldsymbol{x}) &= \sum_{i=1}^{m} f_i^2(\boldsymbol{x}) = (f_1(\boldsymbol{x}),\ f_2(\boldsymbol{x}),\ \cdots,\ f_m(\boldsymbol{x})) \begin{bmatrix} f_1(\boldsymbol{x}) \\ f_2(\boldsymbol{x}) \\ \vdots \\ f_m(\boldsymbol{x}) \end{bmatrix} \\ &= (\boldsymbol{Ax} - \boldsymbol{b})^{\mathrm{T}}(\boldsymbol{Ax} - \boldsymbol{b}) \\ &= \boldsymbol{x}^{\mathrm{T}}\boldsymbol{A}^{\mathrm{T}}\boldsymbol{Ax} - 2\boldsymbol{b}^{\mathrm{T}}\boldsymbol{Ax} + \boldsymbol{b}^{\mathrm{T}}\boldsymbol{b} \end{aligned} \tag{4.74}$$

根据极值的必要条件，令

$$\nabla F(\boldsymbol{x}) = 2\boldsymbol{A}^{\mathrm{T}}\boldsymbol{Ax} - 2\boldsymbol{A}^{\mathrm{T}}\boldsymbol{b} = 0 \ \sqrt{b^2 - 4ac}$$

则

$$\boldsymbol{A}^{\mathrm{T}}\boldsymbol{Ax} = \boldsymbol{A}^{\mathrm{T}}\boldsymbol{b}$$

如果 $\boldsymbol{A}$ 列满秩，则 $\boldsymbol{A}^{\mathrm{T}}\boldsymbol{A}$ 为 n 阶对称正定矩阵。由此得到目标函数 $F(\boldsymbol{x})$ 的极值点

$$\boldsymbol{x}^* = (\boldsymbol{A}^{\mathrm{T}}\boldsymbol{A})^{-1}\boldsymbol{A}^{\mathrm{T}}\boldsymbol{b} \tag{4.75}$$

由于 $F(\boldsymbol{x})$ 是凸函数，则 $\boldsymbol{x}^*$ 必是全局极小值点。

对于线性最小二乘问题，只要 $\boldsymbol{A}^{\mathrm{T}}\boldsymbol{A}$ 非奇异，就可以按式（4.75）求解。

例题 4.14 已知从某图像表面提取的一组轮廓点坐标如下表所示，请使用最小二乘法将这条轮廓拟合为二次函数 $v = au^2 + bu + c$ 的形式。

u	100	200	300	400	500	600	700	800
v	368.82	257.86	193.78	179.28	223.78	308.87	431.22	620.18

解：由已知条件可以得到

$$\boldsymbol{x} = \begin{pmatrix} a \\ b \\ c \end{pmatrix}, \boldsymbol{A} = \begin{pmatrix} 100^2 & 100 & 1 \\ 200^2 & 200 & 1 \\ \vdots & \vdots & \vdots \\ 800^2 & 800 & 1 \end{pmatrix}, \boldsymbol{b} = \begin{pmatrix} 368.82 \\ 257.86 \\ \vdots \\ 620.18 \end{pmatrix}$$

将 $\boldsymbol{A}$、$\boldsymbol{b}$ 代入式（4.75）$\boldsymbol{x}^* = (\boldsymbol{A}^{\mathrm{T}}\boldsymbol{A})^{-1}\boldsymbol{A}^{\mathrm{T}}\boldsymbol{b}$，可得 $a = 0.002\,4$，$b = -1.831\,4$， c = 526.471 6。

非线性最小二乘问题，就是式（4.72）中的$f_i(\boldsymbol{x})$是非线性函数，它不能直接用式（4.75）进行求解。现实中存在的工程优化问题，大部分是非线性的。有时为了拟合大量的数据，而这些问题大部分都是非线性的，常常将求解模型转化为非线性最小二乘问题。高斯牛顿法和 Levenberg - Marquardt（LM）法正是用于解决非线性最小二乘问题，达到数据拟合、参数估计和函数估计的目的。下面将介绍两种常用的解非线性最小二乘问题的优化方法——高斯牛顿法和 LM 法。

4.2.5　高斯牛顿法

高斯牛顿法可针对最小二乘问题进行求解。它采用一定的方法对牛顿法中的海赛矩阵进行近似，从而简化了计算量。由 4.2.3 节可知，牛顿法每次迭代都要计算函数的海赛矩阵，并对该矩阵求逆，这样计算量很大。而高斯牛顿法是用雅克比矩阵的乘积近似代替牛顿法中的二阶海赛矩阵。下面就来推导高斯牛顿法的迭代公式。

当$\boldsymbol{x}$在$\boldsymbol{x}^k$处，具有增量$\Delta\boldsymbol{x}^k$，我们对$f(\boldsymbol{x}^k+\Delta\boldsymbol{x}^k)$进行一阶泰勒展开：

$$f(\boldsymbol{x}^k+\Delta\boldsymbol{x}^k)\approx f(\boldsymbol{x}^k)+\nabla f(\boldsymbol{x}^k)^{\mathrm{T}}\Delta\boldsymbol{x}^k=f(\boldsymbol{x}^k)+\boldsymbol{J}(\boldsymbol{x}^k)^{\mathrm{T}}\Delta\boldsymbol{x}^k \tag{4.76}$$

式中，$\boldsymbol{J}(\boldsymbol{x}^k)=\left(\dfrac{\partial f(\boldsymbol{x})}{\partial x_1},\cdots,\dfrac{\partial f(\boldsymbol{x})}{\partial x_n}\right)^{\mathrm{T}}$是$f(\boldsymbol{x})$关于$\boldsymbol{x}$的一阶导数在$\boldsymbol{x}^k$处的取值。$\boldsymbol{J}$称为雅可比矩阵，$\boldsymbol{J}(\boldsymbol{x}^k)$是一个$n$维列向量，$\Delta\boldsymbol{x}^k$也是一个$n$维列向量，因此，泰勒展开中的$\boldsymbol{J}(\boldsymbol{x}^k)^{\mathrm{T}}\Delta\boldsymbol{x}^k$是一个标量。

那么，式（4.72）可写为

$$\min_{\boldsymbol{x}} F(\boldsymbol{x})=\|f(\boldsymbol{x})\|^2$$

即

$$\min_{\boldsymbol{x}} F(\boldsymbol{x}^k+\Delta\boldsymbol{x}^k)=\|f(\boldsymbol{x}^k+\Delta\boldsymbol{x}^k)\|^2$$

又因为

$$\begin{aligned}\|f(\boldsymbol{x}^k)+\boldsymbol{J}(\boldsymbol{x}^k)^{\mathrm{T}}\Delta\boldsymbol{x}^k\|^2&=[f(\boldsymbol{x}^k)+\boldsymbol{J}(\boldsymbol{x}^k)^{\mathrm{T}}\Delta\boldsymbol{x}^k]^{\mathrm{T}}[f(\boldsymbol{x}^k)+\boldsymbol{J}(\boldsymbol{x}^k)^{\mathrm{T}}\Delta\boldsymbol{x}^k]\\&=[\|f(\boldsymbol{x}^k)\|^2+2f(\boldsymbol{x}^k)\boldsymbol{J}(\boldsymbol{x}^k)\Delta\boldsymbol{x}^k+(\Delta\boldsymbol{x}^k)^{\mathrm{T}}\cdot\\&\quad\ \boldsymbol{J}(\boldsymbol{x}^k)\boldsymbol{J}(\boldsymbol{x}^k)^{\mathrm{T}}\Delta\boldsymbol{x}^k]\end{aligned} \tag{4.77}$$

根据前述极值的必要条件，对$\Delta\boldsymbol{x}_k$求导并令导数为 0，可得

$$\boldsymbol{J}(\boldsymbol{x}^k)\boldsymbol{J}(\boldsymbol{x}^k)^{\mathrm{T}}\Delta\boldsymbol{x}^k=-\boldsymbol{J}(\boldsymbol{x}^k)f(\boldsymbol{x}^k) \tag{4.78}$$

记$\boldsymbol{H}(\boldsymbol{x}^k)=\boldsymbol{J}(\boldsymbol{x}^k)\boldsymbol{J}(\boldsymbol{x}^k)^{\mathrm{T}}$，$\boldsymbol{g}(\boldsymbol{x}^k)=-\boldsymbol{J}(\boldsymbol{x}^k)f(\boldsymbol{x}^k)$，则

$$\boldsymbol{H}(\boldsymbol{x}^k)\Delta\boldsymbol{x}^k=\boldsymbol{g}(\boldsymbol{x}^k) \tag{4.79}$$

这里将$\boldsymbol{J}(\boldsymbol{x}^k)\boldsymbol{J}(\boldsymbol{x}^k)^{\mathrm{T}}$记作$\boldsymbol{H}(\boldsymbol{x}^k)$是有意义的，高斯牛顿法相当于在最小二乘这类问题上，用$f(\boldsymbol{x}^k)$的一阶泰勒展开对$F(\boldsymbol{x})$的二阶泰勒展开进行了近

似，从而用 $f(\boldsymbol{x}^k)$ 的雅克比矩阵 $\boldsymbol{J}$ 对 $F(\boldsymbol{x})$ 的海赛矩阵 $\boldsymbol{H}$ 进行了近似，减少了计算量。高斯牛顿法的迭代过程（见图 4.16）如下：

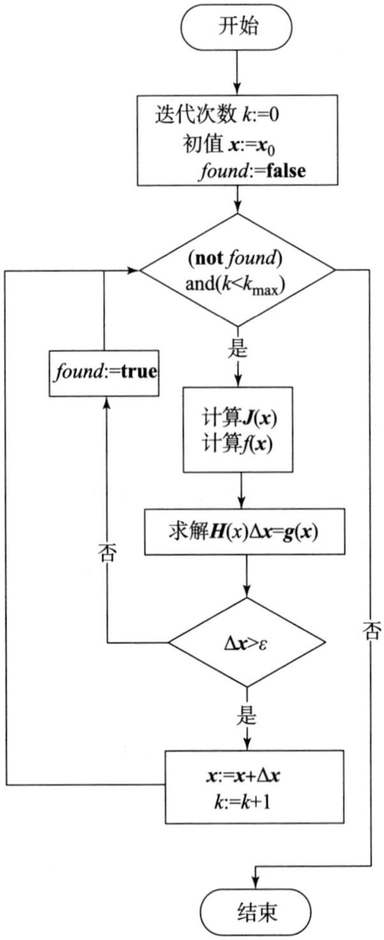

图 4.16　高斯牛顿法的迭代过程

（1）给定初始点 $\boldsymbol{x}^0$，置 $k=0$；

（2）对于第 k 次迭代，求出当前的雅克比矩阵 $\boldsymbol{J}(\boldsymbol{x}^k)$ 和 $f(\boldsymbol{x}^k)$；

（3）求解增量方程：$\boldsymbol{H}(\boldsymbol{x}^k)\Delta\boldsymbol{x}^k=\boldsymbol{g}(\boldsymbol{x}^k)$；

（4）若 Δx^k 足够小，则停止；否则，令 $\boldsymbol{x}^{k+1}=\boldsymbol{x}^k+\Delta\boldsymbol{x}^k$, $k=k+1$，返回（2）。

高斯牛顿法的缺点是，近似海赛矩阵的 $\boldsymbol{J}(\boldsymbol{x}_k)\boldsymbol{J}(\boldsymbol{x}_k)^{\mathrm{T}}$ 有可能是奇异矩阵或者是病态的，会导致迭代不稳定，并且泰勒展开只是在一个较小范围内的近似，而如果跨步跨得较大，泰勒展开还能否近似就是一个问题。接下来就讲解 LM 方法，和高斯牛顿法进行对比，它更加鲁棒，但是它是以牺牲一定的收敛速度为代价的。

4.2.6 Levenberg – Marquardt（简称 LM）方法

由上节可知，高斯牛顿法中采用近似泰勒展开只在展开点的附近有较好的近似效果，如果迭代步长太大，近似就不准确，因此应该给步长加个区域范围，在这个区域范围里，我们认为近似是有效的，出了这个区域，近似会出问题。

因此，针对高斯牛顿法的不足，LM 方法做了两点改进：

（1）在求解增量 $\Delta\boldsymbol{x}^k$ 时，对其设置了信赖区域。

（2）在求得增量 $\Delta\boldsymbol{x}^k$ 时，对其近似效果进行了量化，并根据量化结果对信赖区域进行调整，再重新计算增量 $\Delta\boldsymbol{x}^k$，直到近似效果量化结果达到阈值。

那么什么是信赖区域呢？在最优化算法中，都是求一个函数的极小值。在每一步迭代中，都要求目标函数值是下降的。信赖域法，就是从初始点开始，先假设一个可以信赖的最大位移，然后在以当前点为中心，以此位移为半径的区域内，通过寻找目标函数的一个近似函数（二次的）的最优点，来求解得到真正的位移。在得到位移后，再计算目标函数值，如果其使目标函数值的下降满足了一定条件，那么就说明这个位移是可靠的，则继续按此规则迭代计算下去；如果其不能使目标函数值的下降满足一定条件，则应减小信赖区域的范围，再重新求解。

具体来看，LM 算法相对于高斯牛顿法，在迭代步长上略有不同。其迭代步长公式为

$$[\boldsymbol{H}(\boldsymbol{x}^k)+\mu\boldsymbol{I}]\Delta\boldsymbol{x}^k=\boldsymbol{g}(\boldsymbol{x}^k) \tag{4.80}$$

式中，$\boldsymbol{H}(\boldsymbol{x}^k)$，$\boldsymbol{g}(\boldsymbol{x}^k)$ 同高斯牛顿法，$\boldsymbol{I}$ 是单位矩阵，μ 是一个非负数。从式（4.80）可以看出，当 μ 取值较大时，$\mu\boldsymbol{I}$ 占主要地位；当 μ 取值较小时，$\boldsymbol{H}$ 占主要地位。因此，参数 μ 不仅影响到迭代方向，还影响到迭代步长的大小。我们也可以这样理解，$\mu\boldsymbol{I}$ 其实是一个阻尼，当 $\mu\boldsymbol{I}$ 比较大时，也就是 $\mu\boldsymbol{I}$ 发生主要作用，这时的 $\Delta\boldsymbol{x}^k$ 就是一个一阶梯度下降方法。当 $\mu\boldsymbol{I}$ 取值较小时，则 $\boldsymbol{H}$ 起主要作用，这时 $\Delta\boldsymbol{x}^k$ 就相当于高斯牛顿法的二阶展开形式。其实，LM 方法是信赖域的方法，它设置了一个信赖域，如果在信赖域内就是二阶高斯牛顿法，在信赖域外就不是二阶高斯牛顿法，而是梯度下降方法了。信赖域这个空间的半径就是 μ。那如何确定信赖区域的范围呢？我们计算，

$$\rho=\frac{f(\boldsymbol{x}+\Delta\boldsymbol{x})-f(\boldsymbol{x})}{\boldsymbol{J}(\boldsymbol{x})\Delta\boldsymbol{x}} \tag{4.81}$$

式（4.81）的分子是迭代二次的实际函数差值，分母是拟合的差值，它们的比值如果远小于 1，就说明信赖域太大了，需要缩小信赖域的范围。即

（1）当 ρ 接近 1 时，认为近似比较准确。

（2）当ρ太小时，实际减小的值远小于近似函数减小的值，近似效果差，需要缩小近似范围μ。

（3）当ρ较大时，实际减小的值大于近似函数减小的值，近似效果差，需要增大近似范围μ。

则 LM 方法的迭代步骤如下：

（1）给定初始点$\boldsymbol{x}^0$，根据经验计算初始信赖域半径μ_0，置$k=0$，可根据下式计算μ_0：

$$\begin{aligned} \boldsymbol{H}(\boldsymbol{x}^0) &= \boldsymbol{J}(\boldsymbol{x}^0)\boldsymbol{J}(\boldsymbol{x}^0)^{\mathrm{T}} \\ \mu_0 &= \tau \max_i (h_{ii}^0) \end{aligned} \tag{4.82}$$

其中，τ为一个经验系数，h_{ii}为海赛矩阵$\boldsymbol{H}$里第i行第i列的元素。

（2）对于第k次迭代，根据式（4.80）求出当前步长Δx^k；

（3）根据式（4.81）计算得到ρ；

（4）若$\rho > \frac{3}{4}$，则设置$\mu = 2\mu$；

（5）若$\rho < \frac{1}{4}$，则设置$\mu = 0.5\mu$；

（6）如果ρ大于某阈值，则认为近似可行，令$\boldsymbol{x}^{k+1} = \boldsymbol{x}^k + \Delta \boldsymbol{x}^k$；

（7）判断算法是否收敛。若不收敛，则$k=k+1$，返回（2），否则结束。

这里的步骤（4）、（5），是根据经验给出的一种情况，针对不同的问题，信赖域的变化还可以有别的方法，在后续的例题中，当用到 LM 方法进行最小二乘优化求解时，给出了其他信赖域变化方法。

LM 方法可以一定程度避免系数矩阵非奇异和病态问题，可以提供更鲁棒更准确的步长，但算法收敛速度相较于高斯牛顿更慢。因此，当问题性质较好时，选择高斯牛顿方法，问题接近病态时，选择 LM 方法。下面列举一些工程中典型常见的最小二乘问题，分别用高斯牛顿法和 LM 方法进行求解，来加深大家对这两种方法的理解。相应的 Matlab 程序也附后，供读者复现算法。

首先讨论计算机辅助设计中最常见的曲线拟合问题。

例题 4.15　物体表面采样得到一组点，现需要将其拟合为形如$v=\mathrm{e}^{au+b}$的曲线。已知这组点的u和v坐标，分别使用高斯牛顿法和 LM 法，求解系数a和b。

点坐标：

u	1	2	3	4	5	6	7	8
v	4.53	7.46	12.21	20.07	33.19	54.52	89.92	148.32

解：（1）使用高斯牛顿法。

首先构造误差函数。令 $f(\boldsymbol{x}) = v - e^{au+b}$，系数 $\boldsymbol{x} = (a \quad b)^{\mathrm{T}}$，当有 m 组数据时

$$f(\boldsymbol{x}) = \begin{pmatrix} v_1 - e^{au_1+b} \\ \vdots \\ v_m - e^{au_m+b} \end{pmatrix} \tag{4.83}$$

构建最小二乘问题

$$F(\boldsymbol{x}) = \frac{1}{2}\sum_{i=1}^{m}[f_i(\boldsymbol{x})]^2 \tag{4.84}$$

雅克比矩阵

$$\boldsymbol{J}(\boldsymbol{x}) = \begin{pmatrix} -u_1 e^{b+au_1} & -e^{b+au_1} \\ \vdots & \vdots \\ -u_m e^{b+au_m} & -e^{b+au_m} \end{pmatrix}^{\mathrm{T}} \tag{4.85}$$

令初始值 $\boldsymbol{x}^0 = (1 \quad 1)^{\mathrm{T}}$，即 $a_0 = 1, b_0 = 1$。

步长通过 $\boldsymbol{J}[(\boldsymbol{x}^k)\boldsymbol{J}(\boldsymbol{x}^k)]^{\mathrm{T}}\Delta\boldsymbol{x}^k = -\boldsymbol{J}(\boldsymbol{x}^k)f(\boldsymbol{x}^k)$ 求解。

每一步迭代 $\boldsymbol{x}^{k+1} = \boldsymbol{x}^k + \Delta\boldsymbol{x}^k$。

经过 9 次迭代满足终止条件。

此时 $a = 0.499\,9, b = 1.500\,6$。

（2）使用 LM 法。设定参数 $\tau = 10^{-3},,\varepsilon_1 = \varepsilon_2 = 10^{-8}$。

令初始值 $\boldsymbol{x}^0 = (1 \quad 1)^{\mathrm{T}}$，即 $a_0 = 1, b_0 = 1$。

步长通过 $(\boldsymbol{J}(\boldsymbol{x}^k)\boldsymbol{J}(\boldsymbol{x}^k)^{\mathrm{T}} + \mu\boldsymbol{I})\Delta\boldsymbol{x}^k = -\boldsymbol{J}(\boldsymbol{x}^k)f(\boldsymbol{x}^k)$ 求解。

令 $L(\Delta\boldsymbol{x})$ 是 $F(\boldsymbol{x} + \Delta\boldsymbol{x})$ 的近似函数，设第 k 次迭代中，记 $F_k = F(\boldsymbol{x}^k)$，$c_k = \nabla F(\boldsymbol{x}^k)$，$B_k$ 是海赛矩阵的第 k 次近似，则

$$L(\Delta\boldsymbol{x}) = \boldsymbol{c}_k^{\mathrm{T}}\Delta\boldsymbol{x} + \frac{1}{2}\Delta\boldsymbol{x}^{\mathrm{T}}\boldsymbol{B}_k\Delta\boldsymbol{x} \tag{4.86}$$

令

$$\rho = \frac{F_k - F(\boldsymbol{x}^k + \Delta\boldsymbol{x}^k)}{L(0) - L_k(\Delta\boldsymbol{x}^k)} \tag{4.87}$$

判断 ρ 的符号，若 $\rho > 0$，更新 $\boldsymbol{x}^{k+1} = \boldsymbol{x}^k + \Delta\boldsymbol{x}^k$，并令 $\mu = \max\left\{\frac{1}{3}, 1 - (2\rho - 1)^3\right\}, \nu = 2$；

若 $\rho \leqslant 0$，不更新 $\boldsymbol{x}^k$，令 $\mu = \mu \times \nu, \nu = 2 \times \nu$。

经过 16 次迭代满足终止条件。此时 $a = 0.499\,9, b = 1.500\,6$。

那么，LM 方法的迭代过程如图 4.17 所示。可以发现，在这道例题中，我们用到的信赖域判断公式 ρ 以及后续 μ 的更新，和前述式（4.81）方法不同。其实，在具体应用 LM 方法时，可以根据具体问题及经验选择合适的判断 ρ 及更新 μ 的方法。

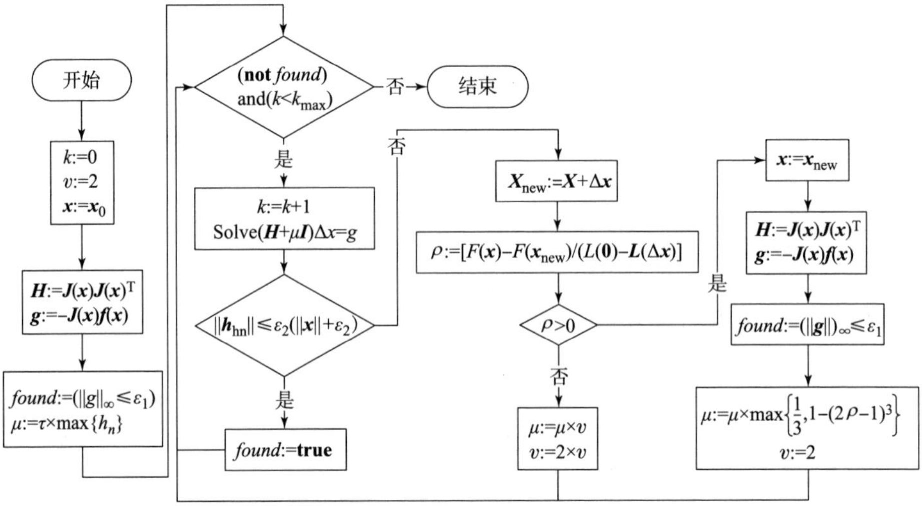

图 4.17　LM 方法的迭代过程

相应的 Matlab 程序如下：

```
% 曲线拟合使用高斯牛顿法
clear all
close all
clc

syms a b x y real
AB = [a;b];
x = (1:8)';
y = [7.29,12.27,19.89,33.17,54.85,89.80,148.55,244.68]';
figure
plot(x,y,'.')

e1 = 10^-8;
k_max = 200;
```

```
k =0;
ab_0 =[1;1];
ab =ab_0;

f =y -exp(a* x +b);
F =sum(1/2* f.^2);
J =jacobian(f,AB);
J_x =double(subs(J,AB,ab));
f_x =double(subs(f,AB,ab));
A =J_x'* J_x;
g =J_x'* f_x;
found =false;
while( ~found&&k <=k_max)
     k =k +1;
h_gn = -A \g;
    if norm(h_gn) <e1
         found =true;
     end
     ab =ab +h_gn;
J_x =double(subs(J,AB,ab));
f_x =double(subs(f,AB,ab));
     A =J_x'* J_x;
     g =J_x'* f_x;
     ab
ab_list(:,k) =ab;
F_n =double(subs(F,AB,ab))
End
% 曲线拟合使用 LM 法
clear all
close all
clc

syms a b x y real
AB =[a;b];
```

```
x=(1:8)';
y=[7.29,12.27,19.89,33.17,54.85,89.80,148.55,244.68]';
figure
plot(x,y,'.')

tao=10^-3;
e1=10^-8;
e2=10^-8;
k_max=1000;

k=0;
v=2;
ab_0=[1;1];
ab=ab_0;

f=y-exp(a*x+b);
F=sum(1/2*f.^2);
J=jacobian(f,AB);
J_x=double(subs(J,AB,ab));
f_x=double(subs(f,AB,ab));
A=J_x'*J_x;
g=J_x'*f_x;
found=(norm(g,"inf")<e1);
miu=tao*max(diag(A));
while(~found&&k<=k_max)
    k=k+1;
h_lm=-(A+miu*eye(length(A)))\g;
ab_new=ab+h_lm;
    if norm(h_lm)<e2*(norm(ab)*e2)
      found=true;
  else
      rho=double(subs(F,AB,ab)-subs(F,AB,ab_new));
      rho=rho/(1/2*h_lm'*(miu*h_lm-g));
      if rho>0
```

```
            ab = ab_new;
J_x = double(subs(J,AB,ab));
f_x = double(subs(f,AB,ab));
            A = J_x'* J_x;
            g = J_x'* f_x;
found = (norm(g,"inf") < e1);
miu = miu* max(1/3,1 - (2* rho - 1)^3);
            v = 2;
        else
miu = miu* v;
            v = 2* v;
        end
    end
    ab
ab_list(:,k) = ab;
F_n = double(subs(F,AB,ab))
End
```

4.3　有约束优化求解方法

4.3.1　有约束问题的极值条件

在工程上大多数优化问题都可能是带约束的，也就是设计变量需要满足一些约束条件。那么约束条件有可能是等式的约束条件，也有可能是不等式的约束条件。因此本节将讲述等式约束的极值条件与不等式约束的极值条件两种。

1. 等式约束的极值条件

等式约束优化问题即约束条件为等式的优化问题。即求 n 维设计变量

$$\boldsymbol{x} = (x_1 \quad x_2 \quad \cdots \quad x_n)^{\mathrm{T}}$$

使目标函数 $f(\boldsymbol{x}) \to \min$，且设计变量需满足以下约束：

$$\text{s. t. } h_k(\boldsymbol{x}) = 0(k = 1,2,\cdots,m) \tag{4.88}$$

对这类问题在数学上有两种处理办法，即消元法和拉格朗日乘子法。但总之，我们的思想是把有约束的优化问题转变为无约束的优化问题进行求解。

首先，先来看消元法。消元法就是根据等式约束条件，联立 m 个等式约束方程，将 n 个变量中的前 m 个变量用其余的 $n-m$ 个变量表示，即有

$$
\begin{aligned}
x_1 &= \varphi_1(x_{m+1}, x_{m+2}, \cdots, x_n) \\
x_2 &= \varphi_2(x_{m+1}, x_{m+2}, \cdots, x_n) \\
&\vdots \\
x_m &= \varphi_m(x_{m+1}, x_{m+2}, \cdots, x_n)
\end{aligned}
\tag{4.89}
$$

那么，将式（4.89）代入目标函数中，从而得到了只含有 x_{m+1}，x_{m+2}，…，x_n 共 $n-m$ 个变量的目标函数 $F(x_{m+1}, x_{m+2}, \cdots, x_n)$，这样，就把含有等式约束的优化问题转变为了无约束优化问题，接下来的求解就可以用无约束优化极值条件以及优化方法进行求解。

但是在实际情况中，将 m 个等式约束方程联立进行求解往往无解，或者是能求解的话，将求解出来的变量代入目标函数中所得到的新目标函数也会十分复杂，而很难进行下一步求解。

拉格朗日乘子法则是求解等式约束优化问题的另一种经典方法。其思想也是将有约束的优化问题转变为无约束优化问题。拉格朗日乘子法叙述如下，具体的证明留给读者。引入待定系数 $\boldsymbol{\lambda}_k(k=1,2,\cdots,m)$，称为拉格朗日乘子。把原来的目标函数 $f(\boldsymbol{x})$ 改写为如下新的目标函数，即

$$
F(\boldsymbol{x}, \boldsymbol{\lambda}) = f(\boldsymbol{x}) + \sum_{k=1}^{m} \boldsymbol{\lambda}_k h_k(\boldsymbol{x}) \tag{4.90}
$$

式中，$h_k(\boldsymbol{x})$ 为原目标函数 $f(\boldsymbol{x})$ 的等式约束条件，$F(\boldsymbol{x}, \boldsymbol{\lambda})$ 称为拉格朗日函数。那么，满足原来等式约束条件 $h_k(\boldsymbol{x})=0(k=1,2,\cdots,m)$ 的目标函数 $f(\boldsymbol{x})$ 的极值点即把 $F(\boldsymbol{x}, \boldsymbol{\lambda})$ 作为一个新的无约束条件的目标函数的极值点。那么，根据无约束优化问题的极值条件可知，$F(\boldsymbol{x}, \boldsymbol{\lambda})$ 具有极值的必要条件为

$$
\begin{aligned}
\frac{\partial F}{\partial x_i} &= 0(i=1,2,\cdots,n) \\
\frac{\partial F}{\partial \boldsymbol{\lambda}_k} &= 0(k=1,2,\cdots,m)
\end{aligned}
\tag{4.91}
$$

得到了 $n+m$ 个方程，从而解得 $\boldsymbol{x}=(x_1 \quad x_2 \quad \cdots \quad x_n)^{\mathrm{T}}$ 和 $\boldsymbol{\lambda}_k(k=1,2,\cdots,m)$ 共 $n+m$ 个未知数，则上述方程的解 $\boldsymbol{x}^*=(x_1^* \quad x_2^* \quad \cdots \quad x_3^*)^{\mathrm{T}}$ 是原目标函数 $f(\boldsymbol{x})$ 的极值点。

例题 4.16 用拉格朗日乘子法求解如下优化问题：

$$
\begin{aligned}
&\min \quad f(\boldsymbol{x}) = 3x_1^2 - 2x_1 + 4x_2^2 \\
&\text{s.t.} \quad h(\boldsymbol{x}) = x_1 + 2x_2 - 4 = 0
\end{aligned}
$$

解：改写后的拉格朗日函数为 $F(\boldsymbol{x}, \boldsymbol{\lambda}) = 3x_1^2 - 2x_1 + 4x_2^2 + \boldsymbol{\lambda}(x_1 + 2x_2 - 4)$，则

$$\frac{\partial F}{\partial x_1} = 6x_1 - 2 + \lambda = 0$$

$$\frac{\partial F}{\partial x_2} = 8x_2 + 2\lambda = 0$$

$$\frac{\partial F}{\partial \lambda} = x_1 + 2x_2 - 4 = 0$$

由 $\frac{\partial F}{\partial x_1} = 0$, $\frac{\partial F}{\partial x_2} = 0$ 解的极值点为

$$x_1 = \frac{2 - \lambda}{6}, x_2 = -\frac{\lambda}{4}$$

把它们代入 $\frac{\partial F}{\partial \lambda} = 0$ 中，得 $\lambda = -\frac{11}{2}$，代入到 x_1, x_2 中，得

$$x_1 = \frac{2 - \left(-\frac{11}{2}\right)}{6} = 1.25, x_2 = -\frac{\left(-\frac{11}{2}\right)}{4} = 1.375$$

也就是极值点 $\boldsymbol{x}^*$ 的坐标为 $x^{*1} = 1.25$, $x_2^* = 1.375$。

2. 不等式约束的极值条件

不等式约束的极值条件，就是著名的 KKT 条件（Karush - Kuhn - Tucker）条件。

对于多元函数不等式约束优化问题

$$\begin{aligned} &\min f(\boldsymbol{x}) \\ \text{s. t.}\quad &g_j(\boldsymbol{x}) \leqslant 0 (j = 1, \ 2, \ \cdots, \ m) \end{aligned} \tag{4.92}$$

其中，设计变量 $x = (x_1, x_2, \cdots, x_i, \cdots, x_n)^{\mathrm{T}}$ 为 n 维矢量，它需要满足 m 个不等式约束。

那么，KKT 条件可写成如下形式：

$$\begin{cases} \dfrac{\partial f(x^*)}{\partial x_i} + \sum\limits_{j=1}^{m} \mu_j \dfrac{\partial g_j(x^*)}{\partial x_i} = 0, i = 1, 2, \cdots, n \\ \mu_j g_j(x^*) = 0, j = 1, 2, \cdots, m \\ \mu_j \geqslant 0, j = 1, 2, \cdots, m \end{cases} \tag{4.93}$$

对于式（4.93）中的前两个条件，若存在某些 μ_j 为 0，则第二个条件恒满足，即其实 $g_j(\boldsymbol{x}^*)$ 并没有起作用。因此，记起作用的约束的下标集合为

$$\boldsymbol{J}(\boldsymbol{x}^*) = \{j \mid g_j(\boldsymbol{x}^*) = 0, j = 1, 2, \cdots, m\} \tag{4.94}$$

则 KKT 条件又可写成如下形式：

$$\begin{cases} \dfrac{\partial f(\boldsymbol{x}^*)}{\partial \boldsymbol{x}_i} + \sum\limits_{j=1}^{m} \mu_j \dfrac{\partial g_j(\boldsymbol{x}^*)}{\partial x_i} = 0 \quad (i = 1,2,\cdots,n) \\ g_j(\boldsymbol{x}^*) = 0 \quad (j = \boldsymbol{J}) \\ \mu_j \geqslant 0 \quad (j = \boldsymbol{J}) \end{cases} \tag{4.95}$$

那么，对于同时具有等式和不等式约束的优化问题

$$\begin{gathered} \min f(\boldsymbol{x}) \\ \text{s. t.} \quad g_j(\boldsymbol{x}) \leqslant 0 \quad (j = 1,2,\cdots,m) \\ h_k(\boldsymbol{x}) = 0 \quad (k = 1,2,\cdots,l) \end{gathered} \tag{4.96}$$

KKT 条件可表述为

$$\begin{cases} \dfrac{\partial f}{\partial x_i} + \sum\limits_{j \in J} \mu_j \dfrac{\partial g_j}{\partial x_i} + \sum\limits_{k=1}^{l} \lambda_k \dfrac{\partial h_k}{\partial x_i} = 0 \quad (i = 1,2,\cdots,n) \\ g_j(\boldsymbol{x}) = 0 \quad (j \in \boldsymbol{J}) \\ \mu_j \geqslant 0 \quad (j \in \boldsymbol{J}) \end{cases} \tag{4.97}$$

例题 4.17 用 KKT 条件求解如下优化问题，确定极值点 $\boldsymbol{x}^*$：

$$\begin{aligned} \min \quad & f(\boldsymbol{x}) = x_1^2 - 2x_1 + 4x_2^2 \\ \text{s. t.} \quad & g_1(\boldsymbol{x}) = x_1^2 + 2x_2 - 4 \leqslant 0 \\ & g_2(\boldsymbol{x}) = -x_1 \leqslant 0 \\ & g_3(\boldsymbol{x}) = -x_2 \leqslant 0 \end{aligned}$$

解：此问题的 KKT 条件可写为

$$\begin{gathered} \frac{\partial f(\boldsymbol{x}^*)}{\partial x_i} + \sum_{j \in J} \mu_j \frac{\partial g_j(\boldsymbol{x}^*)}{\partial x_i} = 0 (i = 1,2) \\ g_j(\boldsymbol{x}^*) = 0 \quad (j \in \boldsymbol{J}) \\ \mu_j \geqslant 0 \quad (j \in \boldsymbol{J}) \end{gathered} \tag{4.98}$$

因为开始时不能确定 $\boldsymbol{x}^*$，所以在 $\boldsymbol{x}^*$ 处起作用的约束也未知，只能根据穷尽法进行实验。过程如下：

（1）设 g_1、g_2、g_3 三个约束都在 $\boldsymbol{x}^*$ 处起作用，则 KKT 条件的第一个方程就写为

$$\begin{gathered} \frac{\partial f(\boldsymbol{x}^*)}{\partial x_1} + \mu_1 \frac{\partial g_1(\boldsymbol{x}^*)}{\partial x_1} + \mu_2 \frac{\partial g_2(\boldsymbol{x}^*)}{\partial x_1} + \mu_3 \frac{\partial g_3(\boldsymbol{x}^*)}{\partial x_1} = 0 \\ \frac{\partial f(\boldsymbol{x}^*)}{\partial x_2} + \mu_1 \frac{\partial g_1(\boldsymbol{x}^*)}{\partial x_2} + \mu_2 \frac{\partial g_2(\boldsymbol{x}^*)}{\partial x_2} + \mu_3 \frac{\partial g_3(\boldsymbol{x}^*)}{\partial x_2} = 0 \end{gathered} \tag{4.99}$$

将f、g_1、g_2、g_3的具体表达式代入，得

$$\begin{aligned} 2x_1^* - 2 + 2\mu_1 x_1^* - \mu_2 = 0 \\ 8x_2^* + 2\mu_1 - \mu_3 = 0 \end{aligned} \tag{4.100}$$

那么KKT条件的第二个方程为

$$\begin{aligned} g_1(\boldsymbol{x}^*) &= (x_1^*)^2 + 2x_2^* - 4 = 0 \\ g_2(\boldsymbol{x}^*) &= -x_1^* = 0 \\ g_3(\boldsymbol{x}^*) &= -x_2^* = 0 \end{aligned} \tag{4.101}$$

可以看出，这三个方程无解，所以不存在三个起作用约束的极值点。

（2）设g_1、g_2两个约束都在$\boldsymbol{x}^*$处起作用，则KKT条件的第一个方程就写为

$$\begin{aligned} \frac{\partial f(\boldsymbol{x}^*)}{\partial x_1} + \mu_1 \frac{\partial g_1(\boldsymbol{x}^*)}{\partial x_1} + \mu_2 \frac{\partial g_2(\boldsymbol{x}^*)}{\partial x_1} = 0 \\ \frac{\partial f(\boldsymbol{x}^*)}{\partial x_2} + \mu_1 \frac{\partial g_1(\boldsymbol{x}^*)}{\partial x_2} + \mu_2 \frac{\partial g_2(\boldsymbol{x}^*)}{\partial x_2} = 0 \end{aligned} \tag{4.102}$$

将f、g_1、g_2的具体表达式代入，得

$$\begin{aligned} 2x_1^* - 2 + 2\mu_1 x_1^* - \mu_2 = 0 \\ 8x_2^* + 2\mu_1 = 0 \end{aligned} \tag{4.103}$$

那么KKT条件的第二个方程为

$$\begin{aligned} g_1(\boldsymbol{x}^*) &= (x_1^*)^2 + 2x_2^* - 4 = 0 \\ g_2(\boldsymbol{x}^*) &= -x_1^* = 0 \end{aligned} \tag{4.104}$$

联立求解，可得$x_1^* = 0, x_2^* = 2, \mu_1 = -8, \mu_2 = -2$，可以看出$\mu_1$、$\mu_2$都不满足非负条件，所以此点不是极值点。

（3）设g_1、g_3两个约束都在$\boldsymbol{x}^*$处起作用，则KKT条件的第一个方程就写为

$$\begin{aligned} \frac{\partial f(\boldsymbol{x}^*)}{\partial x_1} + \mu_1 \frac{\partial g_1(\boldsymbol{x}^*)}{\partial x_1} + \mu_3 \frac{\partial g_3(\boldsymbol{x}^*)}{\partial x_1} = 0 \\ \frac{\partial f(\boldsymbol{x}^*)}{\partial x_2} + \mu_1 \frac{\partial g_1(\boldsymbol{x}^*)}{\partial x_2} + \mu_3 \frac{\partial g_3(\boldsymbol{x}^*)}{\partial x_2} = 0 \end{aligned} \tag{4.105}$$

将f、g_1、g_3的具体表达式代入，得

$$\begin{aligned} 2x_1^* - 2 + 2\mu_1 x_1^* = 0 \\ 8x_2^* + 2\mu_1 - \mu_3 = 0 \end{aligned} \tag{4.106}$$

那么 KKT 条件的第二个方程为

$$
\begin{aligned}
g_1(\boldsymbol{x}^*) &= (x_1^*)^2 + 2x_2^* - 4 = 0 \\
g_3(\boldsymbol{x}^*) &= -x_2^* = 0
\end{aligned}
\tag{4.107}
$$

联立求解，可得 $x_1^* = 2, x_2^* = 0, \mu_1 = -0.5, \mu_2 = -1$，可以看出 μ_1、μ_2 都不满足非负条件，所以此点不是极值点。

（4）设 g_2、g_3 两个约束都在 $\boldsymbol{x}^*$ 处起作用，则 KKT 条件的第一个方程就写为

$$
\begin{aligned}
\frac{\partial f(\boldsymbol{x}^*)}{\partial x_1} + \mu_2 \frac{\partial g_2(\boldsymbol{x}^*)}{\partial x_1} + \mu_3 \frac{\partial g_3(\boldsymbol{x}^*)}{\partial x_1} &= 0 \\
\frac{\partial f(\boldsymbol{x}^*)}{\partial x_2} + \mu_2 \frac{\partial g_2(\boldsymbol{x}^*)}{\partial x_2} + \mu_3 \frac{\partial g_3(\boldsymbol{x}^*)}{\partial x_2} &= 0
\end{aligned}
\tag{4.108}
$$

将 f、g_2、g_3 的具体表达式代入，得

$$
\begin{aligned}
2x_1^* - 2 - \mu_2 &= 0 \\
8x_2^* - \mu_3 &= 0
\end{aligned}
\tag{4.109}
$$

那么 KKT 条件的第二个方程为

$$
\begin{aligned}
g_2(\boldsymbol{x}^*) &= -x_1^* = 0 \\
g_3(\boldsymbol{x}^*) &= -x_2^* = 0
\end{aligned}
\tag{4.110}
$$

联立求解，可得 $x_1^* = 0, x_2^* = 0, \mu_2 = -2, \mu_3 = 0$，可以看出 μ_2 不满足非负条件，所以此点不是极值点。

（5）设只有 g_1 一个约束在 $\boldsymbol{x}^*$ 处起作用，则 KKT 条件的第一个方程就写为

$$
\begin{aligned}
\frac{\partial f(\boldsymbol{x}^*)}{\partial x_1} + \mu_1 \frac{\partial g_1(\boldsymbol{x}^*)}{\partial x_1} &= 0 \\
\frac{\partial f(\boldsymbol{x}^*)}{\partial x_2} + \mu_1 \frac{\partial g_1(\boldsymbol{x}^*)}{\partial x_2} &= 0
\end{aligned}
\tag{4.111}
$$

将 f、g_1 的具体表达式代入，得

$$
\begin{aligned}
2x_1^* - 2 + 2\mu_1 x_1^* &= 0 \\
8x_2^* + 2\mu_1 &= 0
\end{aligned}
\tag{4.112}
$$

那么 KKT 条件的第二个方程为

$$
g_1(\boldsymbol{x}^*) = (x_1^*)^2 + 2x_2^* - 4 = 0 \tag{4.113}
$$

可得 $x_1^* = \dfrac{1}{1+\mu_1}, x_2^* = -\dfrac{\mu_1}{4}$，又因为只有 g_1 一个约束在 $\boldsymbol{x}^*$ 处起作用，所

以 $g_3(x^*)=-x_2<0$，也就是 $x_2>0$，即 $-\frac{\mu_1}{4}>0$，可以看出 μ_1 不满足非负条件，所以此点不是极值点。

（6）设只有 g_2 一个约束在 $\boldsymbol{x}^*$ 处起作用，则 KKT 条件的第一个方程就写为

$$\begin{aligned}\frac{\partial f(\boldsymbol{x}^*)}{\partial x_1}+\mu_2\frac{\partial g_2(\boldsymbol{x}^*)}{\partial x_1}=0\\ \frac{\partial f(\boldsymbol{x}^*)}{\partial x_2}+\mu_2\frac{\partial g_2(\boldsymbol{x}^*)}{\partial x_2}=0\end{aligned}\tag{4.114}$$

将 f、g_2 的具体表达式代入，得

$$\begin{aligned}2x_1^*-2-\mu_2=0\\ 8x_2^*=0\end{aligned}\tag{4.115}$$

那么 KKT 条件的第二个方程为

$$g_2(\boldsymbol{x}^*)=-x_1^*=0\tag{4.116}$$

联立求解，可得 $x_1^*=0, x_2^*=0, \mu_2=-2$，可以看出 μ_2 不满足非负条件，所以此点不是极值点。

（7）设只有 g_3 一个约束在 $\boldsymbol{x}^*$ 处起作用，则 KKT 条件的第一个方程就写为

$$\begin{aligned}\frac{\partial f(\boldsymbol{x}^*)}{\partial x_1}+\mu_3\frac{\partial g_3(\boldsymbol{x}^*)}{\partial x_1}=0\\ \frac{\partial f(\boldsymbol{x}^*)}{\partial x_2}+\mu_3\frac{\partial g_3(\boldsymbol{x}^*)}{\partial x_2}=0\end{aligned}\tag{4.117}$$

将 f、g_3 的具体表达式代入，得

$$\begin{aligned}2x_1^*-2=0\\ 8x_2^*-\mu_3=0\end{aligned}\tag{4.118}$$

那么 KKT 条件的第二个方程为

$$g_3(\boldsymbol{x}^*)=-x_2^*=0\tag{4.119}$$

联立求解，可得 $x_1^*=1, x_2^*=0, \mu_3=0$，可以看出 μ_3 满足非负条件，并且满足所有的 KKT 条件，所以此点为极值点。

（8）设 g_1、g_2、g_3 这三个约束在 $\boldsymbol{x}^*$ 处都不起作用，则 KKT 条件的第一个方程就写为

$$\frac{\partial f(\boldsymbol{x}^*)}{\partial x_1}=0$$
$$\frac{\partial f(\boldsymbol{x}^*)}{\partial x_2}=0 \tag{4.120}$$

将 f 的具体表达式代入，得

$$2x_1^*-2=0$$
$$8x_2^*=0 \tag{4.121}$$

那么 KKT 条件的第二个方程为

$$g_3(\boldsymbol{x}^*)=-x_2^*=0 \tag{4.122}$$

联立求解，可得 $x_1^*=1$，$x_2^*=0$，满足所有的 KKT 条件，所以此点为极值点。

通过上述例题，可以很好地理解利用 KKT 条件求解有约束优化问题极值的过程。但此求解过程比较复杂，因为不知道哪个约束条件是起作用的。

4.3.2 约束优化方法

上一小节介绍了有约束优化问题的极值条件，通过拉格朗日乘子法和 KKT 条件的介绍，了解到对于一个有约束的优化问题可以将约束条件经过一些特殊处理，与原目标函数相结合，从而构成一个新的目标函数，也就是将原来有约束优化问题的求解转化为一系列无约束优化问题，再对新目标函数进行无约束优化计算。利用这种思想进行有约束优化问题求解的方法，称为间接法。和间接法相对的叫直接法。那么，约束优化方法即可归纳分为直接法和间接法。在具体的寻优过程中，和无约束优化方法的思想一致，都是需要进行迭代寻优的。

先看直接法。直接法通常适用于仅含不等式约束的问题，它的基本思路是，先由不等式约束确定设计变量的可行域，之后选择初始点 $\boldsymbol{x}^0$，确定可行的搜索方向 $\boldsymbol{d}^0$ 以及步长 α_0 进行搜索，找到一个使目标函数值下降的可行新点 $\boldsymbol{x}^1$，完成一次迭代，之后重复搜索过程，不断迭代，直到满足收敛条件后，迭代终止。

间接法不同于直接法，它的思想如上所述，是将约束条件经过一些特殊的处理，与原目标函数相结合，从而构成一个新的目标函数，也就是将原来有约束优化问题的求解，转化为一系列无约束优化问题，再对新目标函数进行无约束优化计算。

由于现在已经研究出很多有效的无约束优化方法，前边章节已经进行了详细介绍，故使约束优化方法中的间接法有了很可靠的基础。而且，构建的新目标函数既包含不等式约束又包含等式约束，它是一个包含所有约束的综合模型，因此，间接法是目前求解约束优化问题的有效方法。

由于无约束优化方法本书已做了详细介绍，它是这些约束优化方法的思想基础。因此，本节将只介绍约束优化方法中的经典算法——罚函数法。由于篇幅有限，对其他约束优化方法就不一一介绍了。

罚函数法的基本原理是，对于约束优化问题，

$$\begin{aligned} &\min f(\boldsymbol{x}) \\ \text{s. t.}\quad & g_j(\boldsymbol{x}) \geqslant 0 \quad (j = 1,2,\cdots,m) \\ & h_k(\boldsymbol{x}) = 0 \quad (k = 1,2,\cdots,l) \end{aligned} \tag{4.123}$$

首先构建新的目标函数 $\varphi(\boldsymbol{x},\mu_1,\mu_2)$，称为罚函数。

$$\varphi(\boldsymbol{x},\mu_1,\mu_2) = f(\boldsymbol{x}) + \mu_1 \sum_{j=1}^{m} G[g_j(\boldsymbol{x})] + \mu_2 \sum_{k=1}^{l} H[h_k(\boldsymbol{x})] \tag{4.124}$$

式中，$\mu_1 \sum_{j=1}^{m} G[g_j(\boldsymbol{x})]$，$\mu_2 \sum_{k=1}^{l} H[h_k(\boldsymbol{x})]$ 为约束函数 $g_j(\boldsymbol{x})$，$h_k(\boldsymbol{x})$ 经过加权处理后构成的复合函数或者泛函数，分别称为障碍项和惩罚项。障碍项的作用是当迭代点在可行域内时，在迭代过程中阻止迭代点跃出可行域。惩罚项的作用是当迭代点在非可行域内或不满足等式约束条件时，在迭代过程将迫使迭代点逼近约束边界或等式约束曲面。μ_1、μ_2 为罚因子。在求极值过程中，罚因子 μ_1、μ_2 的大小按照一定的法则进行改变，便构成了一系列无约束优化问题，从而求得一系列无约束最优化解，不断地逼近原约束优化问题的最优解。

罚函数法可分为内罚函数法和外罚函数法。它们各自适用的问题是不同的，下面将分别介绍。

1. 内罚函数法

内罚函数适用于只含有不等式约束的优化问题求解，其对应的优化模型如下：

$$\begin{aligned} &\min f(\boldsymbol{x}) \\ \text{s. t.}\ & g_j(\boldsymbol{x}) \geqslant 0 \quad (j = 1,2,\cdots,m) \end{aligned} \tag{4.125}$$

构造罚函数 $\varphi(\boldsymbol{x},\mu_1) = f(\boldsymbol{x}) + \mu_1 B(\boldsymbol{x})$，其中 μ_1 趋近于0。

那么，$B(\boldsymbol{x})$ 的常用两种形式为：

倒数障碍函数：$B(\boldsymbol{x}) = \sum_{i=1}^{m} \dfrac{1}{g_i(x)}$

对数障碍函数：$B(\boldsymbol{x}) = -\sum_{i=1}^{m} \ln g_i(x)$

我们可以通过这两种障碍函数形式，构造只含有不等式约束的优化问题罚函数。在这里需要注意，不等式约束的形式是 $g_j(\boldsymbol{x}) \geqslant 0$，对于 $g_j(\boldsymbol{x}) \leqslant 0$

的情况，需要先在不等式两边同时乘以 -1，将不等式变为大于等于的形式才可以。

那么，内罚函数法的具体迭代过程（见图 4.18）如下：

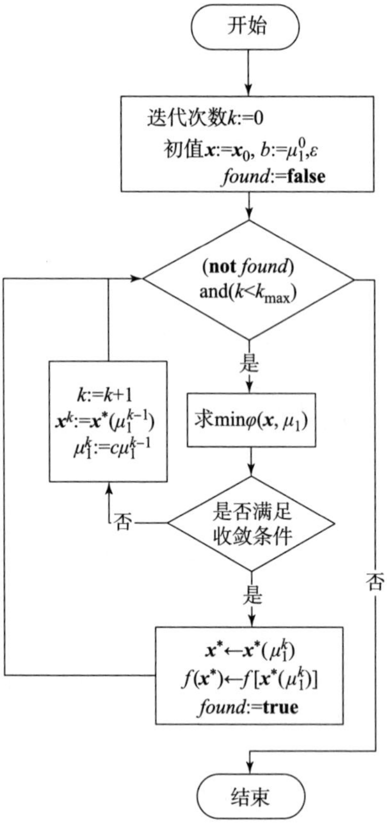

图 4.18　内罚函数法的具体迭代过程

（1）给定初始点 $\boldsymbol{x}^0$，初始罚因子 μ_1^0，缩减系数 c，允许误差 $\varepsilon > 0$，设置迭代次数 $k = 0$；

（2）对于第 k 次迭代，以 $\boldsymbol{x}^k$ 为初点，选择适当的无约束最优化方法求解无约束问题 $\min\varphi(\boldsymbol{x},\mu_1) = f(\boldsymbol{x}) + \mu_1 B(\boldsymbol{x})$，得极小值点 $\boldsymbol{x}^*(\mu_1^k)$；

（3）若 $\mu_1^k B[\boldsymbol{x}^*(\mu_1^k)] < \varepsilon$，则停止，得极小值点 $\boldsymbol{x}^* = \boldsymbol{x}^*(\mu_1^k)$；否则，令 $k = k+1$, $\boldsymbol{x}^k = \boldsymbol{x}^*(\mu_1^{k-1})$, $\mu_1^k = c\mu_1^{k-1}$，然后转到步骤（2）。

对应内罚函数的求解，我们通过一道例题进行讲解。

例题 4.18　用内罚函数法求解如下约束优化问题。

$$\min f(\boldsymbol{x}) = \frac{1}{3}(x_1+1)^3 + x_2$$
$$\text{s.t.}\quad 1 - x_1 \leqslant 0$$
$$x_2 \geqslant 0$$

解：首先，发现并不是所有的约束条件都是大于等于 0 的，对于小于等于 0 的情况，我们先进行处理。因此，把第一个约束 $1-x_1\leqslant 0$ 改写等价的约束 $g_1(\boldsymbol{x}) = x_1 - 1 \geqslant 0$。之后，构造罚函数 $\varphi(\boldsymbol{x},\mu_1) = f(\boldsymbol{x}) + \mu_1 B(\boldsymbol{x})$，这里选择 $B(\boldsymbol{x}) = \sum\limits_{i=1}^{m} \frac{1}{g_i(x)}$，则

$$\begin{aligned}\varphi(\boldsymbol{x},\mu_1) &= f(\boldsymbol{x}) + \mu_1 B(\boldsymbol{x}) \\ &= \frac{1}{3}(x_1+1)^3 + x_2 + \mu_1\left(\frac{1}{x_1-1} + \frac{1}{x_2}\right)\end{aligned} \tag{4.126}$$

对于任意给定的罚因子 $\mu_1(\mu_1>0)$，根据无约束极值条件得

$$\begin{cases}\dfrac{\partial\varphi}{\partial x_1} = (x_1+1)^2 + \mu_1\left(\dfrac{-1}{(x_1-1)^2}\right) = 0 \\ \dfrac{\partial\varphi}{\partial x_2} = 1 + \mu_1\left(\dfrac{-1}{x_2^2}\right) = 0\end{cases} \tag{4.127}$$

联立求解，并根据约束条件解得

$$\begin{cases}x_1 = \sqrt{\sqrt{\mu_1}+1} \\ x_2 = \sqrt{\mu_1}\end{cases} \tag{4.128}$$

当 $\mu_1 = 4$ 时，$\boldsymbol{x}^*(\mu_1) = (\sqrt{3},2)^{\mathrm{T}}, f[\boldsymbol{x}^*(\mu_1)] = 8.80$。

当 $\mu_1 = 1.2$ 时，$\boldsymbol{x}^*(\mu_1) = (1.45,1.10)^{\mathrm{T}}, f[\boldsymbol{x}^*(\mu_1)] = 6.00$。

当 $\mu_1 = 0.36$ 时，$\boldsymbol{x}^*(\mu_1) = (1.26,0.6)^{\mathrm{T}}, f[\boldsymbol{x}^*(\mu_1)] = 4.45$。

当 $\mu_1 = 0$ 时，$\boldsymbol{x}^*(\mu_1) = (1,0)^{\mathrm{T}}, f[\boldsymbol{x}^*(\mu_1)] = 2.67$。

由上述计算可知，当逐步减少罚因子 μ_1 时，直至趋近于 0，$\boldsymbol{x}^*(\mu_1)$ 逼近原问题的约束最优解。

2. 外罚函数法

外罚函数的基本思想是，对于不符合约束的点在目标函数中加入相应的惩罚，对可行点不予惩罚，这种方法的迭代点一般是在可行域的外部移动，逐渐逼近约束边界上的最优点。因此，外罚函数法可对含有不等式约束和等式约束的优化问题求解，其对应的优化问题模型如下：

$$\begin{aligned}&\min f(\boldsymbol{x}) \\ &\text{s.t.}\quad g_j(\boldsymbol{x}) \geqslant 0 \quad (j=1,2,\cdots,m) \\ &\qquad h_k(\boldsymbol{x}) = 0 \quad (k=1,2,\cdots,l)\end{aligned} \tag{4.129}$$

构造罚函数 $\varphi(\boldsymbol{x},M_k)=f(\boldsymbol{x})+M_kP(\boldsymbol{x})$，其中 M_k 为罚因子，它趋近于正无穷，$P(\boldsymbol{x})$ 为惩罚函数。

那么，$P(\boldsymbol{x})$ 的一般形式为

$$P(\boldsymbol{x})=\sum_{j=1}^{m}(\min\{g_j(\boldsymbol{x}),0\})^2+\sum_{k=1}^{l}h_k^2(\boldsymbol{x}) \tag{4.130}$$

外罚函数法的迭代步骤和程序框图与内罚函数法相近，不再赘述。下面通过例题来具体讲解外罚函数法的求解过程。

例题 4.19 用外罚函数法求解如下约束优化问题：

$$\min f(\boldsymbol{x})=x_1^2+2x_2^2$$

$$\text{s.t.}\quad -x_1-x_2+1\leqslant 0$$

解：首先，需要把不等式约束的小于等于变为大于等于，即

$$g_1(\boldsymbol{x})=x_1+x_2-1\geqslant 0 \tag{4.131}$$

构造罚函数 $\varphi(\boldsymbol{x},M_k)=f(\boldsymbol{x})+M_kP(\boldsymbol{x})$

其中，$P(\boldsymbol{x})=(\min\{g_1(\boldsymbol{x}),0\})^2$

$$\begin{aligned}\varphi(\boldsymbol{x},M_k)&=f(\boldsymbol{x})+M_kP(\boldsymbol{x})\\&=x_1^2+2x_2^2+M_k(\min\{g_1(\boldsymbol{x}),0\})^2\\&=x_1^2+2x_2^2+M_k(\min\{x_1+x_2-1,0\})^2\end{aligned} \tag{4.132}$$

接下来，需要分情况进行讨论：

$$\varphi(\boldsymbol{x},M_k)=\begin{cases}x_1^2+2x_2^2, & x_1+x_2\geqslant 1\\ x_1^2+2x_2^2+M_k(x_1+x_2-1)^2, & x_1+x_2<1\end{cases} \tag{4.133}$$

用无约束极值条件，进行求解，

$$\begin{cases}\dfrac{\partial\varphi}{\partial x_1}=0=\begin{cases}2x_1, & x_1+x_2\geqslant 1\\ 2x_1+2M_k(x_1+x_2-1), & x_1+x_2<1\end{cases}\\ \dfrac{\partial\varphi}{\partial x_2}=0=\begin{cases}4x_2, & x_1+x_2\geqslant 1\\ 4x_2+2M_k(x_1+x_2-1), & x_1+x_2<1\end{cases}\end{cases} \tag{4.134}$$

当 $x_1+x_2\geqslant 1$ 时，根据方程组联立求解得 $x_1=x_2=0$，这又与 $x_1+x_2\geqslant 1$ 矛盾，舍弃这种情况。

当 $x_1+x_2<1$ 时，根据方程组联立求解得

$$x_1=\frac{2M_k}{2+3M_k},\ x_2=\frac{M_k}{2+3M_k} \tag{4.135}$$

当 $M_k\to+\infty$ 时，$\boldsymbol{x}^*=\left(\dfrac{2}{3},\dfrac{1}{3}\right)^{\mathrm{T}}$，$f(\boldsymbol{x}^*)=0.67$。

实际的机械设计优化问题大部分是带有约束的，下面看一个简单的机械设计优化例子。

例题 4.20　用一块边长为 6 m 的正方形铁皮做一个无盖长方体容器，需将正方形铁皮的 4 个角各剪裁掉一个边长为 x 的小正方形，应如何裁剪可使做成的容器的容积最大？

解：如图 4.19 所示，首先明确设计变量为 4 个角各剪裁掉的小正方形的边长 x。约束条件为 $2x \leqslant 6$，即 $x \leqslant 3$。目标函数为容器的容积最大，即 $\max f(x) = x(6-2x)^2$。则本题的优化模型为

$$\begin{aligned}&\min f(x) = -x(6-2x)^2\\&\text{s.t.}\quad x-3 \leqslant 0\end{aligned}$$

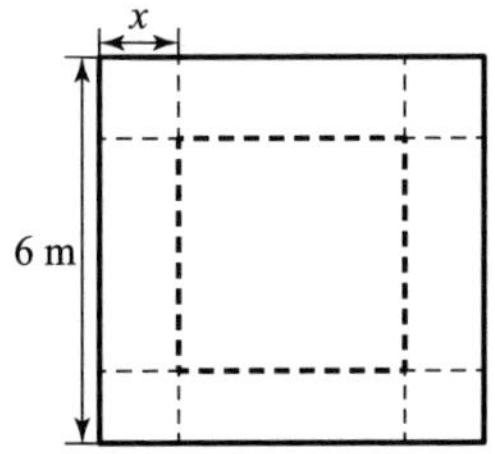

图 4.19　铁皮容器最优化设计

选用内罚点法对此约束问题进行求解。对于约束条件为小于等于 0 的情况，先进行处理，改写为等价的约束 $g_1(x) = 3 - x \geqslant 0$。之后，构造罚函数 $\varphi(\boldsymbol{x},\mu_1) = f(\boldsymbol{x}) + \mu_1 B(\boldsymbol{x})$，这里选择 $B(\boldsymbol{x}) = \sum_{i=1}^{m} \dfrac{1}{g_i(x)}$，则

$$\begin{aligned}\varphi(\boldsymbol{x},\mu_1) &= f(\boldsymbol{x}) + \mu_1 B(\boldsymbol{x})\\&= -x(6-2x)^2 + \mu_1\left(\frac{1}{3-x}\right)\end{aligned}\tag{4.136}$$

对于任意给定的罚因子 $\mu_1(\mu_1 > 0)$，根据无约束极值条件得

$$\frac{\partial\varphi}{\partial x} = -x(8x-24) - (2x-6)^2 - \frac{\mu_1}{(x-3)^2} = 0\tag{4.137}$$

当 $\mu_1 = 10$ 时，根据约束条件解得

$$x^*(\mu_1) = \begin{cases}1.12\\2.08\\3.39-0.57\mathrm{i}\\3.39+0.57\mathrm{i}\end{cases}\tag{4.138}$$

因为 x 为实数，舍弃虚数，则

$$x^*(\mu_1) = \begin{cases}1.12\\2.08\end{cases}\tag{4.139}$$

$$f[x^*(\mu_1)] = \begin{cases}-15.82\\-7.00\end{cases}\tag{4.140}$$

迭代减小μ_1。

当$\mu_1=5$时，保留实数解，$x^*(\mu_1)=\begin{cases}1.06\\2.32\end{cases}$，$f[x^*(\mu_1)]=\begin{cases}-15.96\\-4.30\end{cases}$。

当$\mu_1=2.5$时，保留实数解，$x^*(\mu_1)=\begin{cases}1.03\\2.48\end{cases}$，$f[x^*(\mu_1)]=\begin{cases}-15.99\\-2.68\end{cases}$。

当$\mu_1=1.25$时，保留实数解，$x^*(\mu_1)=\begin{cases}1.01\\2.60\end{cases}$，$f[x^*(\mu_1)]=\begin{cases}-16.00\\-1.68\end{cases}$。

当$\mu_1=0$时，保留实数解，$x^*(\mu_1)=\begin{cases}1\\3\end{cases}$，$f(x^*(\mu_1))=\begin{cases}-16\\0\end{cases}$。

因为存在多个解，根据目标函数选择最优解，故最优解为$x^*(\mu_1)=1$。

由上述计算可知，当逐步减少罚因子μ_1时，直至趋近于0，$x^*(\mu_1)$逼近原问题的约束最优解。

Matlab 代码：

```
syms x

f = -x* (6 -2* x).^2;
g =(3 -x);
x = IPM(f,g)

function x = IPM(f,g)

%        IPM         内点法
%        f           目标函数
%        h           约束条件
m =10;                       %罚因子初值
c =0.5;                      %缩减系数
eps =0.001;                  %允许误差
syms x;                      %定义变量
k =100;                      %迭代最大次数

%惩罚项
Neq =1./g;
G =matlabFunction(1./g);          %函数句柄
F =matlabFunction(f);             %函数句柄

n =1;
```

```
while n < k
    P = f + m* Neq;                    % 构造函数
P_x = diff(P,x);                   % 求 x 偏导
    X = solve(P_x == 0,x);             % 解方程组
    X = double(X);
    X = X(imag(X) == 0);
    if abs(m* G(X)) <= eps             % 判断终止条件
        break
    end
    m = m* c;
end
%%%%%%%%%%%%  多个最优解则选择目标函数最小的
i = 1;
answer = 10000000;
[n, ~] = size(X);
for j = 1:1:n
    if F(X(j)) < answer && X(j) > 0
        answer = F(X(j));
i = j;
    end
end
%%%%%%%%%%% 更新答案
x = X(i);
end
```

4.4　线性规划问题求解方法

4.4.1　数学模型及标准形式

1. 线性规划及其数学模型

例题 4.21　假定对一个优化问题，构建了如下线性规划问题模型：

$$
\max z = 2x_1 + 3x_2 \quad ①
$$
$$
\text{s. t.} \begin{cases} x_1 + x_2 \leqslant 6 & ② \\ 4x_1 + 2x_2 \leqslant 20 & ③ \\ 3x_2 \leqslant 12 & ④ \\ x_1 \geqslant 0, x_2 \geqslant 0 & ⑤ \end{cases} \tag{4.141}
$$

式（4.141）中，称式① $\max z = 2x_1 + 3x_2$ 为目标函数，式②③④为资源的约束条件，式⑤为决策变量非负要求，其中 x_1、x_2 为决策变量。在这类数学模型中，目标函数是决策变量的线性函数，约束条件均为含决策变量的线性不等式或等式约束，我们称这类问题的数学模型为线性规划的数学模型。

对于更一般的情形，假设线性规划问题有 n 个决策变量 $x_j(j = 1,2,\cdots,n)$，在目标函数中的系数为 $c_j(j = 1,2,\cdots,n)$；共有 m 个资源约束，分别用 $b_i(i = 1,2,\cdots,m)$ 表示，b_i 也称为第 i 种资源的总量；用 a_{ij} 表示 x_j 为 1 个单位时，消耗的第 i 种资源的数量。那么一般线性规划的数学模型可以表示为

$$
\max/\min z = c_1x_1 + c_2x_2 + \cdots + c_nx_n
$$
$$
\text{s. t.} \begin{cases} a_{11}x_1 + a_{12}x_2 + \cdots + a_{1n}x_n \leqslant (\geqslant, =) b_1 \\ a_{21}x_1 + a_{22}x_2 + \cdots + a_{2n}x_n \leqslant (\geqslant, =) b_2 \\ \cdots \\ a_{m1}x_1 + a_{m2}x_2 + \cdots + a_{mn}x_n \leqslant (\geqslant, =) b_m \\ x_1, x_2, \cdots, x_n \geqslant 0 \end{cases} \tag{4.142}
$$

上述模型可以简写为

$$
\max/\min z = \sum_{j=1}^{n} c_jx_j
$$
$$
\text{s. t.} \begin{cases} \sum_{j=1}^{n} a_{ij}x_j \leqslant (\geqslant, =) b_i, & i = 1,2,\cdots,m \\ x_j \geqslant 0, & j = 1,2,\cdots,n \end{cases} \tag{4.143}
$$

引入向量/矩阵符号，则线性规划问题的数学模型可以进一步简化为

$$
\max/\min z = \boldsymbol{CX}
$$
$$
\text{s. t.} \begin{cases} \boldsymbol{AX} \leqslant (\geqslant, =) \boldsymbol{b} \\ \boldsymbol{X} \geqslant 0 \end{cases} \tag{4.144}
$$

式中，

$$
\begin{aligned}
\boldsymbol{X} &= (x_1, x_2, \cdots, x_n)^{\mathrm{T}} \\
\boldsymbol{C} &= (c_1, c_2, \cdots, c_n)^{\mathrm{T}} \\
\boldsymbol{b} &= (b_1, b_2, \cdots, b_m)^{\mathrm{T}} \\
\boldsymbol{P}_j &= (a_{1j}, a_{2j}, \cdots, a_{mj})^{\mathrm{T}} \\
\boldsymbol{A} &= \begin{pmatrix} a_{11} & a_{12} & \cdots & a_{1n} \\ a_{21} & a_{22} & \cdots & a_{2n} \\ \vdots & \vdots & & \vdots \\ a_{m1} & a_{m2} & \cdots & a_{mn} \end{pmatrix} = (\boldsymbol{P}_1, \boldsymbol{P}_2, \cdots, \boldsymbol{P}_n)
\end{aligned}
\tag{4.145}
$$

式中，$\boldsymbol{C}$ 称为目标函数系数，$\boldsymbol{b}$ 为约束条件右侧项，$\boldsymbol{A}$ 为约束条件的系数矩阵，$\boldsymbol{P}_j$ 为系数矩阵中决策变量 x_j 的列向量。从数学角度看，决策变量 $\boldsymbol{X}$ 并不一定必须非负，有些决策变量可以为负数。

2. 线性规划模型的标准形式

从线性规划数学模型的一般形式可以看出，目标函数可以是最大化，如实际问题中的生产利润、生产效率、设备利用率等，也可能是最小化，如成本、损失、次品率等，而约束条件也会出现大于、小于或等于的情况。另外，约束条件的右侧项 $\boldsymbol{b}$ 有时也不是非负值。为了便于分析和求解线性规划模型，通过等价变换，约定一种统一的标准形式，即目标函数最大化，约束条件均为等式约束且右侧项非负，决策变量非负，即如下形式：

$$
\begin{aligned}
&\max z = \sum_{j=1}^{n} c_j x_j \\
&\text{s. t.} \begin{cases} \sum_{j=1}^{n} a_{ij} x_j = b_i, i = 1, 2, \cdots, m \\ x_j \geqslant 0 \qquad j = 1, 2, \cdots, n \end{cases}
\end{aligned}
\tag{4.146}
$$

式中，约束条件右侧项均满足 $b_i \geqslant 0$。

需要注意的是，这种标准形式仅仅是本书所约定的，其他要求的标准形式与本书可能相同，也可能会有区别，如目标函数要求是最小化等，但这都不会影响问题求解的结果。对于非标准形式的线性规划模型，采取如下方式进行变换。

（1）目标函数为求极小值时，即 $\min z = \sum_{j=1}^{n} c_j x_j$，可以令 $z' = -z$，那么求 $\min z$ 即求 $\min(-z')$ 就可以转化为求 $\max z'$，即

$$
\max z' = -\sum_{j=1}^{n} c_j x_j \tag{4.147}
$$

（2）约束条件右侧项 $b_i < 0$ 时，可以在左右两侧同乘以“-1”，促使约束条件右侧项非负。

（3）约束条件为不等式约束时，如果为“$\leqslant$”约束，可以在不等式左侧增加一项非负的决策变量，如果为“$\geqslant$”约束，可以在不等式左侧减去一项非负决策变量，从而促使不等式两侧相等。如例题 4.21 中，式（4.141）$x_1+x_2\leqslant 6$ 可以通过在左侧增加一个非负的决策变量 x_3 变为 $x_1+x_2+x_3=6$；又如，对形如 $3x_1+5x_2\geqslant 9$ 的约束条件，可以通过在左侧减去一个非负的决策变量 x_4 变为 $3x_1+5x_2-x_4=9$。非负决策变量 x_3 和 x_4 虽然具体的值暂时不知道，但明确如果其取合适的非负值时，一定能够保证不等式变为等式。在线性规划里，类似 x_3 和 x_4 的决策变量称为松弛变量，当约束条件添加了松弛变量后，这些松弛变量也必须反映到目标函数里，此时在目标函数中其系数均为零。

（4）决策变量为 $x\leqslant 0$ 时，在目标函数及约束条件里用 $x'=-x$ 替换所有的决策变量 x，此时能够保证 $x'\geqslant 0$。当决策变量 x 的取值没有约束时，如 x 表示两个零件的设计尺寸之差，可以引入两个非负决策变量 x' 和 x''，令 $x=x'-x''$，用 $x'-x''$ 替换目标函数和约束条件里所有的 x 即可。

例题 4.22 将下面的线性规划模型转换为标准形式：

$$
\min z = 2x_1+2x_2+x_3
$$

$$
\text{s. t.}\begin{cases} x_1-x_2+x_3\leqslant 5 \\ -3x_1+2x_2+x_3\geqslant 12 \\ x_1-x_2+x_3=-9 \\ x_1\geqslant 0, x_2\leqslant 0, x_3\text{ 无约束} \end{cases} \tag{4.148}
$$

解：令 $z'=-z$, $x_2'=-x_2$, $x_3'-x_3''=x_3$，其中 $x_2'\geqslant 0$, $x_3'\geqslant 0$, $x_3''\geqslant 0$，则上述线性规划模型的标准形式为

$$
\max z' = -2x_1+2x_2'-x_3'+x_3''+0x_4+0x_5
$$

$$
\text{s. t.}\begin{cases} x_1+x_2'+x_3'-x_3''+x_4=5 \\ -3x_1-2x_2'+x_3'-x_3''-x_5=12 \\ -x_1-x_2'-x_3'+x_3''=9 \\ x_1\geqslant 0, x_2'\geqslant 0, x_3'\geqslant 0, x_3''\geqslant 0, x_4\geqslant 0, x_5\geqslant 0 \end{cases} \tag{4.149}
$$

4.4.2 图解法

1. 求解步骤

对于只有两个决策变量的线性规划问题，可以采用图解法进行求解，这

种方法不仅简单直观，而且有助于理解线性规划解的一些基本特征。

例题 4.23　用图解法求解例题 4.21 中的优化问题，已知所构建的线性规划模型为

$$\max z = 2x_1 + 3x_2$$

$$\text{s.t.}\begin{cases} x_1 + x_2 \leqslant 6 \\ 4x_1 + 2x_2 \leqslant 20 \\ 3x_2 \leqslant 12 \\ x_1 \geqslant 0, x_2 \geqslant 0 \end{cases} \tag{4.150}$$

解：先画出所有约束条件构成的可行域，如图 4.20 所示。

注意，上述可行域（阴影区域）是由三个约束条件以及两个决策变量非负所谓和的区域，共产生 5 个顶点，其中点（2，4）即目标函数取得最大值时的解。最优解为 $x_1 = 2$, $x_2 = 4$，最优值为 $z = 16$。

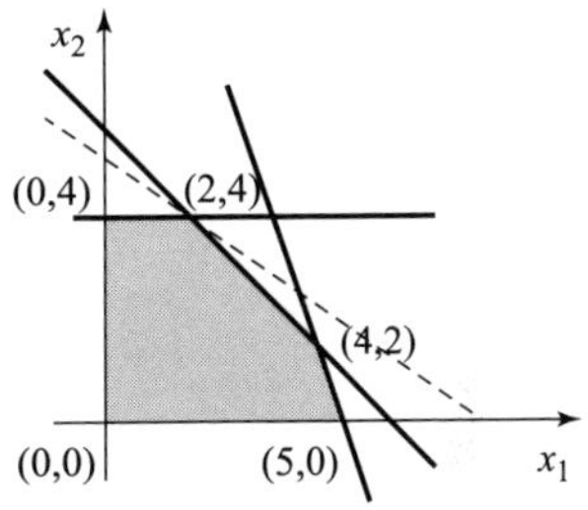

图 4.20　可行域

2. 解的可能性

线性规划问题的解一般存在 4 种可能性：唯一最优解、无穷多最优解、无界解、无最优解。

（1）直观上看，如图 4.20 存在封闭的可行域，且目标函数不与任何约束条件或坐标轴平行时，通常能够得到线性规划问题的唯一最优解。

（2）无穷多最优解。显然，对于封闭的可行域，如果目标函数与任何一个约束条件或坐标轴平行，则其中一条边界上所有值均为最优解，此时最优解的数量为无穷多，如下述线性规划模型（见图 4.21）：

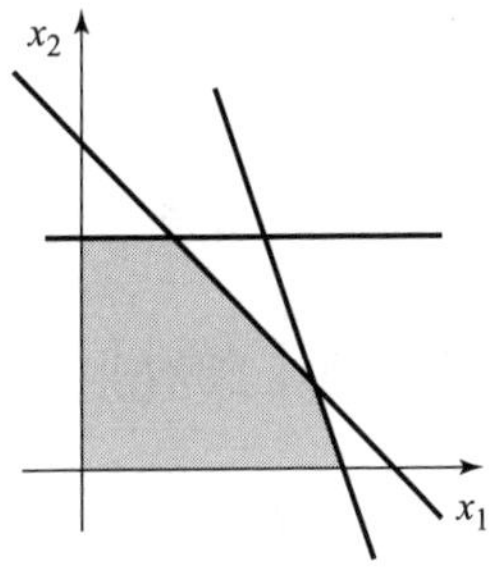

图 4.21　无穷多最优解

$$\max z = 2x_1 + x_2$$

$$\text{s.t.}\begin{cases} x_1 + x_2 \leqslant 6 \\ 4x_1 + 2x_2 \leqslant 20 \\ 3x_2 \leqslant 12 \\ x_1 \geqslant 0, x_2 \geqslant 0 \end{cases} \tag{4.151}$$

直线 $4x_1 + 2x_2 = 20$ 上点（5，0）与点（4，2）之间线段上所有点，均为此线性规划问题的最优解，但此时最优值唯一。

（3）无界解。对于下述线性规划问题，其可行域并不封闭，且目标函数

可以增大到无穷，这种情况下问题的最优解无界。产生无界解的原因是在建模时漏掉了某些必要的资源约束条件，如下述线性规划模型（见图 4.22）：

$$\max z = x_1 + x_2$$
$$\text{s.t.}\begin{cases} -x_1 + x_2 \leqslant 2 \\ x_1 - 3x_2 \leqslant 3 \\ x_1 \geqslant 0, x_2 \geqslant 0 \end{cases} \tag{4.152}$$

（4）无解。无解通常是不存在约束条件形成的公共区域，即无可行域，出现的原因是约束条件之间的矛盾，也就是建模错误所导致的，如下述线性规划模型（见图 4.23）：

$$\max z = 2x_1 + 3x_2$$
$$\text{s.t.}\begin{cases} -x_1 + x_2 \geqslant 2 \\ x_1 - 3x_2 \geqslant 3 \\ x_1 \geqslant 0, x_2 \geqslant 0 \end{cases} \tag{4.153}$$

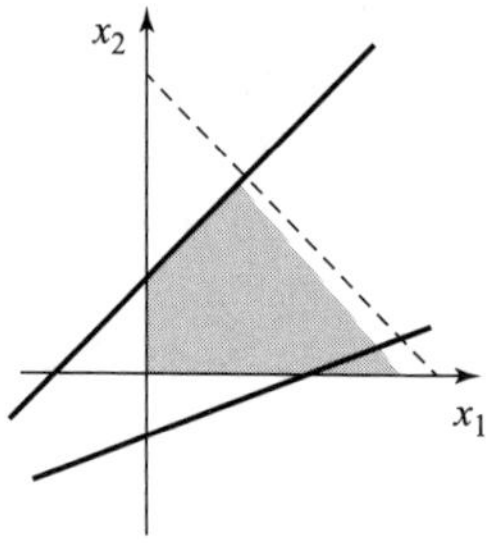

图 4.22　无界解

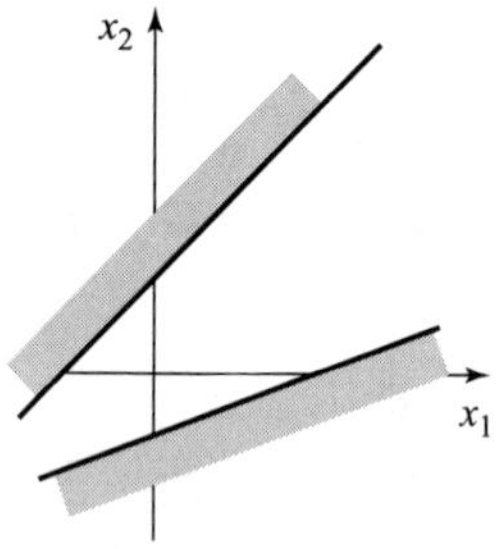

图 4.23　无解

4.4.3　单纯形法原理

1. 线性规划问题解的基本概念

我们将在线性规划模型标准形式的基础上，讨论线性规划问题解的一些概念和性质。标准形式为

$$\max z = \sum_{j=1}^{n} c_j x_j$$
$$\text{s.t.}\begin{cases} \sum_{j=1}^{n} a_{ij} x_j = b_i, i = 1,2,\cdots,m \\ x_j \geqslant 0, \qquad j = 1,2,\cdots,n \end{cases} \tag{4.154}$$

从系数矩阵 $\boldsymbol{A}$ 中任取 m 个列向量，组成一个 $m \times m$ 的子矩阵 $\boldsymbol{B}$，如果 $\boldsymbol{B}$ 的秩为 m，则称子矩阵 $\boldsymbol{B}$ 为一个基矩阵，简称为基（Base）。

例如，在下面的约束条件中：

$$\text{s. t.}\begin{cases}2x_1+x_2+x_3=8\\x_1+x_2+x_4=5\\2x_2+x_5=6\\x_1,x_2,x_3,x_4,x_5\geqslant 0\end{cases}\tag{4.155}$$

决策变量 x_1、x_2、x_3 的系数矩阵可以构成一个基。一个约束条件的系数矩阵最多能够形成 C_n^m 个基。$\boldsymbol{B}$ 中每一个列向量 P_j（$j=1$，2，…，m）称为基向量，基向量对应的变量 x_j 称为基变量，所有决策变量中基变量之外的变量称为非基变量。式（4.155）中，如果基 $\boldsymbol{B}$ 取

$$\boldsymbol{B}=\begin{pmatrix}211\\110\\020\end{pmatrix}$$

那么，此时所对应的基变量为 x_1、x_2、x_3，非基变量为 x_4、x_5，基向量 $\boldsymbol{P}_1=(2,1,0)^{\mathrm{T}}$，$\boldsymbol{P}_2=(1,1,2)^{\mathrm{T}}$，$\boldsymbol{P}_3=(1,0,0)^{\mathrm{T}}$。

因为 $\boldsymbol{B}$ 满秩，求出基变量的唯一解，并令所有的非基变量为零。这样，就得到一组解 $\boldsymbol{X}=(x_1,x_2,\cdots,x_m,0,\cdots,0)^{\mathrm{T}}$，称为线性规划问题的基解。

满足变量非负条件的基解，称为基可行解。

对应于基可行解的基称为可行基。

例题 4.24　找出下面线性规划问题的全部基解、基可行解，并确定最优解。

$$\max z=4x_1+3x_2$$

$$\text{s. t.}\begin{cases}2x_1+x_2+x_3=8\\x_1+x_2+x_4=5\\2x_2+x_5=6\\x_1,x_2,x_3,x_4,x_5\geqslant 0\end{cases}\tag{4.156}$$

解：该问题的全部基解、基可行解以及最优解如表 4.1 所示。

表 4.1　全部基解、基可行解以及最优解

序号	x_1	x_2	x_3	x_4	x_5	是否可行解	是否基解	是否基可行解	是否最优解
1	2	3	1	0	0	√	√	√	×
2	2.5	3	0	−0.5	0	×	√	×	×
3	/	0	/	/	0	×	×	×	×
4	0	3	5	2	0	√	√	√	×

续表

序号	x_1	x_2	x_3	x_4	x_5	是否可行解	是否基解	是否基可行解	是否最优解
5	3	2	0	0	2	√	√	√	√
6	5	0	−2	0	6	×	√	×	×
7	0	5	3	0	−4	×	√	×	×
8	4	0	0	1	6	√	√	√	×
9	0	8	0	−3	−10	×	√	×	×
10	0	0	8	5	6	√	√	√	×

如果采用图解法求解例题 4.24，会发现问题的可行域是一个凸集，基可行解对应着可行域的 5 个顶点。

2. 单纯形法迭代原理

线性规划的定理表明，如果线性规划问题存在可行解，则可行域是凸集，基可行解对应这个凸集的顶点。如果线性规划问题有最优解，则一定存在一个基可行解是最优解。这些定理为我们寻找线性规划问题的最优解提供了思路，即可以从一个初始基可行解出发，然后转换到相邻的基可行解，如果目标函数得到改善，则新的解就优于原来的初始基可行解，然后继续迭代。

回顾例题 4.24，最容易找到的基可行解实际上是以 x_3、x_4、x_5 为基变量，x_1、x_2 为非基变量所构成的解。这个解一定是基可行解，因为基变量的系数矩阵为单位矩阵，满秩，基变量分别等于约束的右侧项，满足非负条件；非基变量为零，同样满足非负条件，所以这个解既是基解，也满足可行解的条件，是基可行解。

进一步，为叙述方便，将转换为标准形式之前的决策变量和转换为标准形式后的松弛变量分离开。假设原问题中所有的右侧项满足 $b_i \geqslant 0$ 且为“$\leqslant$”约束，则标准形式可以写为下面的形式，其中前面 m 个决策变量为松弛变量。

$$\max z = 0\sum_{i=1}^{m} x_i + \sum_{j=m+1}^{n} c_j x_j \quad ①$$

$$\text{s. t.} \begin{cases} x_i + \sum\limits_{j=m+1}^{n} a_{ij} x_j = b_i & ② \\ x_j \geqslant 0, x_i \geqslant 0 & ③ \end{cases} \tag{4.157}$$

$$b_i \geqslant 0 (i = 1,2,\cdots,m)(j = m+1, m+2,\cdots,n)$$

我们已经知道，满足线性规划约束条件②和③的解称为可行解，所有可行解构成的集合称为可行域。可行域中满足式①使得目标函数最大化的解称为最优解。

将式②中决策变量的系数写作矩阵的形式如下：

$$\boldsymbol{A}=\begin{pmatrix}1 & 0 & \cdots & 0 & a_{1,m+1} & \cdots & a_{1,n}\\ 0 & 1 & \cdots & 0 & a_{2,m+1} & \cdots & a_{2,n}\\ & & \cdots & & & & \\ 0 & 0 & \cdots & 1 & a_{m,m+1} & \cdots & a_{m,n}\end{pmatrix}=(\boldsymbol{P}_1,\boldsymbol{P}_2,\cdots,\boldsymbol{P}_m,\boldsymbol{P}_{m+1},\cdots,\boldsymbol{P}_n) \tag{4.158}$$

式中，$\boldsymbol{P}_1,\boldsymbol{P}_2,\cdots,\boldsymbol{P}_m$ 为基向量，其所对应的松弛变量 $x_1,x_2,\cdots,x_m$ 为基变量，其余的决策变量 $x_{m+1},x_{m+2},\cdots,x_n$ 为非基变量。根据基可行解的定义，基变量的值分别对应于约束条件的右侧项 $b_1,b_2,\cdots,b_m$，满足式（4.157）中③的非负要求。另外，基解要求所有非基变量为零，所以非基变量的值同样满足式（4.157）中③的非负要求；此时得到的一组解 $\boldsymbol{X}=(x_1,\ x_2,\ \cdots,\ x_m,\ 0,\ 0,\ \cdots,0)^{\mathrm{T}}=(b_1,\ b_2,\ \cdots,\ b_m,\ 0,\ 0,\ \cdots,\ 0)^{\mathrm{T}}$ 即基可行解。

当标准形式的约束条件满足“≤”约束且右侧项非负时，很容易得到这组初始基可行解，记作 $\boldsymbol{X}^{(0)}=(x_1^0,\ x_2^0,\ \cdots x_m^0,\ 0,\ 0,\ \cdots,\ 0)^{\mathrm{T}}=(b_1,\ b_2,\ \cdots,\ b_m,\ 0,\ 0,\ \cdots,\ 0)^{\mathrm{T}}$。

显然，初始基可行解满足式（4.157）中②的要求，即

$$\sum_{i=1}^{m}\boldsymbol{P}_i x_i^0=\boldsymbol{b} \tag{4.159}$$

另外，对于式（4.157）中非基变量所对应的任一系数列向量 $\boldsymbol{P}_j$，都可以用基向量的线性组合表示，即

$$\boldsymbol{P}_j=\sum_{i=1}^{m}\boldsymbol{P}_i a_{ij} \tag{4.160}$$

引入 $\theta>0$，式（4.160）可以改写为

$$\theta\left(\boldsymbol{P}_j-\sum_{i=1}^{m}\boldsymbol{P}_i a_{ij}\right)=0 \tag{4.161}$$

联合式（4.159）和式（4.161），得到

$$\theta\boldsymbol{P}_j+\sum_{i=1}^{m}(x_i^0-\theta a_{ij})\boldsymbol{P}_i=\boldsymbol{b} \tag{4.162}$$

式（4.162）左侧包含了 $m+1$ 个列向量，将其扩充为 n 个，如下所示：

$$\sum_{i=1}^{m}(x_i^0-\theta a_{ij})\boldsymbol{P}_i+\sum_{i=m+1}^{j-1}0\boldsymbol{P}_i+\theta\boldsymbol{P}_j+\sum_{i=j+1}^{n}0\boldsymbol{P}_i=\boldsymbol{b} \tag{4.163}$$

显然，得到了方程组 $\sum_{i=1}^{n}\boldsymbol{P}_i\boldsymbol{x}_i=\boldsymbol{b}$ 的一组新解，即

$$\boldsymbol{X}^{(1)}=(\boldsymbol{x}_1^0-\theta a_{1j},\boldsymbol{x}_2^0-\theta a_{2j},\cdots,\boldsymbol{x}_m^0-\theta a_{mj},0,\cdots,0,\theta,0,\cdots,0) \tag{4.164}$$

由于 $\theta>0$，为使式（4.164）成为一组新的解，其必须满足 $x_i^0-\theta a_{ij}\geqslant 0$，且至少有一个等号成立。为此，定义 θ 值为

$$\theta=\min_i\left\{\frac{x_i^0}{a_{ij}}\,\middle|\,a_{ij}>0\right\}=\frac{x_k^0}{a_{kj}} \tag{4.165}$$

这样，当 $i\neq k$ 时，$x_i^0-\theta a_{ij}\geqslant 0$，只有当 $i=k$ 时 $x_i^0-\theta a_{ij}=0$。根据基可行解的定义，我们将初始基可行解中的 x_k 移出基变量作为非基变量，非基变量 x_j 移入作为基变量，就能保证 $\boldsymbol{X}^{(1)}$ 是一组新的基可行解。

下面检验 $\boldsymbol{X}^{(0)}$ 和 $\boldsymbol{X}^{(1)}$ 对目标函数①的贡献，分别计算目标函数的值：

$$z^{(0)}=\sum_{i=1}^{m}c_ix_i^0$$

$$\begin{aligned}z^{(1)}&=\sum_{i=1}^{m}c_i(x_i^0-\theta a_{ij})+\theta c_j\\&=z^{(0)}+\theta\left(c_j-\sum_{i=1}^{m}c_ia_{ij}\right)\end{aligned} \tag{4.166}$$

记 $\sigma_j=c_j-\sum_{i=1}^{m}c_ia_{ij}$，它是线性规划问题解的最优性检验量度，当 $\sigma_j>0$ 时，$z^{(1)}>z^{(0)}$，显然新的解 $\boldsymbol{X}^{(1)}$ 能够使目标函数增加，继续进行迭代，直到找到最优解。

3. 单纯形法计算步骤

单纯形法解决了线性规划的求解问题，极大地推动了优化问题在实际工程中的应用。单纯形表能够直观进行单纯形法的计算，可以将基可行解之间的转换利用表格的形式直观地完成。

表4.2为单纯形表的一般结构，其中第一行为价值行，即目标函数中决策变量的系数。第二行第一列 $\boldsymbol{C}_B$ 为基变量在目标函数中的系数，第二列 $\boldsymbol{X}_B$ 为基变量，第三列 $\boldsymbol{b}$ 为基变量按顺序所对应的约束条件的右侧项（初始单纯形表时）。第二行后续 n 列分别为决策变量（x_1，x_2，$\cdots x_n$），最后一列为 θ 值。决策变量之下最后一行之上的部分，为约束条件中所有的系数项。最后一行为 $\sigma_j=c_j-\sum_{i=1}^{m}c_ia_{ij}$。

表 4.2 初始单纯形表

c_j			c_1	…	c_m	c_{m+1}	…	c_n	θ_i
$\boldsymbol{C_B}$	$\boldsymbol{X_B}$	$\boldsymbol{b}$	x_1	…	x_m	x_{m+1}	…	x_n	
c_1	x_1	b_1	1	…	0	$a_{1,m+1}$	…	$a_{1,n}$	θ_1
c_2	x_2	b_2	0	…	0	$a_{2,m+1}$	…	$a_{2,n}$	θ_2
…	…	…	…	…	…	…	…	…	…
c_m	x_m	b_m	0	…	1	$a_{m,m+1}$	…	$a_{m,n}$	θ_m
			0	…	0	$c_{m+1}-\sum_{i=1}^{m}c_i a_{i,m+1}$		$c_n-\sum_{i=1}^{m}c_i a_{i,n}$	

利用单纯形法求解线性规划问题的具体计算步骤如下：

（1）将线性规划问题标准形式，按照表 4.2 的格式填入相应内容，形成初始单纯形表。

（2）针对初始单纯形表，最后一行和第一行的值应该一致；此时，选择最后一行中大于零的最大的 σ_j，其所对应的 x_j 作为进基变量。

（3）按照式（4.165）计算单纯形表中随后一列，选择最小 θ_i 所在的行对应的第二列的基变量 x_i，作为离基变量。

（4）进基变量所在列与离基变量所在行相交的单元格称为主元，将主元按比例缩放为“1”，其所在列的其他单元格，用加减消元法变为“0”，并同时更新变为“0”的单元格所在行的其他数值（以第 k 行为例，包括 b_k 和 a_{kj}）。

（5）再次计算单纯形表的最后一行，直到不再出现大于零的 σ_j。

（6）第二列基向量所对应的决策变量即最优解的基变量，其最优解为所对应 b 列的值，基变量之外的非基变量为零。

（7）将最优解代入目标函数，则计算出线性规划问题的最优值。

例题 4.25 用单纯形法求解下面线性规划问题的最优解和最优值：

$$\max z = 4x_1 + 3x_2$$

$$\text{s. t.}\begin{cases} 2x_1 + x_2 \leqslant 8 \\ x_1 + x_2 \leqslant 5 \\ 2x_2 \leqslant 6 \\ x_1, x_2 \geqslant 0 \end{cases} \tag{4.167}$$

解：先转换为标准形式：

$$\max z = 4x_1 + 3x_2 + 0x_3 + 0x_4 + 0x_5$$

$$\text{s.t.}\begin{cases} 2x_1 + x_2 + x_3 = 8 \\ x_1 + x_2 + x_4 = 5 \\ 2x_2 + x_5 = 6 \\ x_1, x_2, x_3, x_4, x_5 \geqslant 0 \end{cases} \tag{4.168}$$

构建初始单纯形表如表 4.3 所示。

表 4.3　线性规划问题的初始单纯形表

c_j			4	3	0	0	0	θ_i
$\boldsymbol{C_B}$	$\boldsymbol{X_B}$	$\boldsymbol{b}$	x_1	x_2	x_3	x_4	x_5	
0	x_3	8	[2]	1	1	0	0	4
0	x_4	5	1	1	0	1	0	5
0	x_5	6	0	2	0	0	1	/
			4	3	0	0	0	

根据进基条件，大于零的最大 σ_j 所对应的变量为进基变量；根据离基判定条件，最小的 θ_1 所对应的 x_3 离基，主元的值为“2”；后续的计算过程如表 4.4、表 4.5 所示。

表 4.4　第一次迭代的单纯形表

c_j			4	3	0	0	0	θ_i
$\boldsymbol{C_B}$	$\boldsymbol{X_B}$	$\boldsymbol{b}$	x_1	x_2	x_3	x_4	x_5	
4	x_1	4	1	0.5	0.5	0	0	8
0	x_4	1	0	[0.5]	-0.5	1	0	2
0	x_5	6	0	2	0	0	1	3
			0	1	-2	0	0	

表 4.5　第二次迭代的单纯形表

c_j			4	3	0	0	0	θ_i
$\boldsymbol{C_B}$	$\boldsymbol{X_B}$	$\boldsymbol{b}$	x_1	x_2	x_3	x_4	x_5	
4	x_1	3	1	0	1	-1	0	
3	x_2	2	0	1	-1	2	0	
0	x_5	2	0	0	2	-4	1	
			0	0	-1	-2	0	

最优解为（3，2，0，0，2），最优值为18。

4.4.4 应用单纯形法的人工变量法

前面讨论了在线性规划的标准形式中系数矩阵有单位矩阵，很容易确定一组基可行解。在实际问题中有些模型并不含有单位矩阵，为了得到一组基向量和初始基可行解，在约束条件的等式左端加一组虚拟变量，得到一组基变量。这种人为添加的变量称为人工变量，构成的可行基称为人工基，用大M法或两阶段法求解，这种用人工变量作桥梁的求解方法称为人工变量法。

1. 大M法

在讨论单纯形法的原理时，假设约束条件的右侧项非负，且为“≤”形式的约束。但实际问题中，经常会遇到“≥”以及“=”形式的约束，我们无法在变换为标准形式后，使系数矩阵中包含一个单位矩阵。为了得到这样的单位矩阵，需要人为地添加一些变量，并最终使这些变量的值为零。如下列的线性规划问题：

$$\max z = x_1 - 3x_2 + 2x_3$$
$$\text{s.t.}\begin{cases}-2x_1 + 4x_2 + x_3 \geqslant 5 \\ x_1 + x_2 + 2x_3 \leqslant 8 \\ -5x_1 + 3x_2 + x_3 = -1 \\ x_1, x_2, x_3 \geqslant 0\end{cases} \tag{4.169}$$

转换为标准形式：

$$\max z = x_1 - 3x_2 + 2x_3 + 0x_4 + 0x_5$$
$$\text{s.t.}\begin{cases}-2x_1 + 4x_2 + x_3 - x_4 = 5 \\ x_1 + x_2 + 2x_3 + x_5 = 8 \\ 5x_1 - 3x_2 - x_3 = 1 \\ x_1, x_2, x_3, x_4, x_5 \geqslant 0\end{cases} \tag{4.170}$$

显然，系数矩阵中不存在单位矩阵，无法建立初始单纯形表。为此，我们需要添加人工变量x_6、x_7，也称为虚拟变量，与变量x_5的系数共同形成单位矩阵。

为了使人工添加的虚拟变量的值为零，我们采取的办法是在目标函数中减去一个很大的正数M与虚拟变量的乘积。M是一个很大的抽象的数，不需要给出具体数值，可以理解为它能大于给定的任何一个确定数值。然后采用前面介绍的单纯形法即可进行问题求解。

$$\max z = x_1 - 3x_2 + 2x_3 + 0x_4 + 0x_5 - Mx_6 - Mx_7$$

$$\text{s. t.} \begin{cases} -2x_1 + 4x_2 + x_3 - x_4 + x_6 = 5 \\ x_1 + x_2 + 2x_3 + x_5 = 8 \\ 5x_1 - 3x_2 - x_3 + x_7 = 1 \\ x_1, x_2, x_3, x_4, x_5, x_6, x_7 \geqslant 0 \end{cases} \tag{4.171}$$

例题 4.26 用大 M 法求解下面线性规划问题的最优解和最优值。

$$\max z = 2x_1 + 3x_2$$

$$\text{s. t.} \begin{cases} 2x_1 + x_2 \leqslant 4 \\ x_1 + 3x_2 \geqslant 6 \\ x_1 + x_2 = 3 \\ x_1, x_2 \geqslant 0 \end{cases} \tag{4.172}$$

解：先转换为标准形式

$$\max z = 2x_1 + 3x_2 + 0x_3 + 0x_4 - Mx_5 - Mx_6$$

$$\text{s. t.} \begin{cases} 2x_1 + x_2 + x_3 = 4 \\ x_1 + 3x_2 - x_4 + x_5 = 6 \\ x_1 + x_2 + x_6 = 3 \\ x_1, x_2, x_3, x_4, x_5, x_6 \geqslant 0 \end{cases} \tag{4.173}$$

构建初始单纯形表以及计算过程如表 4.6 所示。

表 4.6 初始单纯形表及计算过程

c_j			2	3	0	0	$-M$	$-M$	θ_i
$\boldsymbol{C_B}$	$\boldsymbol{X_B}$	$\boldsymbol{b}$	x_1	x_2	x_3	x_4	x_5	x_6	
0	x_3	4	2	1	1	0	0	0	4
$-M$	x_5	6	1	[3]	0	-1	1	0	2
$-M$	x_6	3	1	1	0	0	0	1	3
			$2+2M$	$3+4M$	0	$-M$	0	0	
c_j			2	3	0	0	$-M$	$-M$	θ_i
$\boldsymbol{C_B}$	$\boldsymbol{X_B}$	$\boldsymbol{b}$	x_1	x_2	x_3	x_4	x_5	x_6	
0	x_3	2	[5/3]	0	1	1/3	$-1/3$	0	6/5
3	x_2	2	1/3	1	0	$-1/3$	1/3	0	6
$-M$	x_6	1	2/3	0	0	1/3	$-1/3$	1	3/2
			$1+2/3M$	0	0	$1+1/3M$	$-1-4/3M$	0	

续表

c_j			2	3	0	0	$-M$	$-M$	θ_i
C_B	X_B	b	x_1	x_2	x_3	x_4	x_5	x_6	
2	x_1	6/5	1	0	3/5	1/5	$-1/5$	0	6
3	x_2	8/5	0	1	$-1/5$	$-2/5$	2/5	0	/
$-M$	x_6	1/5	0	0	$-2/5$	[1/5]	$-1/5$	1	1
			0	0	$-3/5-2M/5$	$4/5+M/5$	$-4/5-6M/5$	0	
c_j			2	3	0	0	$-M$	$-M$	θ_i
C_B	X_B	b	x_1	x_2	x_3	x_4	x_5	x_6	
2	x_1	1	1	0	[1]	0	0	-1	1
3	x_2	2	0	1	-1	0	0	2	/
0	x_4	1	0	0	-2	1	-1	5	/
			0	0	1	0	$-M$	$-M-4$	
c_j			2	3	0	0	$-M$	$-M$	θ_i
C_B	X_B	b	x_1	x_2	x_3	x_4	x_5	x_6	
0	x_3	1	1	0	1	0	0	-1	
3	x_2	3	1	1	0	0	0	1	
0	x_4	3	2	0	0	1	-1	3	
			-1	0	0	0	$-M$	$-M-3$	

最优解为（0，3，1，3，0，0），最优值为9。可见，通过目标函数增加惩罚项 $-M$，虚拟变量的值最终均为零。

2. 两阶段法

大M法有效扩展了线性规划模型的形式，即不要求约束条件的不等式形式。但在计算机运算过程中，由于需要取一个非常大的数，如果这个数与约束条件中的系数相差过大，在运算过程中的误差常常会使计算结果出现错误，为此，可以采用两阶段法进行线性规划问题的求解。

两阶段法第一阶段，先求只包含人工变量的优化问题，此时在目标函数中其他变量系数为零，人工变量系数可以取“1”，约束条件不变，目标函数为极小化。即构造如下模型：

$$\min \quad \omega = x_{n+1} + \cdots + x_{n+m} + 0x_1 + \cdots + 0x_n$$

$$\text{s.t.} \begin{cases} a_{11}x_1 + \cdots + a_{1n}x_n + x_{n+1} = b_1 \\ \vdots \qquad \vdots \qquad \ddots \\ a_{m1}x_1 + \cdots + a_{mn}x_n + \cdots + x_{n+m} = b_m \\ x_1, \cdots, x_{n+m} \geqslant 0 \end{cases} \tag{4.174}$$

第二阶段是在第一阶段单纯形表结果的基础上，去除人工变量，求解问题的最优解。在第一阶段求解过程中，若 $\omega = 0$，说明问题存在基可行解，可以进行第二阶段；否则，原问题无可行解，停止运算。下面通过具体的例子来阐述两阶段法的计算过程。

例题 4.27 用两阶段法求解下面线性规划问题的最优解和最优值。

$$\max z = -2x_1 + 3x_2 + x_3$$

$$\text{s.t.} \begin{cases} -x_1 + 2x_2 + x_3 \leqslant 6 \\ 2x_1 - 3x_2 + 2x_3 \geqslant 9 \\ -2x_1 + x_3 = 3 \\ x_1, x_2, x_3 \geqslant 0 \end{cases} \tag{4.175}$$

解：先转换为标准形式并引入人工变量：

$$\max z = -2x_1 + 3x_2 + x_3 + 0x_4 + 0x_5 + 0x_6 + 0x_7$$

$$\text{s.t.} \begin{cases} -x_1 + 2x_2 + x_3 + x_4 = 6 \\ 2x_1 - 3x_2 + 2x_3 - x_5 + x_6 = 9 \\ -2x_1 + x_3 + x_7 = 3 \\ x_j \geqslant 0, j = 1, 2, \cdots, 7 \end{cases} \tag{4.176}$$

第一阶段的线性规划问题可写为

$$\min \omega = x_6 + x_7 + 0x_1 + 0x_2 + 0x_3 + 0x_4 + 0x_5$$

$$\text{s.t.} \begin{cases} -x_1 + 2x_2 + x_3 + x_4 = 6 \\ 2x_1 - 3x_2 + 2x_3 - x_5 + x_6 = 9 \\ -2x_1 + x_3 + x_7 = 3 \\ x_j \geqslant 0, j = 1, 2, \cdots, 7 \end{cases} \tag{4.177}$$

第一阶段的计算过程如表 4.7 所示。

表 4.7 第一阶段计算过程

c_j			0	0	0	0	0	1	1	θ_i
C_B	X_B	b	x_1	x_2	x_3	x_4	x_5	x_6	x_7	
0	x_4	6	-1	2	1	1	0	0	0	6
1	x_6	9	2	-3	2	0	-1	1	0	9/2
1	x_7	3	-2	0	[1]	0	0	0	1	3
			0	3	-3	0	1	0	0	
c_j			0	0	0	0	0	1	1	θ_i
C_B	X_B	b	x_1	x_2	x_3	x_4	x_5	x_6	x_7	
0	x_4	3	1	2	0	1	0	0	-1	3
1	x_6	3	[6]	-3	0	0	-1	1	-2	1/2
0	x_3	3	-2	0	1	0	0	0	1	/
			-6	3	0	0	1	0	3	
c_j			0	0	0	0	0	1	1	θ_i
C_B	X_B	b	x_1	x_2	x_3	x_4	x_5	x_6	x_7	
0	x_4	5/2	0	5/2	0	1	1/6	-1/6	-2/3	
0	x_1	1/2	1	-1/2	0	0	-1/6	1/6	-1/3	
0	x_3	4	0	-1	1	0	-1/3	1/3	1/3	
			0	0	0	0	0	1	1	

在第二阶段的计算中，利用第一阶段的最终单纯形表并去掉人工变量，将目标函数的系数换成原问题的目标函数系数，作为第二阶段计算的初始表，计算过程如表 4.8 所示。

表 4.8 第二阶段计算过程

c_j			-2	3	1	0	0			θ_i
C_B	X_B	b	x_1	x_2	x_3	x_4	x_5	x_6	x_7	
0	x_4	5/2	0	[5/2]	0	1	1/6			1
-2	x_1	1/2	1	-1/2	0	0	-1/6			/
1	x_3	4	0	-1	1	0	-1/3			/
			0	3	0	0	0			

续表

c_j			-2	3	1	0	0			θ_i
C_B	X_B	b	x_1	x_2	x_3	x_4	x_5	x_6	x_7	
3	x_2	1	0	1	0	2/5	1/15			1
-2	x_1	1	1	0	0	1/5	-2/15			/
1	x_3	5	0	0	1	2/5	-4/15			/
			0	0	0	-6/5	-1/5			

于是得到最优解为（1，1，5，0，0），最优值为6。可以看出，利用两阶段法，能够有效避免大 M 法中过大与过小数值之间误差导致的计算错误。

4.4.5 单纯形法解的可能性

1. 无穷多最优解

对于目标函数最大化问题，如果线性规划问题基可行解所有的非基变量检验数都小于等于零，并且存在一个非基变量检验数等于零，那么该线性规划问题有无穷多最优解。如下列问题：

$$\max z = 2x_1 + x_2$$

$$\text{s. t.} \begin{cases} x_1 + x_2 \leqslant 6 \\ 4x_1 + 2x_2 \leqslant 20 \\ 3x_2 \leqslant 12 \\ x_1 \geqslant 0, x_2 \geqslant 0 \end{cases} \tag{4.178}$$

如表4.9所示得到最优解为（5，0），最优值为10。因为非基变量 x_2 对应的检验数为零，如果允许 x_2 进基，则得到的最优解为（4，2），最优值为10。在这种情况下，线性规划问题会存在无穷多最优解。从图解法可以看出（见图4.21），实际上目标函数与其中的约束条件平行，点（5，0）与点（4，2）之间线段上的任一点都是目标函数的最优解。

表4.9 单纯形表计算过程

c_j			2	1	0	0	0	θ_i
C_B	X_B	b	x_1	x_2	x_3	x_4	x_5	
0	x_3	6	1	1	1	0	0	6
0	x_4	20	[4]	2	0	1	0	5
0	x_5	12	0	3	0	0	1	/
			2	1	0	0	0	

续表

c_j			2	1	0	0	0	θ_i
C_B	X_B	b	x_1	x_2	x_3	x_4	x_5	
0	x_3	1	0	1/2	1	-1/4	0	2
2	x_1	5	1	1/2	0	1/4	0	10
0	x_5	12	0	3	0	0	1	4
			0	0	0	-1/2	0	
c_j			2	1	0	0	0	θ_i
C_B	X_B	b	x_1	x_2	x_3	x_4	x_5	
1	x_2	2	0	1	2	-1/2	0	
2	x_1	4	1	0	-1	1/2	0	
0	x_5	6	0	0	-6	3/2	1	
			0	0	0	-1/2	0	

2. 无界解

同样，假设线性规划问题的目标函数为极大化，如果单纯形表的检验行存在大于零的检验数，但是该检验数所对应的非基变量的系数列向量的全部系数都非正数，此时该线性规划问题存在无界解。如下面的问题：

$$\max z = 2x_1 + x_2$$

$$\text{s.t.}\begin{cases} x_1 - x_2 \leqslant 2 \\ -2x_1 + x_2 \leqslant 8 \\ x_1, x_2 \geqslant 0 \end{cases} \tag{4.179}$$

单纯形表计算过程，如表4.10所示。

表4.10 单纯形表计算过程

c_j			2	1	0	0	θ_i
C_B	X_B	b	x_1	x_2	x_3	x_4	
0	x_3	2	1	-1	1	0	2
0	x_4	8	-2	1	0	1	/
			2	1	0	0	

续表

c_j			2	1	0	0	θ_i
$\boldsymbol{C_B}$	$\boldsymbol{X_B}$	$\boldsymbol{b}$	x_1	x_2	x_3	x_4	
2	x_1	2	1	−1	1	0	
0	x_4	12	0	−1	2	1	
			0	3	−2	0	

如表 4.10 所示，此时非基变量 x_2 应该进基，但其所对应约束条件的系数均小于零。实际问题中，出现这种情况是因为建模时缺少了必要的约束条件。

3. 无可行解

在大 M 法的最优单纯形表的基变量中仍含有人工变量，或者两阶段法的辅助线性规划的目标函数的极小值大于零，那么该线性规划模型就不存在可行解。

4. 退化解

当基变量取值为零时，基可行解称为退化解，即计算出的换出变量不唯一，会造成下一次迭代中有一个或几个基变量等于零，产生退化解。

4.4.6 对偶单纯形法

1. 对偶的基本概念和原理

对偶是线性规划的重要内容，任何一个线性规划问题都会存在一个与之对应的对偶问题，我们分别将这两种问题称为原问题（Primal）和对偶问题(Dual)，对偶理论在众多领域都有着广泛的应用。

下面给出原问题和对偶问题的表达形式，其中左侧为原问题，右侧为对偶问题。

原问题 对偶问题

$$\max z = \sum_{j=1}^{n} c_j x_j \qquad\qquad \min w = \sum_{i=1}^{m} b_i y_i$$

$$\text{s. t.}\begin{cases}\displaystyle\sum_{j=1}^{n} a_{ij}x_j \leqslant b_i, i = 1,2,\cdots,m \\ x_j \geqslant 0, \quad\quad j = 1,2,\cdots,n\end{cases} \qquad \text{s. t.}\begin{cases}\displaystyle\sum_{i=1}^{m} a_{ij}y_i \geqslant c_j, j = 1,2,\cdots,n \\ y_i \geqslant 0, \quad\quad i = 1,2,\cdots,m\end{cases} \tag{4.180}$$

从形式上看，原问题与对偶问题的关系表现在：

（1）当原问题目标函数为求极大值，对偶问题的目标函数则是求极小值。

（2）原问题的约束条件是“≤”时，对偶问题的约束条件是“≥”。

（3）原问题目标函数中决策变量的系数，对应于对偶问题约束条件的右侧项。

（4）原问题约束条件的右侧项，对应于对偶问题目标函数的决策变量系数。

（5）原问题决策变量的数量，决定了对偶问题的约束条件数量；同样，对偶问题决策变量的数量，对应于原问题约束条件的数量。

（6）原问题和对偶问题的决策变量均非负。

利用向量/矩阵的形式再将原问题和对偶问题对照表达如下：

$$\begin{array}{ll} \text{原问题} & \text{对偶问题} \\ \max z = \boldsymbol{CX} & \min w = \boldsymbol{Yb} \\ \text{s. t.} \begin{cases} \boldsymbol{AX} \leqslant \boldsymbol{b} \\ \boldsymbol{X} \geqslant 0 \end{cases} & \text{s. t.} \begin{cases} \boldsymbol{AY} \geqslant \boldsymbol{C} \\ \boldsymbol{Y} \geqslant 0 \end{cases} \end{array} \tag{4.181}$$

例题 4.28 写出例题 4.21 中原问题的对偶问题，已知原问题的数学模型如下：

$$\max z = 2x_1 + 3x_2$$

$$\text{s. t.} \begin{cases} x_1 + x_2 \leqslant 6 \\ 4x_1 + 2x_2 \leqslant 20 \\ 3x_2 \leqslant 12 \\ x_1 \geqslant 0, x_2 \geqslant 0 \end{cases} \tag{4.182}$$

解：上述问题的对偶问题为

$$\min w = 6y_1 + 20y_2 + 12y_3$$

$$\text{s. t.} \begin{cases} y_1 + 4y_2 \geqslant 2 \\ y_1 + 2y_2 + 3y_3 \geqslant 3 \\ y_1, y_2, y_3 \geqslant 0 \end{cases} \tag{4.183}$$

我们给出的原问题和对偶问题，原问题的约束条件如果是“≥”，两侧同乘以“-1”就可以变换为“≤”形式；原问题如果是“=”约束，则可以将此约束分解为“≥”和“≤”两个约束条件。

同样，对于原问题的决策变量，如果不满足非负条件，可以按照转换为标准化形式中的方法进行变量替换，从而保证所有变量均为非负。

如下面左侧为原问题，在写出其对偶问题之前，可以转换为右侧的形式，注意，此处并不要求约束条件的右侧项非负。

$$\max z = 2x_1 + 3x_2 + x_3 \qquad \max z = 2x_1 - 3x_2' + (x_3' - x_3'')$$

$$\text{s. t.}\begin{cases}2x_1 + x_2 + x_3 \leqslant 15\\3x_1 - 2x_2 - x_3 = 6\\x_1 - x_2 + 3x_3 \geqslant 4\\x_1 \geqslant 0, x_2 \leqslant 0, x_3 \text{ 无约束}\end{cases} \qquad \text{s. t.}\begin{cases}2x_1 - x_2' + (x_3' - x_3'') \leqslant 15\\3x_1 + 2x_2' - (x_3' - x_3'') \leqslant 6\\-3x_1 - 2x_2' + (x_3' - x_3'') \leqslant -6\\-x_1 - x_2' - 3(x_3' - x_3'') \leqslant -4\\x_1 \geqslant 0, x_2' \geqslant 0, x_3' \geqslant 0, x_3'' \geqslant 0\end{cases} \tag{4.184}$$

对上面右侧标准化后的形式进行整理，然后就可以写出其对偶问题，如下左侧所示。下面左侧用 y_2' 代替 $y_2 - y_3$，则 y_2' 变为无约束的决策变量；左侧的第三和第四个约束条件进一步进行合并，则两个不等式约束可以合并为等式约束。可以看出，原问题的决策变量"≥"对应了对偶问题按照顺序的约束条件的"≥"约束，原问题的决策变量"≤"对应了对偶问题按照顺序的约束条件的"≤"约束，原问题的决策变量无约束对应了对偶问题按照顺序的约束条件的"="约束。

总结来说，原问题的约束条件对应对偶问题的变量，原问题的目标函数对应对偶问题的约束条件右侧项。

$$\min w = 15y_1 + 6y_2 - 6y_3 - 4y_4 \qquad \min w = 15y_1 + 6y_2' - 4y_4$$

$$\text{s. t. } y\begin{cases}2y_1 + 3y_2 - 3y_3 - y_4 \geqslant 2\\-y_1 + 2y_2 - 2y_3 - y_4 \geqslant -3\\y_1 - y_2 + y_3 - 3y_4 \geqslant 1\\-y_1 + y_2 - y_3 + 3y_4 \geqslant -1\\y_1, y_2, y_3, y_4 \geqslant 0\end{cases} \qquad \text{s. t. } y\begin{cases}2y_1 + 3y_2' - y_4 \geqslant 2\\y_1 - 2y_2' + y_4 \leqslant 3\\y_1 - y_2' - 3y_4 = 1\\y_1, y_4 \geqslant 0, y_2' \text{无约束}\end{cases} \tag{4.185}$$

表 4.11 汇总了原问题与对偶问题之间的对应关系。

表 4.11　原问题与对偶问题的对应关系

原问题		对偶问题	
目标函数	$\max z = \sum_{j=1}^{n} c_j x_j$	目标函数	$\min w = \sum_{i=1}^{m} b_i y_i$

续表

原问题		对偶问题	
决策变量	$\begin{cases} x_j \geqslant 0 \\ x_j \leqslant 0 \\ x_j \text{ 无约束} \\ j = 1,2,\cdots,n \end{cases}$	约束条件	$\begin{cases} \sum_{i=1}^{m} a_{ij}y_i \geqslant c_j \\ \sum_{i=1}^{m} a_{ij}y_i \leqslant c_j \\ \sum_{i=1}^{m} a_{ij}y_i = c_j \\ j = 1,2,\cdots,n \end{cases}$
约束条件	$\begin{cases} \sum_{j=1}^{n} a_{ij}x_j \geqslant b_i \\ \sum_{j=1}^{n} a_{ij}x_j \leqslant b_i \\ \sum_{j=1}^{n} a_{ij}x_j = b_i \\ i = 1,2,\cdots,m \end{cases}$	决策变量	$\begin{cases} y_i \geqslant 0 \\ y_i \leqslant 0 \\ y_i \text{ 无约束} \\ i = 1,2,\cdots,m \end{cases}$

求解例题 4.28，其中原问题的解为（2，4），目标函数值为 16；对偶问题的解为（2，0，1/3），目标函数值为 16。容易看出，原问题和对偶问题存在 $\boldsymbol{CX} = \boldsymbol{Yb}$。

下面给出对偶理论的一些基本性质和定理。

弱对偶性：若 $\hat{\boldsymbol{X}}$ 是原问题的一个可行解，$\hat{\boldsymbol{Y}}$ 是对偶问题的一个可行解，则存在 $\boldsymbol{C}\hat{\boldsymbol{X}} \leqslant \hat{\boldsymbol{Y}}\boldsymbol{b}$。

强对偶性：若 $\hat{\boldsymbol{X}}$ 是原问题的一个可行解，$\hat{\boldsymbol{Y}}$ 是对偶问题的一个可行解，则存在 $\boldsymbol{C}\hat{\boldsymbol{X}} = \hat{\boldsymbol{Y}}\boldsymbol{b}$。

最优性：若 $\hat{\boldsymbol{X}}$ 是原问题的一个可行解，$\hat{\boldsymbol{Y}}$ 是对偶问题的一个可行解，且满足 $\boldsymbol{C}\hat{\boldsymbol{X}} = \hat{\boldsymbol{Y}}\boldsymbol{b}$，则 $\hat{\boldsymbol{X}}$ 和 $\hat{\boldsymbol{Y}}$ 分别是原问题和对偶问题的最优解。

最优对偶解：若 $\boldsymbol{B}$ 是原问题的最优基，则 $\hat{\boldsymbol{Y}} = \boldsymbol{C}_{\boldsymbol{B}}\boldsymbol{B}^{-1}$ 是对偶问题的最优解。

互补松弛性：如果 $\hat{\boldsymbol{X}}$ 是原问题的一个可行解，$\hat{\boldsymbol{Y}}$ 是对偶问题的一个可行解，则对于如下标准化形式：

$$\begin{array}{ll} \text{原问题} & \text{对偶问题} \\ \max z = \boldsymbol{CX} & \min w = \boldsymbol{Yb} \\ \text{s. t.} \begin{cases} \boldsymbol{AX} + \boldsymbol{X}_S = \boldsymbol{b} \\ \boldsymbol{X}, \boldsymbol{X}_S \geqslant \boldsymbol{0} \end{cases} & \text{s. t.} \begin{cases} \boldsymbol{AY} - \boldsymbol{Y}_S \geqslant \boldsymbol{C} \\ \boldsymbol{Y}, \boldsymbol{Y}_S \geqslant \boldsymbol{0} \end{cases} \end{array} \tag{4.186}$$

$\hat{\boldsymbol{X}}$ 和 $\hat{\boldsymbol{Y}}$ 分别是两个问题最优解的充要条件是 $\hat{\boldsymbol{Y}}\boldsymbol{X}_S = 0$ 且 $\boldsymbol{Y}_S\hat{\boldsymbol{X}} = 0$。

例题 4.29 原问题的数学模型如下，并已知其最优解为（3，0，6），利用互补松弛性定理，求出其对偶解。

$$\max z = 3x_1 - x_2 + 2x_3$$
$$\text{s.t.}\begin{cases} x_1 + 2x_2 + x_3 \leqslant 9 \\ 2x_1 + x_2 + x_3 \leqslant 12 \\ x_1, x_2, x_3 \geqslant 0 \end{cases} \tag{4.187}$$

解：上述问题的对偶问题及其标准化形式为

$$\min w = 9y_1 + 12y_2 \qquad \min w = 9y_1 + 12y_2 + 0y_3 + 0y_4 + 0y_5$$
$$\text{s.t.}\begin{cases} y_1 + 2y_2 \geqslant 3 \\ 2y_1 + y_2 \geqslant -1 \\ y_1 + y_2 \geqslant 2 \\ y_1, y_2 \geqslant 0 \end{cases} \qquad \text{s.t.}\begin{cases} y_1 + 2y_2 - y_3 = 3 \\ 2y_1 + y_2 - y_4 = -1 \\ y_1 + y_2 - y_5 = 2 \\ y_{1-5} \geqslant 0 \end{cases} \tag{4.188}$$

根据互补松弛定理，

$$\begin{cases} (y_1, y_2)(x_4, x_5)^{\mathrm{T}} = 0 \\ (y_3, y_4, y_5)(x_1, x_2, x_3)^{\mathrm{T}} = 0 \end{cases} \tag{4.189}$$

即

$$\begin{cases} y_1x_4 + y_2x_5 = 0 \\ y_3x_1 + y_4x_2 + y_5x_3 = 0 \end{cases} \tag{4.190}$$

因为 $x_1 = 3$, $x_2 = 0$, $x_3 = 6$，且 $y_{1-5} \geqslant 0$，所以 $y_3 = 0$, $y_5 = 0$。

又因为

$$\begin{cases} y_1 + 2y_2 - y_3 = 3 \\ 2y_1 + y_2 - y_4 = -1 \\ y_1 + y_2 - y_5 = 2 \end{cases} \tag{4.191}$$

所以求出对偶问题的解为 $y_1 = 1$, $y_2 = 1$，另外，松弛变量 $y_4 = 4$。

2. 对偶单纯形法

下面利用对偶理论，换一种思路来求解线性规划问题。如下面左侧的最小化问题，可以采用两种方式进行求解，其中中间的标准化形式需要采用两阶段法进行求解，但右侧的形式更为简洁，采用对偶单纯形法即可直接进行求解。

$$\min w = 10y_1 + 8y_2 \quad \max z = -10y_1 - 8y_2 \quad \max z = -10y_1 - 8y_2$$

$$\text{s.t.}\begin{cases}2y_1 + y_2 \geqslant 3\\ y_1 + y_2 \geqslant 2\\ y_1, y_2 \geqslant 0\end{cases} \quad \text{s.t.}\begin{cases}2y_1 + y_2 - y_3 + y_5 = 3\\ y_1 + y_2 - y_4 + y_6 = 2\\ y_i \geqslant 0\end{cases} \quad \text{s.t.}\begin{cases}-2y_1 - y_2 + y_3 = -3\\ -y_1 - y_2 + y_4 = -2\\ y_i \geqslant 0\end{cases}$$

以目标函数最大化为例，对偶单纯形法的求解步骤如下：

（1）对于所有的 $b_i < 0$，假设 $b_k = \min\limits_{i}\{b_i\}$，则对应的基变量 x_k 为换出变量。

（2）计算 $\theta = \min\limits_{j}\left\{\dfrac{c_j - z_j}{a_{kj}} \middle| a_{kj} < 0\right\} = \dfrac{c_l - z_l}{a_{kl}}$，则 a_{kl} 为主元，x_l 为换入基的变量。

（3）将主元数值缩放为“1”，所在行等比例缩放；主元所在列的其他元素按照消元法变为“0”，则得到一个新的单纯形表。

（4）检查是否存在 $b_i < 0$，如果存在则按照第一步循环计算；如果不存在，则得到问题的最优解（也可能会不存在可行解）。

例题 4.30　用对偶单纯形法求下面的优化问题。

$$\max z = -3x_1 - 2x_2 - x_3$$

$$\text{s.t.}\begin{cases}2x_1 + x_2 - 2x_3 \leqslant 16\\ -x_1 + 3x_2 - x_3 \leqslant 4\\ x_1 + x_2 \geqslant 11\\ x_1, x_2, x_3 \geqslant 0\end{cases} \tag{4.192}$$

解：上述问题的标准化形式为

$$\max z = -3x_1 - 2x_2 - x_3 + 0x_4 + 0x_5 + 0x_6$$

$$\text{s.t.}\begin{cases}2x_1 + x_2 - 2x_3 + x_4 = 16\\ -x_1 + 3x_2 - x_3 + x_5 = 4\\ x_1 + x_2 - x_6 = 11\\ x_{1-6} \geqslant 0\end{cases} \tag{4.193}$$

我们可以采用对偶单纯形法，从而避免两阶段单纯形法的复杂过程，先将其变换为一般形式，并采用对偶单纯形表如下所示，求解过程如表 4.12 所示。

$$\max z = -3x_1 - 2x_2 - x_3 + 0x_4 + 0x_5 + 0x_6$$

$$\text{s. t.} \begin{cases} 2x_1 + x_2 - 2x_3 + x_4 = 16 \\ -x_1 + 3x_2 - x_3 + x_5 = 4 \\ -x_1 - x_2 + x_6 = -11 \\ x_{1-6} \geqslant 0 \end{cases} \tag{4.194}$$

表 4.12　对偶单纯形法求解过程

c_j			−3	−2	−1	0	0	0
$\boldsymbol{C_B}$	$\boldsymbol{X_B}$	$\boldsymbol{b}$	x_1	x_2	x_3	x_4	x_5	x_6
0	x_4	16	2	1	−2	1	0	0
0	x_5	4	−1	3	−1	0	1	0
0	x_6	−11	−1	[−1]	0	0	0	1
$c_j - z_j$			−3	−2	−1	0	0	0
$(c_j - z_j)/a_{kj}$			3	2	/	/	/	0
c_j			−3	−2	−1	0	0	0
$\boldsymbol{C_B}$	$\boldsymbol{X_B}$	$\boldsymbol{b}$	x_1	x_2	x_3	x_4	x_5	x_6
0	x_4	5	1	0	−2	1	0	1
0	x_5	−29	[−4]	0	−1	0	1	3
−2	x_2	11	1	1	0	0	0	−1
$c_j - z_j$			−1	0	−1	0	0	−2
$(c_j - z_j)/a_{kj}$			1/4	/	1	/	0	−2/3
c_j			−3	−2	−1	0	0	0
$\boldsymbol{C_B}$	$\boldsymbol{X_B}$	$\boldsymbol{b}$	x_1	x_2	x_3	x_4	x_5	x_6
0	x_4	−9/4	0	0	[−9/4]	1	1/4	7/4
−3	x_1	29/4	1	0	1/4	0	−1/4	−3/4
−2	x_2	15/4	0	1	−1/4	0	1/4	−1/4
$c_j - z_j$			0	0	−3/4	0	−1/4	−11/4
$(c_j - z_j)/a_{kj}$			/	/	1/3	0	−1	−11/7
c_j			−3	−2	−1	0	0	0
$\boldsymbol{C_B}$	$\boldsymbol{X_B}$	$\boldsymbol{b}$	x_1	x_2	x_3	x_4	x_5	x_6
−1	x_3	1	0	0	1	−4/9	−1/9	−7/9

续表

c_j			-3	-2	-1	0	0	0
C_B	X_B	b	x_1	x_2	x_3	x_4	x_5	x_6
-3	x_1	7	1	0	0	1/9	-2/9	-5/9
-2	x_2	4	0	1	0	-1/9	-2/9	-4/9
$c_j - z_j$			0	0	0	-1/3	-1/3	-10/3

求解结果为（7，4，1），目标值为 -30。

4.4.7　敏感性分析

前面在求解线性规划问题时，假定所有的参数和变量都是确定的。但是，零件的加工尺寸会有偏差，材料的性能会有不确定性，这些都会对机械产品的性能产生影响。为此，我们需要对线性规划模型的参数以及变量的变化导致的目标波动进行量化分析，为机械产品设计提供决策支持，这种量化分析也称为敏感性分析。

1. 目标函数系数变化

$$\max z = 2x_1 + 3x_2$$
$$\text{s. t.}\begin{cases} x_1 + x_2 \leqslant 6 \\ 4x_1 + 2x_2 \leqslant 20 \\ 3x_2 \leqslant 12 \\ x_1 \geqslant 0, x_2 \geqslant 0 \end{cases} \tag{4.195}$$

目标函数系数的变化，主要反映了变量对目标函数的影响。在例题 4.21 中，我们考虑目标函数中：①假设 x_1 的系数由 2 增加到 3，x_2 的系数由 3 降低到 2，那么最优结果将如何变化？②假设 x_1 的系数不变，x_2 的系数在什么范围内变动，最优解不会发生变化？

在敏感性分析时，仍然需要借助于单纯形表，如表 4.13 所示。

表 4.13　原始单纯形表

c_j			2	3	0	0	0	θ_i
C_B	X_B	b	x_1	x_2	x_3	x_4	x_5	
0	x_3	6	1	1	1	0	0	6
0	x_4	20	4	2	0	1	0	10
0	x_5	12	0	3	0	0	1	4
			2	3	0	0	0	

续表

c_j			2	3	0	0	0	θ_i
$\boldsymbol{C_B}$	$\boldsymbol{X_B}$	$\boldsymbol{b}$	x_1	x_2	x_3	x_4	x_5	
0	x_3	2	1	0	1	0	−1/3	2
0	x_4	12	4	0	0	1	−2/3	3
3	x_2	4	0	1	0	0	1/3	/
			2	0	0	0	−1	
2	x_1	2	1	0	1	0	−1/3	
0	x_4	4	0	0	−4	1	2/3	
3	x_2	4	0	1	0	0	1/3	
			0	0	−2	0	−1/3	

得到原始问题的最优解（2，4），最优值为16。

目标函数中 x_1 和 x_2 的系数发生变化后，得到最优解（4，2），最优值为16，当然，如果仍然代入原来的最优解，则最优值仅为14，可见，当目标函数的系数发生变化时，会影响到设计参数的选取，如表4.14所示。

表4.14　x_1 和 x_2 的系数发生变化时的单纯形表

c_j			3	2	0	0	0	θ_i
$\boldsymbol{C_B}$	$\boldsymbol{X_B}$	$\boldsymbol{b}$	x_1	x_2	x_3	x_4	x_5	
0	x_3	6	1	1	1	0	0	6
0	x_4	20	4	2	0	1	0	5
0	x_5	12	0	3	0	0	1	/
			3	2	0	0	0	
0	x_3	1	0	1/2	1	−1/4	0	2
3	x_1	5	1	1/2	0	1/4	0	10
0	x_5	12	0	3	0	0	1	4
			0	1/2	0	−3/4	0	
2	x_2	2	0	1	2	−1/2	0	
3	x_1	4	1	0	−1	1/2	0	
0	x_5	6	0	0	−6	3/2	1	
			0	0	−1	−1/2	0	

针对第二个问题，假设 x_2 的系数变动为 δ，则变动后的系数为 $3+\delta$，最终单纯形表如表 4.15 所示。

表 4.15　x_2 的系数发生变化时的单纯形表

c_j			2	$3+\delta$	0	0	0	θ_i
C_B	X_B	b	x_1	x_2	x_3	x_4	x_5	
0	x_3	6	1	1	1	0	0	6
0	x_4	20	4	2	0	1	0	10
0	x_5	12	0	3	0	0	1	4
假设 $3+\delta>2$			2	$3+\delta$	0	0	0	
0	x_3	2	1	0	1	0	$-1/3$	2
0	x_4	12	4	0	0	1	$-2/3$	3
$3+\delta$	x_2	4	0	1	0	0	$1/3$	/
			2	0	0	0	$-1-1/3\,\delta$	
2	x_1	2	1	0	1	0	$-1/3$	
0	x_4	4	0	0	-4	1	$2/3$	
$3+\delta$	x_2	4	0	1	0	0	$1/3$	
			0	0	-2	0	$-1/3-1/3\delta$	

在确定进基变量时，假设 $3+\delta>2$；另外，为保证最优解的存在，表 4.15 需要满足 $-1/3-1/3\delta\leqslant 0$，解得 $\delta\geqslant -1$。

也就是说 x_2 的系数满足 $c_2\geqslant 2$ 时，最优解不变。

在确定进基变量时，假设 $3+\delta<2$，$2+\delta>0$，即 $-2<\delta<-1$；另外，为保证最优解的存在，表 4.16 需要满足 $-4-2\delta\leqslant 0$，$1/2+\delta/2\leqslant 0$，解得 $-2<\delta<-1$。

表 4.16　x_2 不同变化时的单纯形表

c_j			2	$3+\delta$	0	0	0	θ_i
C_B	X_B	b	x_1	x_2	x_3	x_4	x_5	
0	x_3	6	1	1	1	0	0	6
0	x_4	20	4	2	0	1	0	5
0	x_5	12	0	3	0	0	1	/

续表

c_j			2	$3+\delta$	0	0	0	θ_i
C_B	X_B	b	x_1	x_2	x_3	x_4	x_5	
假设 $3+\delta<2$			2	$3+\delta$	0	0	0	
0	x_3	1	0	1/2	1	−1/4	0	2
2	x_1	5	1	1/2	0	1/4	0	10
0	x_5	12	0	3	0	0	1	4
假设 $2+\delta>0$			0	$2+\delta$	0	−1/2	0	
$3+\delta$	x_2	2	0	1	2	−1/2	0	
2	x_1	4	1	0	−1	1/2	0	
0	x_5	6	0	0	−6	3/2	1	
			0	0	$-4-2\delta$	$1/2+\delta/2$	0	

也就是说，在目标函数中 x_1 的系数不变，x_2 的系数满足 $1<c_2<2$ 时，最优解保持为 $x_1=4, x_2=2$。

2. 资源的变化

在设计过程中，常会遇到资源供给的变化，这会影响到设计方案。另外，明确各种资源变动对总体设计的影响，有利于对紧缺资源提前进行合理安排，提高产品设计质量。

资源的变化反映到单纯形表中即 b 列数据的变化，如果此时是原问题的可行解，则问题的最优解或最优基不变；如果此时不是原问题的可行解，则用对偶单纯形法继续迭代求出最优解。

在例题 4.21 中，假设资源②和③不变：（1）资源④由 12 增加到 15，那么最优解有何变化？（2）资源④的供给在什么范围内变化时，问题的最优基不变？

针对问题（1），得到

$$\Delta \boldsymbol{b}' = \boldsymbol{B}^{-1}\Delta \boldsymbol{b} = \begin{bmatrix} 1 & 0 & -1/3 \\ 0 & 0 & 1/3 \\ -4 & 1 & 2/3 \end{bmatrix}\begin{bmatrix} 0 \\ 0 \\ 3 \end{bmatrix} = \begin{bmatrix} -1 \\ 1 \\ 2 \end{bmatrix} \tag{4.196}$$

注意，此处的 $\boldsymbol{B}$ 为经过若干次迭代后，基变量 $\boldsymbol{X}_B$ 在初始单纯形表中的系数矩阵，而 $\boldsymbol{B}^{-1}$ 则对应松弛变量 $\boldsymbol{X}_S$ 在迭代后单纯形表中对应的系数矩阵。将上式反映到单纯形表中，如表 4.17 所示。

表 4.17　资源 4 变化后的单纯形表

c_j			2	3	0	0	0	θ_i
$\boldsymbol{C_B}$	$\boldsymbol{X_B}$	$\boldsymbol{b}$	x_1	x_2	x_3	x_4	x_5	
2	x_1	1	1	0	1	0	-1/3	
0	x_4	6	0	0	-4	1	2/3	
3	x_2	5	0	1	0	0	1/3	
			0	0	-2	0	-1/3	

此时得到的最优解为 $x_1 = 1, x_2 = 5$，最优值为 17。

假设资源②和③不变，资源④由 12 增加到 24，那么最优解有何变化？首先计算单纯形表中 $\boldsymbol{b}$ 列的变化值：

$$\Delta \boldsymbol{b}' = \boldsymbol{B}^{-1}\Delta \boldsymbol{b} = \begin{bmatrix} 1 & 0 & -1/3 \\ 0 & 0 & 1/3 \\ -4 & 1 & 2/3 \end{bmatrix}\begin{bmatrix} 0 \\ 0 \\ 12 \end{bmatrix} = \begin{bmatrix} -4 \\ 4 \\ 8 \end{bmatrix} \tag{4.197}$$

此时得到的单纯形表并非原问题的可行解，所以要用对偶单纯形法进行迭代求解，如表 4.18 所示。

表 4.18　考虑资源 4 变化范围的单纯形表

c_j			2	3	0	0	0	θ_i
$\boldsymbol{C_B}$	$\boldsymbol{X_B}$	$\boldsymbol{b}$	x_1	x_2	x_3	x_4	x_5	
2	x_1	-2	1	0	1	0	-1/3	
0	x_4	12	0	0	-4	1	2/3	
3	x_2	8	0	1	0	0	1/3	
$c_j - z_j$			0	0	-2	0	-1/3	
$(c_j - z_j)/a_{kj}$			0	/	-2	/	1	
0	x_5	6	-3	0	-3	0	1	
0	x_4	8	2	0	-2	1	0	
3	x_2	6	1	1	1	0	0	
$c_j - z_j$			-1	0	-3	0	0	

此时得到的最优解为 $x_1 = 0, x_2 = 6$，最优值为 18。

针对上面的问题（2），假设资源④的可用量为 $(12 + \delta)$，则

$$\Delta \boldsymbol{b}' = \boldsymbol{B}^{-1}\Delta \boldsymbol{b} = \begin{bmatrix} 1 & 0 & -1/3 \\ 0 & 0 & 1/3 \\ -4 & 1 & 2/3 \end{bmatrix}\begin{bmatrix} 0 \\ 0 \\ \delta \end{bmatrix} = \begin{bmatrix} -\delta/3 \\ \delta/3 \\ 2\delta/3 \end{bmatrix} \tag{4.198}$$

所以资源列的数值变化为 $\boldsymbol{b} = (2-\delta/3, 4+\delta/3, 4+2\delta/3)^{\mathrm{T}}$，最优基不变，则要求 $b \geqslant 0$，解得 $-6 \leqslant \delta \leqslant 6$，也就是资源④可用量应该为 6 ~ 18。

3. 增加一种新的产品

同样的资源，也会应用到新产品的设计中，此时在模型中表现出增加一个新的决策变量。在分析时，可以在迭代过程的单纯形表中将新的变量添加进去，其所对应的系数列的值 $\boldsymbol{P}_k' = \boldsymbol{B}^{-1}\boldsymbol{P}_k$，其中 $\boldsymbol{P}_k$ 表示新增加产品消耗各种资源数量的列向量。

在单纯形表中，如果所有 $\sigma_j \leqslant 0$，则为最终单纯形表；如果出现 $\sigma_j < 0$，则按照单纯形法进一步迭代，直到找出最优。

在例题 4.21 中，假设增加一种新的产品，每件产品需要②、③和④三种资源的量分别为 $(1, 2, 1)^{\mathrm{T}}$，该产品在目标函数中的系数为 2，分析如何进行最优设计。

$$\Delta \boldsymbol{P}_k' = \boldsymbol{B}^{-1}\boldsymbol{P}_k = \begin{bmatrix} 1 & 0 & -1/3 \\ 0 & 0 & 1/3 \\ -4 & 1 & 2/3 \end{bmatrix}\begin{bmatrix} 1 \\ 2 \\ 1 \end{bmatrix} = \begin{bmatrix} 2/3 \\ 1/3 \\ -4/3 \end{bmatrix} \tag{4.199}$$

新的单纯形表如表 4.19 所示。

表 4.19　新的单纯形表

c_j			2	3	0	0	0	2	θ_i
$\boldsymbol{C}_B$	$\boldsymbol{X}_B$	$\boldsymbol{b}$	x_1	x_2	x_3	x_4	x_5	x_6	
2	x_1	2	1	0	1	0	−1/3	2/3	
0	x_4	4	0	0	−4	1	2/3	−4/3	
3	x_2	4	0	1	0	0	1/3	1/3	
			0	0	−2	0	−1/3	−1/3	

所有 $\sigma_j \leqslant 0$，得到最优解为 $(2, 4, 0)^{\mathrm{T}}$，最优值为 16；显然，新产品并没有设计的必要，因为有限的资源约束下，其未能给总的目标函数带来增长。

假设增加的新产品，每件产品需要三种资源的量分别为 $(0.5, 3, 1)^{\mathrm{T}}$，该产品在目标函数中的系数为 2，分析如何进行最优设计。

$$\boldsymbol{P}_k' = \boldsymbol{B}^{-1}\boldsymbol{P}_k = \begin{bmatrix} 1 & 0 & -1/3 \\ 0 & 0 & 1/3 \\ -4 & 1 & 2/3 \end{bmatrix}\begin{bmatrix} 0.5 \\ 3 \\ 1 \end{bmatrix} = \begin{bmatrix} 1/6 \\ 1/3 \\ 5/3 \end{bmatrix} \tag{4.200}$$

第二种资源变化时的单纯形表，如表 4.20 所示。

表 4.20　第二种资源变化时的单纯形表

c_j			2	3	0	0	0	2	θ_i
$\boldsymbol{C_B}$	$\boldsymbol{X_B}$	$\boldsymbol{b}$	x_1	x_2	x_3	x_4	x_5	x_6	
2	x_1	2	1	0	1	0	−1/3	1/6	12
0	x_4	4	0	0	−4	1	2/3	[5/3]	12/5
3	x_2	4	0	1	0	0	1/3	1/3	12
			0	0	−2	0	−1/3	2/3	
2	x_1	8/5	1	0	7/5	−1/10	−2/5	0	
2	x_6	12/5	0	0	−12/5	3/5	2/5	1	
3	x_2	16/5	0	1	4/5	−1/5	1/5	0	
			0	0	−2/5	−4/5	−3/5	0	

经过迭代，所有 $\sigma_j \leqslant 0$，我们得到最优解为 $(1.6,\ 3.2,\ 2.4)^{\mathrm{T}}$，最优值为 17.6；显然，新产品的引入改变了原有的最优方案，并且在现有资源约束下提高了目标函数。

4. 资源消耗发生变化

在设计或生产过程中，由于材料的更新或技术的进步，资源的消耗也会发生变化，例如，例题 4.21 中，式④中 x_2 的系数由 3 减少至 2.5。这主要反映在单纯形表中 a_{ij} 的变化。在最终的单纯形表中，如果 x_j 是非基变量，则可以按照新增一个产品的方式进行；如果 x_j 是基变量，则需要引入人工变量将原问题的解转化为可行解，再用单纯形法进行迭代求解。

在例题 4.21 中，假设目标函数中 x_2 的系数增加到 4，对资源②、③、④的消耗分别增加了 $(0,\ 1,\ 0.6)^{\mathrm{T}}$，则问题的最优解是什么？

我们可以将变化后目标函数中的 x_2 看作一种新产品，在最终单纯形表中增加的对应列为

$$\boldsymbol{P}'_k = \boldsymbol{B}^{-1}\boldsymbol{P}_k = \begin{bmatrix} 1 & 0 & -1/3 \\ 0 & 0 & 1/3 \\ -4 & 1 & 2/3 \end{bmatrix}\begin{bmatrix} 1 \\ 3 \\ 3.6 \end{bmatrix} = \begin{bmatrix} -0.2 \\ 1.2 \\ 1.4 \end{bmatrix} \tag{4.201}$$

从表 4.21 可以看出，增加新产品后，单纯形表并未得到最终解，可以利用单纯形法进行进一步迭代。

表 4.21　资源消耗变化时的单纯形表

c_j			2	3	4	0	0	0	θ_i
C_B	X_B	b	x_1	x_2	x_2'	x_3	x_4	x_5	
2	x_1	2	1	0	-0.2	1	0	-1/3	/
0	x_4	4	0	0	[1.4]	-4	1	2/3	20/7
3	x_2	4	0	1	1.2	0	0	1/3	10/3
			0	0	0.2	-2	0	-1/3	
2	x_1	18/7	1	0	0	3/7	1/7	-5/21	6
4	x_2'	20/7	0	0	1	-20/7	5/7	10/21	
3	x_2	4/7	0	1	0	[24/7]	-6/7	-5/21	1/6
			0	0	0	2/7	-4/7	-5/7	
2	x_1	5/2	1	-1/8	0	0	1/4	-5/24	
4	x_2'	10/3	0	5/6	1	0	0	5/18	
0	x_3	1/6	0	7/24	0	1	-1/4	-5/72	
			0	-1/12	0	0	-1/2	-25/36	

最终得到的结果为 $(5/2,\ 10/3)^{\mathrm{T}}$，目标函数最大值为 18.333.

5. 约束条件发生变化

首先将最优解代入新增的约束条件，如果满足，则说明新增的约束条件并未影响最优方案，原来计算的最优解不变。如果原先的最优值不满足新增加的约束条件，则需要将新的约束添加到最终的单纯形表中。

例题 4.21 中，假设需要增加一个新的资源，最大值为 12，并且 x_1 和 x_2 的系数分别为 1 和 2，求此时的最优解。

在原问题中，已知最优解为 $x_1=2$，$x_2=4$，最优值为 16，增加一个新的资源后，上述最优仍然能够满足新资源的约束。

假设新资源的最大值为 9，显然，约束条件变换为等式约束，如下：

$$x_1+2x_2+x_6=9 \tag{4.202}$$

将 x_6 作为基变量，列入原问题求解时的最终单纯形表中，如表 4.22 所示。

表 4.22　增加新资源的单纯形表

c_j			2	3	0	0	0	0	θ_i
C_B	X_B	b	x_1	x_2	x_3	x_4	x_5	x_6	
2	x_1	2	1	0	1	0	-1/3	0	
0	x_4	4	0	0	-4	1	2/3	0	
3	x_2	4	0	1	0	0	1/3	0	
0	x_6	9	1	2	0	0	0	1	
			0	0	-2	0	-1/3	0	

显然，表 4.22 中 x_1 和 x_2 不是单位列向量，需要对其进行变换，得到表 4.23。

表 4.23　单纯形表的进一步变换

c_j			2	3	0	0	0	0	θ_i
C_B	X_B	b	x_1	x_2	x_3	x_4	x_5	x_6	
2	x_1	2	1	0	1	0	-1/3	0	
0	x_4	4	0	0	-4	1	2/3	0	
3	x_2	4	0	1	0	0	1/3	0	
0	x_6	-1	0	0	-1	0	-1/3	1	
			0	0	-2	0	-1/3	0	

再利用对偶单纯形法进行求解如表 4.24 所示。

表 4.24　对偶单纯形表

c_j			2	3	0	0	0	0	θ_i
C_B	X_B	b	x_1	x_2	x_3	x_4	x_5	x_6	
2	x_1	2	1	0	1	0	-1/3	0	
0	x_4	4	0	0	-4	1	2/3	0	
3	x_2	4	0	1	0	0	1/3	0	
0	x_6	-1	0	0	-1	0	[-1/3]	1	
			0	0	-2	0	-1/3	0	
			/	/	2	/	1	0	
2	x_1	3	1	0	2	0	0	-1	

续表

c_j			2	3	0	0	0	0	θ_i
C_B	X_B	b	x_1	x_2	x_3	x_4	x_5	x_6	
0	x_4	2	0	0	-6	1	0	2	
3	x_2	3	0	1	-1	0	0	1	
0	x_5	3	0	0	3	0	1	-3	
			0	0	-1	0	0	-1	

最终得到的结果为 $(3,3)^{\mathrm{T}}$，目标函数最大值为 15。

4.4.8 参数线性规划

在线性规划问题的敏感性分析中，我们对价值参数或资源变动对最优解的影响进行了定性和定量分析。一般来说，当价值或资源变动时，还会反映到目标函数中，即可以表述为下列两种线性规划的形式：

$$\max z(\delta) = (\boldsymbol{C} + \delta\tilde{\boldsymbol{C}})\boldsymbol{X} \qquad \max z(\delta) = \boldsymbol{CX}$$
$$\text{s. t.}\begin{cases}\boldsymbol{AX} = \boldsymbol{b} \\ \boldsymbol{X} \geqslant \boldsymbol{0}\end{cases} \qquad \text{s. t.}\begin{cases}\boldsymbol{AX} = \boldsymbol{b} + \delta\tilde{\boldsymbol{b}} \\ \boldsymbol{X} \geqslant \boldsymbol{0}\end{cases} \tag{4.203}$$

式中，$\tilde{\boldsymbol{C}}$ 和 $\tilde{\boldsymbol{b}}$ 分别为价值和资源变动向量，δ 为参数。

在这类问题的研究中，首先假设参数 δ 为零，得到并求解基准的单纯形表，即得到基准单纯形表的最终形式；然后将 $\delta\tilde{\boldsymbol{C}}$ 和 $\delta\tilde{\boldsymbol{b}}$ 分别添加进上面得到的基准的最终单纯形表中，研究 δ 的变化对解的影响。

例题 4.31 分析参数 δ 变化时，下列参数线性规划问题的最优解变化。

$$\max z = 2x_1 + 3x_2$$
$$\text{s. t.}\begin{cases} x_1 + x_2 \leqslant 6 + \delta \\ 4x_1 + 2x_2 \leqslant 20 \\ 3x_2 \leqslant 12 \\ x_1 \geqslant 0, x_2 \geqslant 0 \end{cases} \tag{4.204}$$

解：根据已经求解的基准单纯形表的最终结果为

$$\Delta\boldsymbol{b}' = \boldsymbol{B}^{-1}\Delta\boldsymbol{b} = \begin{bmatrix} 1 & 0 & -1/3 \\ 0 & 0 & 1/3 \\ -4 & 1 & 2/3 \end{bmatrix}\begin{bmatrix} \delta \\ 0 \\ 0 \end{bmatrix} = \begin{bmatrix} \delta \\ 0 \\ -4\delta \end{bmatrix} \tag{4.205}$$

如果保持表 4.25 为单纯形表的最终形式，则 $b \geq 0$，即 $-2 \leq \delta \leq 1$。

当 $\delta < -2$ 时，有 $2+\delta < 0$，此时需要用对偶单纯形法进行求解。

当 $-6 < \delta < -2$ 时，则得到最优解 $x_1 = 0$，$x_2 = 6+\delta$，最优值为 $z = 18 + 3\delta$。

表 4.25　参数变化时的单纯形表

c_j			2	3	0	0	0	θ_i
$\boldsymbol{C_B}$	$\boldsymbol{X_B}$	$\boldsymbol{b}$	x_1	x_2	x_3	x_4	x_5	
2	x_1	$2+\delta$	1	0	1	0	$-1/3$	
0	x_4	$4-4\delta$	0	0	-4	1	$2/3$	
3	x_2	4	0	1	0	0	$1/3$	
			0	0	-2	0	$-1/3$	

如果 $\delta < -6$，表 4.26 需要进一步用对偶单纯形法进行迭代，如表 4.27 所示。

表 4.26　采用对偶单纯形法求解的单纯形表

c_j			2	3	0	0	0	θ_i
$\boldsymbol{C_B}$	$\boldsymbol{X_B}$	$\boldsymbol{b}$	x_1	x_2	x_3	x_4	x_5	
2	x_1	$2+\delta$	1	0	1	0	[$-1/3$]	
0	x_4	$4-4\delta$	0	0	-4	1	$2/3$	
3	x_2	4	0	1	0	0	$1/3$	
			0	0	-2	0	$-1/3$	
			0	/	-2	/	1	
0	x_5	$-6-3\delta$	-3	0	-3	0	1	
0	x_4	$8-2\delta$	2	0	-2	1	0	
3	x_2	$6+\delta$	1	1	1	0	0	
			-1	0	-3	0	0	

表 4.27　对偶单纯形法进一步求解

c_j			2	3	0	0	0	θ_i
$\boldsymbol{C_B}$	$\boldsymbol{X_B}$	$\boldsymbol{b}$	x_1	x_2	x_3	x_4	x_5	
0	x_5	$-6-3\delta$	-3	0	-3	0	1	
0	x_4	$8-2\delta$	2	0	-2	1	0	

续表

c_j			2	3	0	0	0	θ_i
C_B	X_B	b	x_1	x_2	x_3	x_4	x_5	
3	x_2	$6+\delta$	1	1	1	0	0	
			-1	0	-3	0	0	
			-1	0	-3	/	/	

此时问题无解。

当 $\delta > 1$ 时，

考虑 x_4 的新的单纯形表，如表 4.28 所示。

表 4.28　考虑 x_4 的新的单纯形表

c_j			2	3	0	0	0	θ_i
C_B	X_B	b	x_1	x_2	x_3	x_4	x_5	
2	x_1	$2+\delta$	1	0	1	0	-1/3	
0	x_4	$4-4\delta$	0	0	[-4]	1	2/3	
3	x_2	4	0	1	0	0	1/3	
			0	0	-2	0	-1/3	
			/	/	1/2	0	-1/2	
2	x_1	3	1	0	0	1/4	-1/6	
0	x_3	$-1+\delta$	0	0	1	-1/4	-1/6	
3	x_2	4	0	1	0	0	1/3	
			0	0	0	-1/2	-2/3	

则得到最优解 $x_1=3$，$x_2=4$，最优值为 $z=18$。

习题

4.1　试用最速下降法求 $f(x) = (x_1 - 2)^2 + (x_2 - 3)^2$ 的极小值点，$\varepsilon = 0.1$。

4.2　试用最速下降法求 $f(x) = 4x_1 + 6x_2 - 2x_1^2 - 2x_1x_2 - 2x_2^2$ 的极大值点。

4.3　试用最速下降法求 $f(x) = \frac{1}{2}x_1^2 + x_2^2$ 的极小值点，$\varepsilon = 0.1$。

4.4　试用牛顿法求 $f(x) = 2(x_1 + x_2)^2 + 2(x_1^2 + x_2^2)$ 的极小值。

4.5　试用牛顿法求 $f(x) = \frac{3}{2}x_1^2 + \frac{1}{2}x_2^2 - x_1 \cdot x_2 - 2x_1$ 的极小值。

4.6　试用阻尼牛顿法求 $f(x) = x_1^2 + 2x_2^2 - 4x_1 - 2x_1x_2$ 的极小值。

4.7　已知一曲线上点的坐标数据分别为 (x_1, y_1)，(x_2, y_2)，…，(x_n, y_n)。现若假定经验公式是 $y = ax^2 + bx + c$，试按最小二乘法建立 a、b、c 应满足的三元一次方程组。

4.8　请用例题 4.16 给出的 Matlab 程序复现相机的标定。

4.9　求以下约束优化问题的最优解：

$$\min f(\boldsymbol{x}) = (x_1 - 2)^2 + (x_2 - 1)^2$$
$$\text{s.t. } h(\boldsymbol{x}) = x_1 + 2x_2 - 2 = 0$$

4.10　求以下约束优化问题的最优解。

$$\min f(x) = (x + 1)^2$$
$$\text{s.t. } x \geqslant 0$$

4.11　将下面的线性规划问题的数学模型转换为标准形式，其中目标函数要求最大化，约束条件为等式约束且右侧项非负，决策变量非负。

(a)

$$\max z = x_1 - x_2 - x_3$$
$$\text{s.t.}\begin{cases} x_1 - 3x_2 + x_3 \geqslant 9 \\ 2x_1 + x_2 - x_3 \leqslant 5 \\ x_1 + x_2 + 3x_3 = -2 \\ x_1, x_2, x_3 \geqslant 0 \end{cases}$$

(b)

$$\max z = -x_1 + 2x_2 - 3x_3$$
$$\text{s.t.}\begin{cases} x_1 - 3x_2 + x_3 \leqslant 6 \\ 2x_1 - x_2 - x_3 \leqslant -20 \\ -3x_2 + x_3 = -13 \\ x_1 \geqslant 0, x_2 \leqslant 0, x_3 \text{ 无约束} \end{cases}$$

4.12　用单纯形法求解下面的线性规划问题：

(a)

$$\max z = x_1 + 4x_2 + 3x_3$$
$$\text{s.t.}\begin{cases} 2x_1 - x_2 + x_3 \leqslant 4 \\ 2x_1 + 2x_2 - x_3 \leqslant 5 \\ x_1 + x_2 \leqslant 2 \\ x_1, x_2, x_3 \geqslant 0 \end{cases}$$

(b)

$$\max z = 2x_1 + x_2$$
$$\text{s.t.}\begin{cases} 3x_1 + x_2 \leqslant 6 \\ x_1 + x_2 \leqslant 4 \\ x_2 \leqslant 3 \\ x_1, x_2 \geqslant 0 \end{cases}$$

(c)

$$\max z = 4x_1 + 3x_2 - 2x_3$$
$$\text{s.t.}\begin{cases} 3x_1 + 2x_2 + x_3 \leqslant 13 \\ x_1 - x_2 + 5x_3 \leqslant 8 \\ x_1 + x_2 + x_3 \leqslant 7 \\ x_1, x_2, x_3 \geqslant 0 \end{cases}$$

(d)

$$\max z = -x_1 + 2x_2 + 2x_3$$
$$\text{s.t.}\begin{cases} x_1 + 2x_2 - x_3 \leqslant 12 \\ -2x_1 + 4x_2 + 2x_3 \leqslant 36 \\ 2x_1 + 3x_2 + x_3 \leqslant 9 \\ x_1, x_2, x_3 \geqslant 0 \end{cases}$$

4.13　用大 M 法求解下面的线性规划问题。

$$\max z = x_1 - 2x_2 + x_3$$

$$\text{s.t.}\begin{cases} x_1 - 2x_2 + x_3 \leqslant 12 \\ -x_1 + x_2 + 2x_3 \geqslant 7 \\ -2x_1 + x_3 = 3 \\ x_1, x_2, x_3 \geqslant 0 \end{cases}$$

4.14 用两阶段法求解下面的线性规划问题。

$$\max z = 2x_1 + 3x_2 + 2x_3$$

$$\text{s.t.}\begin{cases} 2x_1 + 3x_3 \geqslant 12 \\ x_1 + x_2 + x_3 \leqslant 7 \\ x_2 + x_3 = 3 \\ x_1, x_2, x_3 \geqslant 0 \end{cases}$$

4.15 用对偶单纯形法求解下列线性规划问题。

(a)

$$\min z = x_1 + 3x_2 - x_3$$

$$\text{s.t.}\begin{cases} 2x_1 + x_3 \geqslant 7 \\ 3x_2 - x_3 \geqslant 5 \\ x_1, x_2, x_3 \geqslant 0 \end{cases}$$

(b)

$$\max z = -2x_1 - x_2$$

$$\text{s.t.}\begin{cases} 3x_1 + x_2 \geqslant 6 \\ x_1 + x_2 \geqslant 3 \\ x_2 \geqslant 2 \\ x_1, x_2 \geqslant 0 \end{cases}$$

4.16 已知采用单纯形法求解线性规划问题，初始基变量为 x_4，x_5，x_6，迭代过程中的单纯形表如下所示：

c_j			c_1	c_2	c_3	c_4	c_5	c_6	θ_i
$\boldsymbol{C_B}$	$\boldsymbol{X_B}$	$\boldsymbol{b}$	x_1	x_2	x_3	x_4	x_5	x_6	
0	x_4	2	1	0	4	1	−2	0	
4	x_2	2	0.5	1	0.5	0	0.5	0	
0	x_6	4	1	0	2	0	−1	1	
$c_j - z_j$			−1	0	1	0	−2	0	

（1）求 c_1、c_3、c_5 的值；

（2）求 b_1、b_2、b_3 的值；

（3）利用单纯形法求解问题的最优解和最优值。

参考文献

[1] 白清顺，孙靖民，梁迎春．机械优化设计［M］.6 版．北京：机械工业出版社，2017.

[2] 同济大学数学系．高等数学［M］.7 版下册．北京：高等教育出版社，2014.

[3] 胡运权．运筹学教程［M］.5 版．北京：清华大学出版社，2021.

[4] 运筹学教材编写组．运筹学［M］.5 版．北京：清华大学出版社，2022.

[5] F. Hillier，G. Lieberman. Introduction to Operations Research，11th Edition. McGraw Hill，2020. 02.